U0347990

镁合金修复强化材料
设计及成形基础

朱 胜　王晓明　杨柏俊　　著
　　　　杜文博　韩国峰

科学出版社
北 京

内 容 简 介

镁合金是设备轻量化的首选材料,其修复强化关系到设备运行状态的保持与使役功能的再生,是当前国际上设备维修保障领域的研究热点和前沿。本书概述了镁合金材料的理化特性、失效机理及修复强化技术的发展趋势,论述了面向环境工况的镁合金修复强化用铝基金属玻璃、高熵合金、铝硅系合金三大类材料的设计基础、设计思路、成分确定及基本热物性,阐述了镁合金表面各类修复强化层的沉积成形基础与制备过程控制方法,表征了修复强化层的微观组织结构,评价了修复强化层的综合使用性能。

本书可供从事镁合金表面防护或相关行业的工程技术人员及生产管理人员阅读,也可供高等院校及科研院所开展新型镁合金材料开发或教学的技术人员参考。

图书在版编目(CIP)数据

镁合金修复强化材料设计及成形基础 / 朱胜等著. —北京:科学出版社,2017.11 (2018.10 重印)
ISBN 978-7-03-054384-4

Ⅰ.①镁… Ⅱ.①朱… Ⅲ.①镁合金–合金强化–设计 ②镁合金–合金强化–成形 Ⅳ.①TG146.22

中国版本图书馆 CIP 数据核字 (2017) 第 216808 号

责任编辑:张 展 华宗琪 / 责任校对:刘 莹 崔向琳
责任印制:罗 科 / 封面设计:陈 敬

斜 学 出 版 社 出版

北京东黄城根北街16号
邮政编码:100717
http://www.sciencep.com

成都锦瑞印刷有限责任公司 印刷

科学出版社发行 各地新华书店经销

*

2017 年 11 月第 一 版 开本:787×1092 1/16
2018 年 10 月第二次印刷 印张:13 1/2 插页:16 面
字数:340 千字

定价:89.00 元

序

  镁合金被誉为"21世纪绿色工程材料",具有比强度和比刚度高、阻尼性能好、电磁屏蔽性能优良、易于切削加工等系列优点,是现代设备轻量化的首选。国际上,世界各发达国家均高度重视镁合金材料的技术开发和工程应用,如美军采用全镁合金材料制造了黑鹰直升机的关键部件箱体及军用汽车车身。我国是镁资源大国,其储量居世界第一,目前原镁产量占全世界的 2/3。科学技术部、国家发展和改革委员会等国家机关高度重视镁合金研究工作,投入了大量资金用于镁合金的基础研究、应用开发及产业化发展,已研制出了世界首辆镁合金轻量化电动客车,并建成了世界首个汽车镁合金轮毂生产线。

  镁合金修复强化是镁合金研究的重要组成部分,是当前国际材料领域的研究热点之一。以往,以论述镁合金冶金熔炼、材料设计及表面防护为主线的书籍较多,而尚没有专门论述镁合金修复强化尤其是修复强化材料的著作。随着镁合金应用领域的不断拓展,各种新型修复强化材料将成为决定镁合金应用效益的主要因素之一。近年来,金属玻璃、高熵合金等新材料突飞猛进的发展,极大地促进了镁合金修复强化材料的进步。金属玻璃、高熵合金等修复强化层在表面功能与力学性能等方面已展现出了明显优于传统修复层的综合使役特性,且具有极大的发展潜力。因此,撰写一部以镁合金修复强化材料为主线的著作,既是推进镁合金广泛产业化应用的现实需求,又符合镁合金科学研究的未来发展趋势。

  《镁合金修复强化材料设计及成形基础》一书由朱胜、王晓明、杨柏俊、杜文博、韩国峰撰写,是作者基于自身多年科学研究成果,经系统策划、精心构思撰写出的一部阐述镁合金修复强化专用新材料开发及其成形理论的著作。该书以镁合金修复强化专用材料为主线展开论述,首先从镁合金材料的基本性质和典型应用入手,阐述了其失效模式、修复强化"瓶颈"难题及表面覆层技术发展等基础性科学知识;然后基于使役工况和服役环境分析,阐述了镁合金修复强化用铝基金属玻璃、高熵合金、铝硅系合金三大类材料的概念特点、设计基础、设计思路、设计方法及成分确定等,并分析了其基本热物性;接着重点阐述了不同热流作用下各类修复粉体的加速温升效应与性态演化规律,阐明了工艺参数与修复强化层特征参数间的关联关系;最后阐述了镁合金表面各类修复强化层微观结构表征和综合性能评价方面的相关内容。

  该书是作者在镁合金修复强化领域取得的科学研究、服务产业和人才培养等方面的相关成果的综合性总结,立意新颖、选题前沿、内容翔实、结构合理。基础知识部分描述准确、条理清晰;材料设计部分联系工程实际、分析透彻、表述精炼。该书从整体上反映了我国镁合金修复强化材料研究的最新进展，具有很强的理论性和创新性。该书的出版发行将对我国镁合金修复强化/表面防护材料的研究开发，以及新型高性能镁合金的设计等起到重要的借鉴和指导作用。

中国工程院院士 徐滨士

2017 年 9 月

前　　言

镁合金是目前工程应用中密度最小的金属结构材料，被誉为"21世纪绿色工程材料"；它具有比强度和比刚度高、阻尼性能好、电磁屏蔽性能优良、易于切削加工等系列优点，已成为设备轻量化的首选，在航空航天、消费电子、汽车制造及国防军工等领域的应用日益广泛。例如，美军采用全镁合金材料制造了某型军用吉普车的车身和黑鹰直升机的关键部件箱体等；我国已研制出了世界首辆镁合金轻量化电动客车，并建成了世界首个汽车镁合金轮毂生产线等。

相较于制造过程而言，设备零部件的修复强化具有对象个性化、材料集约化、界面异质化及约束条件多等特点，加之镁合金材料自身的易氧化、易燃烧等独特理化特性，同时镁合金修复强化件的服役环境多样、工况条件不一，使其修复强化的技术难度很大、涉及的学科专业很广、自主创新的要求很高。目前，镁合金零部件的修复强化已成为国际设备维修保障领域的研究热点和前沿，其对于设备轻量化发展、综合使用效益提升等均具有重要意义。

系统梳理镁合金研究领域的相关文献，尚未发现有专门阐述镁合金修复强化材料的相关书籍。目前，设备维修保障领域的研究单位和从业企业也深感理论资料缺乏，通常是参照新型镁合金材料设计制备领域的相关理论开展工作，这在一定程度上制约了镁合金零部件全寿命周期服役性能的持续保持及修复强化技术水平的提升。鉴于此，本书旨在为现代设备轻量化的关键材料——镁合金的高质量修复开展理论探索，研究并梳理镁合金修复强化专用材料的设计思路、成形基础、质量控制、微观表征及性能评价等方面的专业知识。

本书基于再制造技术国家重点实验室十余年来承担的自然科学基金、863计划、预先研究计划等国家重大/重点课题的研究成果，同时在融合新型镁合金设计、加工制造等领域最新研究进展的基础上，系统策划、总体构思、精心撰写而成。第1章概述了镁合金的基本性质、典型应用、失效模式，以及修复强化覆层技术发展等基础性科学知识；第2章阐述了镁合金修复强化用铝基金属玻璃、高熵合金、铝硅系合金三大类材料的概念特点、设计基础、设计思路、成分确定及基本热物性；第3章阐述了不同热流作用下修复粉体的加速温升效应、性态演化规律和单粒子变形、基底层界面结合及涂层三维连续成形过程；第4章阐述了工艺参数与修复强化层特征参量间的关联关系，以及成形质量调控方法；第5章阐述了镁合金表面铝基金属玻璃、高熵合金、铝硅系合金三大类修复强化层的微观形貌、显微组织、相组成、成分分布及缺陷等；第6章阐述了镁合金表面铝基金属玻璃、高熵合金、铝硅系合金三大类修复强化层的力学、摩擦学及防腐蚀等综合性能。

本书由再制造技术国家重点实验室朱胜、王晓明、杨柏俊、杜文博、韩国峰等撰写。各章撰写人员如下：第1章，朱胜、姚巨坤、曹勇、王启伟；第2章，王晓明、杨柏俊、杜文博、陈永星；第3章，朱胜、殷凤良、赵阳、任智强；第4章，朱胜、韩国峰、李华莹、周超极；第5章，王晓明、杜文博、韩国峰、徐安阳；第6章，王晓明、杜文博、常青、邱六、袁鑫鹏。全书由朱胜、王晓明和韩国峰统稿。

本书的顺利出版得益于国家安全领域关键技术的攻关成就，得益于装备维修与再制造学科的建设实践，得益于国家自然科学基金项目"基于微单元形态表征的钛合金MIG焊增材再制造生长调控"（项目编号：51375493）、国际科技合作与交流专项"重载装备的绿色再制造技术与工程"（项目编号：2015DFG51920）、973项目"面向＊＊＊的金属零件现场快速成形再制造基础研究"（项目编号：613213）、预研项目"有色金属件载能束与特种能场复合修复强化技术"（项目编号：41404010101）等的资助，在此表示衷心感谢。

限于撰写人员水平，书中难免存在不当之处，恳请读者指正并提出宝贵意见。

目　　录

第1章 镁合金概述

1.1 引　言

镁元素是 1808 年由英国的戴维博士通过钾元素还原自然界的天然氧化镁发现的[1]，在元素周期表中位于ⅡA族，属碱土金属。镁的密度在所有结构金属中最低，仅为 $1.783g/cm^3$[2]，约为钢的 2/9、钛的 2/5、铝的 2/3；尤其是 Mg-Li 合金，其密度比水的密度还低，是迄今为止最轻的金属材料[3]。镁的主要物理性质及其与铝、铁的主要性能对比分别如表 1-1 和表 1-2 所示。

表 1-1　镁的主要物理性质[4]

性质		数值	性质		数值
原子序数		12	沸点/K		1380 ± 3
化合价		2	气化潜热/(kJ/kg)		5150~5400
相对原子质量		24.305	升华热/(kJ/kg)		6113~6238
原子体积/(cm³/mol)		14.0	燃烧热/(kJ/kg)		24900~25200
原子直径/Å		3.20	镁蒸气比热容 C_p/[kJ/(kg·K)]		0.8709
泊松比		0.33	MgO 生成热 Q_p/(kJ/mol)		0.6105
密度/(g/cm³)	室温	1.738	结晶体积收缩率/%		3.97~4.20
	熔点	1.584	磁化率 Ψ/10⁻³MKS		6.27~6.32
电阻温度系数(273~373K)/10⁻⁶K⁻¹		0.0165	固态镁中的声速/(m/s)		4800
电阻率 ρ/(nΩ·m)		47	标准电极电位/V		−2.36
热导率 λ/[W/(m·K)]		153.65			
电导率(273K)/10⁶(Ω·m)⁻¹		23			
再结晶温度/K		423	对光的反射率	$\lambda=0.500$ μm/%	72
熔点/K		923 ± 1		$\lambda=1.000$ μm/%	74
镁单晶的线性膨胀系数	沿 a 轴/10⁻⁵K⁻¹	27.1		$\lambda=3.000$ μm/%	80
	沿 c 轴/10⁻⁵K⁻¹	23.4		$\lambda=9.000$ μm/%	93
熔化潜热/(kJ/kg)		360~377	收缩率	固-液/%	4.2
表面张力(954K)/(N/m)		0.563		熔点-室温/%	5

表 1-2　镁、铝、铁的主要性能对比[4]

物理参数	单位	温度范围	Mg	Al	Fe
密度	g/cm^3	20℃	1.74	2.70	7.87
熔点	℃	—	651	660	1538
沸点	℃	—	1107	2056	2735
表面张力	10^{-3}N/m	熔点	559	914	1872
比热容	J/(kg·K)	20℃	1022	900	444
热容量	J/(m^3·K)	20℃	1778	2430	3494
热膨胀率	10^{-6}K^{-1}	20~100℃	26.1	23.9	12.2
热传导率	W/(m·K)	20℃	167	238	73.3
电阻率	10^{-8}Ω·m	20℃	4.2	2.67	10.1
杨氏模量	10^{11}Pa	20℃	0.443	0.757	1.90

纯镁通常不单独使用,这主要与其独特的理化特性有关,具体如下:

(1)化学性质活泼。镁与氧的亲和力极强,在高温甚至固态下,就很容易与空气中的氧气发生反应,而反应生成的氧化镁导热性很差,热量不能及时散发,造成局部温度过高,引起燃烧或爆炸。同时,生成的氧化镁致密度低,疏松多孔,不能有效隔绝空气中氧的侵入,使剧烈氧化反应持续进行。

(2)塑性变形能力差。镁具有 hcp 晶体结构,室温下只有一个滑移面和三个滑移系,因此它的塑性变形主要依赖于滑移和孪生的协调动作;但镁晶体中的滑移仅发生在滑移面与拉力方向倾斜的某些晶体内,滑移过程受到极大限制,这种取向下孪生很难发生,极易出现脆性断裂。仅当温度超过 225℃时,镁晶体中的附加滑移面才会开始启动,此时塑性变形能力有所增强,故其塑性加工只能在中高温条件下进行。

(3)平衡电位低。镁的标准电极电位仅高于锂、钠、钾,在与异质金属接触时极易发生电偶腐蚀,并充当阳极。

基于上述情况,工业中通常在纯镁中加入一些金属元素(如铝、锌、锰、锆、银和铈等)进行合金化,以获得具有优异的物理、化学和力学等综合性能的镁合金材料。目前,国际上通常将镁合金材料分为铸造镁合金和变形镁合金两大类,主要包括 AZ(Mg-Al-Zn)、AM(Mg-Al-Mn)、AS(Mg-Al-Si)和 AE(Mg-Al-RE)四个系列。AZ 系列(以 AZ91 为例)镁合金因具有较好的综合性能,适合于任何形式工件的制造;AM 系列(以 AM60、AM50 为例)镁合金因具有高韧、强延展等特性,主要用于弯曲类工件的制造;AS 系列(以 AS21、AS41 为例)镁合金因具有较好的耐热性,主要用于在高温环境下具有高强度要求的工件的制造;AE 系列(以 AE42 为例)镁合金主要用于高温下具有强抗蠕变性能工件的制造;我国也开发了具有自主知识产权的 Mg-Al-Zn、Mg-Zn-Zr 和 Mg-Zn-Zr-RE 等系列的镁合金[5]。

1.2　镁合金的基本性质

1.2.1　物理性能

1.2.1.1　原子特性

镁的元素符号为 Mg，原子序数为 12，电子轨道分布为 $1s^2 2s^2 2p^6 3s^2$，相对原子质量为 24.305，原子半径为 0.160nm，原子体积为 $14.0cm^3/mol$，X 射线吸收系数为 $32.9m^2/kg$。镁有 3 种同位素，^{24}Mg 占 78.99%，^{25}Mg 占 10.00%，^{26}Mg 占 11.01%；常态镁的热中子吸收率为 0.063 ± 0.004，^{24}Mg 为 0.03，^{25}Mg 为 0.27，^{26}Mg 为 0.03[3]。

1.2.1.2　晶体结构

标准大气压下，纯镁为密排六方结构。温度为 25℃ 时，镁的晶格常数 $a=0.32092nm$，$c=0.52105nm$，$c/a=1.623$。基于 Stager 等的研究数据，Perez-Al-buerne 等认为当压力大于 $5\times10^3 MPa$ 时，纯镁可能以复合密排六方相 MgⅡ 的形式存在，但至今未证实[6]。

温度低于 498K 时，镁的主滑移系为 {0001}〈1120〉，次滑移系为 {1010}〈1120〉；温度高于 498K 时，滑移还可以在 {1011}〈1120〉 上进行。孪晶主要出现在 {1012} 晶面上，二次孪晶出现在 {3034} 晶面上。高温下，{1013} 晶面上也会出现孪晶。低于室温时，由于 {3034} 孪晶面和高度有序晶面(如 {1014}、{1015} 与 {1124} 等)上的晶内裂纹汇合，纯镁会发生断裂。纯镁与传统铸造镁合金的脆性源于晶间失效和孪晶区或大晶粒(001)基面上的局部穿晶断裂，晶界裂纹和气蚀是导致镁高温断裂的重要因素[1]。

1.2.1.3　热学性能

标准大气压下，纯镁的熔点为 $(923\pm1)K$，沸点为 $(1380\pm3)K$。随着压力的增大，镁的熔点会逐渐升高。在纯镁中添加 Pb、Al、Sb 等元素，会提高镁的沸点；添加 Zn、Cd 等元素，会降低镁的沸点。

根据实验数据，多晶镁在 273～823K 范围内的线性膨胀系数可表达如下：

$$\alpha_1 = (25.0 + 0.0188t)\times10^{-6} \tag{1-1}$$

式中，α_1 为线性膨胀系数，K^{-1}；t 为摄氏温度。

在纯镁中添加合金化元素后，其热导率一般会降低。依据 Bungardt 与 Kallenbach 公式，可计算出镁的室温及高温热导率：

$$\lambda = 22.6T/\rho + 0.0167T \tag{1-2}$$

式中，λ 为热导率；ρ 为电阻率；T 为热力学温度。

1.2.1.4　电学性能

纯镁的电导率为 38.6% IACS。温度为 293K 时，镁的电阻温度系数沿 a 轴为

$0.0165K^{-1}$，沿 c 轴为 $0.0143K^{-1}$，且均随温度的升高而增大。镁的电阻温度系数沿 a 轴为 $0.165n\Omega \cdot m/K$，沿 c 轴为 $0.143n\Omega \cdot m/K$。温度为 298K 时，以饱和甘汞电极为参比电极，镁的接触电极电位为 44mV；温度在 300K 以下时，以铜电极为参比电极，镁的接触电极电位为 $-0.222mV$；相对标准氢电极，镁的标准电极电位为 $-2.36V$。Mg^+ 的离子电位为 7.65eV，Mg^{2+} 的离子电位为 15.05eV。

1.2.2　化学性能

镁的化学活性非常高，且标准电极电位很负（约为 $-2.36V$），在 NaCl 溶液及一般环境介质中与其他工程结构金属接触使用时，通常呈阳极性，故常用作工程构件阴极保护系统的牺牲阳极。镁不耐酸，常温下会与绝大多数酸性溶液迅速反应而溶解。加热状态下，镁会与 NaOH 等碱溶液发生反应；同时，镁极易与碱金属及碱土金属的无水氧化物、氢氧化物、重金属氧化物、碳酸盐，乃至硅、硼、铝、铍的氧化物发生还原反应。

1.2.2.1　镁与氧气的反应

固态下镁不易燃烧，熔融态及接近熔点温度条件下镁在空气中会剧烈燃烧，反应式如下：

$$Mg^{2+} + O^{2-} \longrightarrow MgO \tag{1-3}$$

在干燥氧气中 450℃ 以下、潮湿氧气中 380℃ 以下，镁与氧气反应均生成 MgO，且释放大量的热；温度的升高加速了金属与气体介质通过氧化膜的扩散，并导致氧化膜及金属的体积变化，从而使界面反应速度加快，促进了更多 MgO 产物的生成。低温时，MgO 不导电；当温度高于 800℃ 时，MgO 开始导电。温度为 1200℃ 时，MgO 的电阻率为 $107\Omega \cdot m$；温度为 1480℃ 时，MgO 的电阻率为 $2\times10^5 \Omega \cdot m$[3]。

用 α 表征致密系数，对于镁而言，$\alpha = m_{MgO}\rho_{MgO}/m_{Mg}\rho_{Mg} = 0.79$；可见 $\alpha<1$，表明镁的表面氧化膜不致密，不能对基体起到有效的防护作用。

1.2.2.2　镁与氢气的反应

常温常压下，镁与氢气可发生如下反应：

$$Mg^{2+} + 2H^- \longrightarrow MgH_2 \tag{1-4}$$

MgH_2 为离子键化合物，常压下为正方晶系，当压力高于 1010Pa 时可变为斜方晶系；在高温下分解释放出氢气，而氢气在镁中的溶解度随温度的降低而迅速减小，大部分会滞留于成形组织中成为气孔缺陷。据此可知，氢气是镁合金熔炼及热成形过程中的主要有害气体。

1.2.2.3　镁与氮气的反应

当温度高于 300℃ 时，镁与氮气发生反应，生成氮化物；当温度为 670℃ 时，镁与氮气的反应非常迅速，具体反应如下：

$$3Mg + N_2 \longrightarrow Mg_3N_2 \tag{1-5}$$

可见，镁在空气中燃烧会同时生成 MgO 和 Mg_3N_2。Mg_3N_2 呈粉状，在干燥空气中状态稳定，但当温度高于 1500℃ 时会发生分解，可溶于镁熔体中。

同时，Mg_3N_2 会发生水解，具体反应如下：

$$Mg_3N_2 + 8H_2O == 3Mg(OH)_2 + 2(NH_3 \cdot H_2O) \tag{1-6}$$

可见，当镁锭中存在氮化镁时会加速其腐蚀。据此可知，氮气是镁合金熔炼及热成形过程中除氢气以外的又一有害气体，会严重劣化成形质量。

1.2.2.4　镁与硫的反应

当温度高于 500℃ 时，镁与硫发生如下反应：

$$Mg(固) + S(固) == MgS(固) \tag{1-7}$$

因此，在镁合金高温熔炼、铸造及热成形过程中，经常使用 SO_2、SF_6 等作为保护气体，防止镁合金被氧化。

1.2.2.5　镁与二氧化碳的反应

在 CO_2 气体中将镁条点燃，会发生如下反应：

$$2Mg + CO_2 == 2MgO + C \tag{1-8}$$

反应过程中，放出白光及大量白烟，并有黑色固体生成。因此，当镁燃烧时，不能使用 CO_2、N_2 和 H_2O 来灭火，可以用干燥的沙子、石棉布或干布覆盖以隔绝空气，达到灭火的目的。

1.2.3　力学性能

镁合金具有比强度和比刚度高、导热性和电磁屏蔽性良好、可回收利用等优点，被誉为"21 世纪绿色工程材料"，广泛应用于航空航天、汽车制造等领域[7]。镁及镁合金材料具有以下特点[8]：

(1) 镁是一种非常轻的金属材料，室温下密度仅为 $1.738g/cm^3$，约为铝密度的 64%、45 钢密度的 25%。采用镁合金制造机械零部件，可显著减少质量，达到轻量化和节能减排的效果[9]。

(2) 镁合金的比强度、比刚度高，分别为 138 和 25.86，远胜于 45 钢和 ABS 塑料。采用镁合金材料，有利于制造刚性要求高的整体构件。

(3) 镁合金具有优良的导热、电磁屏蔽及抗阻尼等性能。镁合金的弹性模量小，减振系数大，有很强的抗冲击能力和减振效果，在相同载荷下，其减振性是铝的 100 倍、钛合金的 300～500 倍[7]。AZ91D 镁合金与其他材料性能参数对比如表 1-3 所示。

(4) 镁合金具有良好的切削性和可回收利用性。假设镁合金的切削阻力为 1，则其他金属的切削阻力如表 1-4 所示。可见，镁合金的切削阻力小，切削加工较为容易。压铸过程中产生的废弃镁合金件，可以直接回收再利用，花费仅相当于新料价格的 4%，具有良好的环保特性。

表 1-3　几种合金参数对比[8]

合金类别	性能参数				
	密度/(g/cm³)	熔点/℃	抗拉强度/MPa	比强度	屈服强度/MPa
AZ91D	1.81	596	250	138	160
A380	2.70	595	315	116	160
45 钢	7.86	1520	517	80	400
ABS	1.03	90	96	93	—

合金类别	性能参数				
	伸长率/%	弹性模量/GPa	比刚度	导热系数/[W/(m·K)]	减振系数
AZ91D	7	45	25.86	54	50
A380	3	71	25.9	100	5
45 钢	22	200	24.3	42	15
ABS	60				

表 1-4　几种合金的切削阻力[10]

金属类别	切削阻力	金属类别	切削阻力
镁合金	1.0	黄铜	2.3
铝合金	1.8	铸铁	3.5

(5)镁还是一种良好的储氢材料。储氢材料的一个重要指标是储氢的质量密度，镁合金质量小，有较大的储氢优势。MgNi 系合金是主要的储氢材料，如 Mg_2Ni 可以形成二元氢化物 Mg_2NiH_4，含氢 3.6%(质量分数)，H_2 的单位体积容量高达 $150kg/m^3$[11]。

1.3　镁合金的典型应用

镁合金因独特的优良特性，受到广泛青睐。同时，随着科学技术的发展进步，镁合金在汽车工业、3C 产业、航空航天及武器装备等领域中的应用日益广泛。

1)汽车工业

近年来，随着节能、环保和安全需求的提高，镁合金在汽车、摩托车、自行车上的应用受到了广泛的关注。采用高塑性的镁合金材料制造汽车零件，不仅可以减少质量，而且由于镁合金的阻尼衰减能力强，还可提高汽车的抗振动及耐碰撞性能，降低汽车运行时的噪声。相关研究表明，汽车行驶所消耗的燃料中有 60% 用于抵消自重，而车辆自重每减轻 10% 便可以节省约 5.5% 的燃料；车辆自身质量减少 100kg，则每千米的耗油量减少约 0.7L，而每节约 1L 油料消耗便可以减少排放 2.5g 的 CO_2，据此推算，CO_2 的年排放量将减少 30% 以上[12]。目前，镁合金材料主要用于制造汽车的仪表板、变速箱体、发动机前盖、气缸盖、方向盘、轮毂、转向支架、车镜支架等零部件(图 1-1)。2005～2015 年，镁合金压铸件在汽车上的使用量上升了 18%，采用镁合金制造车辆零部件成为汽车轻量化的必然趋势。

图 1-1 汽车的镁合金轮毂

2) 3C 产业

3C 产业主要包括计算机类产品(computer)、通信类产品(communication)、消费类电子产品(consumer electronic product)等。随着科学技术的进步,3C 产业向轻、薄、小、美观、可回收等方向发展。镁合金由于具有质量小、散热性好、电磁屏蔽能力强、振动吸收性能好且质感佳等优良特性,受到了 3C 产业的广泛关注[13]。例如,佳能 D 系列、宾得 K 系列及尼康 D700(图 1-2)等数码相机均采用了镁合金机身。另外,为了达到减小振动、降低噪声的效果,计算机硬盘驱动器读出装置、风扇风叶等振动源附近的零部件已使用了镁合金制造。

图 1-2 数码相机的镁合金机身

3) 航空航天

镁合金可吸收较多振动与多余热能量,受到了国内外研究学者的广泛关注。镁不与油反应,在油介质中性能稳定,是制造发动机机匣、油泵等零部件的理想材料。美军

B-36 战略轰炸机使用了 6555kg 的镁合金材料；UH-60H 黑鹰直升机采用 ZE41A-T16 镁合金制造了传动箱箱体、镁磁发射器等部件；B-52 轰炸机的机身部分使用的镁合金板材达 635kg，极大地减少了飞机质量，提高了机动性及综合战技性能。目前，我国航空航天工业中，绝大多数的新型飞机、发动机、机载雷达、运载火箭、人造卫星、飞船等装备均应用了镁合金材料。例如，某型飞机的轮毂、支架、气缸盖等零件均由镁合金材料制造而成，单件镁合金零件的最大质量达 300kg[14,15]；某型直升机的机匣也由镁合金制造而成。另外，某导弹的仪表舱、尾舱、支座舱段、壁板等零部件均由镁合金制造，减轻了自重，大幅提高了飞行速度与飞行距离[16]。

　　4）武器装备

在现代战争中，质量是影响兵器装备实现战场快速反应能力的主要因素之一。因此，镁合金独特的优点使其成为兵器轻量化的理想材料。用镁合金制造坦克座椅骨架、变速箱箱体等，可极大减轻重载车辆的质量，提高机动性和战场生存能力。例如，美军水陆两栖突击步兵战车（AAAV）采用镁合金 WE43A 作为功能性壳体，W274Al 型军用吉普车采用全镁合金车身及桥壳。法国采用镁合金材料制造 MK50 式反坦克枪榴弹零件，从而大幅增大了火炮射程，并提高了弹药的威力。镁合金材料应用在枪械中，可减轻单兵负荷量，对于提高单兵的战斗力和生存能力意义重大。我国采用镁铝合金注射成形制造的 38mm 转轮防暴发射器，显著提高了武警部队在危急情况下的防暴能力。此外，使用镁粉制造照明弹，其照明强度可达到其他传统照明弹的数倍[17]。

1.4　镁合金的失效模式

1.4.1　腐蚀失效及机理

纯镁的标准电极电位为 -2.36V，因此镁及其合金的化学与电化学活性极高。同时，镁合金的氧化膜（氧化镁）致密性差（PBR 值仅 0.79）[2]，很容易发生腐蚀，在中性、碱性环境中的腐蚀类似于纯镁，主要表现为

$$Mg-2e \Longrightarrow Mg^{2+}（阳极反应）$$

$$2H_2O+2e \Longrightarrow H_2+2OH^-（阴极反应）$$

$$Mg^{2+}+2OH^- \Longrightarrow Mg(OH)_2（腐蚀产物）$$

镁合金在自然环境中的腐蚀是指其在不受应力、温度等影响下发生的腐蚀行为，主要表现为表面形貌遭到不同程度的破坏，腐蚀程度与合金类别、腐蚀环境密切相关。该类腐蚀一般从某一局部开始，首先出现深浅不一的小孔，之后逐渐发展至整个表面；而铁、铜等元素的存在，会促进微区原电池的形成，增大腐蚀速率。工作于海洋环境中的镁合金件，受到腐蚀性较强的盐雾环境的影响，会同时发生电化学腐蚀与化学腐蚀，使役性能大大降低[18-20]。

1.4.1.1　基本类型

按照腐蚀形态，镁合金的腐蚀可分为全面腐蚀和局部腐蚀；按照腐蚀机理，镁合金的腐蚀可分为全面腐蚀、电偶腐蚀、高温氧化、点蚀、缝隙腐蚀、晶间腐蚀、应力腐蚀开裂和腐蚀疲劳等。其中，高温氧化、电偶腐蚀、点蚀、应力腐蚀开裂和腐蚀疲劳是镁合金应用中最常见的，也是危害较大的腐蚀类型[3]。

1）电偶腐蚀

异种金属在腐蚀介质中相互接触时，由于电极电位不相等而产生电偶电流流动，使电位较低的金属溶解速率增大，造成接触部位局部腐蚀，而电位较高的金属的溶解速率反而降低，这一现象称为电偶腐蚀，或接触腐蚀。具体表现为两个方面：

一方面，镁合金中含有多种金属元素和杂质元素（如 Fe、Cu、Ni、Co 等），且化学活性很高，对因成分不同、相组成不同诱发的内电偶腐蚀十分敏感。在含水电解质中，氢去极化反应在氢超电位很低的 Fe、Cu、Ni、Co 等阴极表面发生，使微区原电池腐蚀非常严重。在盐水环境中，通过严格控制杂质（如 Fe、Cu、Ni 及 Fe、Mn 等）的含量，可有效减轻内部腐蚀，提高镁合金的耐蚀性。

另一方面，镁的标准电极电位很负（为 $-2.36\mathrm{V}$），当镁合金与其他金属接触或连接时会构成异质电偶对，在电化学驱动力（电位差）作用下而发生电化学反应，使镁合金作为原电池阳极而被严重腐蚀。镁合金的腐蚀速率与电位差值有关，二者的开路电位差值越大，腐蚀驱动力越大，腐蚀越快。因此，镁合金不能与 Fe、Cu、Ni 及其合金或者不锈钢等高电位金属直接接触或连接使用。

基于上述分析，为避免镁合金件的严重电化学腐蚀，工业中通常采用如下措施[3]：

(1) 选择与镁电化学相容的异种金属。

(2) 在镁基体表面制备与其电化学相容性良好的覆层。

(3) 在异种金属之间添加绝缘垫圈或绝缘材料，避免出现封闭电路。

(4) 在密封化合物或底漆中添加铬酸盐，抑制微电池作用。

2）应力腐蚀开裂

材料应力腐蚀开裂是一个电化学腐蚀＋机械破坏的过程，即在电化学腐蚀与拉伸应力共同作用下导致的裂纹形核、扩展及断裂。

材料产生应力腐蚀的基本条件如下：一是材料中存在固定的拉伸应力（压应力不会产生应力腐蚀），这种应力可以是金属材料冶炼过程中或构件装配过程中产生的残余内应力，也可以是设备、构件使用过程中承受的各种外部应力；二是存在对应力腐蚀敏感的特殊介质，即构成应力腐蚀的体系要求一定的材料与一定的介质互相结合[1]。

镁合金的应力腐蚀开裂是一个脆性断裂过程，应力越高，断裂时间越短。根据应力腐蚀开裂理论，要抑制镁合金的应力腐蚀开裂，需同时控制临界应力、载荷与环境三个因素。其中，恒定工作应力必须控制在较低的临界应力值以下；喷丸处理可产生表面残余压应力，进而提高应力腐蚀抗力；控制阴极极化可减弱甚至完全抑制镁合金在腐蚀介质中的应力腐蚀开裂倾向；采用无机膜层或有机膜层防护也能在一定程度上延长镁合金件的使用寿命。

3) 腐蚀疲劳

腐蚀疲劳是指材料在经受腐蚀介质与交变应力共同作用时，因疲劳极限低于无环境介质作用时的疲劳极限而发生失效的现象。

镁合金的腐蚀疲劳与化学成分、负载状态及环境介质密切相关。对于 AZ91D 镁合金，应力集中由于屈服变形后的蠕变而释放，在良好使用环境下很少发生腐蚀疲劳。对于 ZK60A 高强镁合金，Speidel 等研究发现其腐蚀疲劳主要以穿晶-沿晶复合的方式扩展，加速腐蚀疲劳裂纹扩展速度的环境与加快应力腐蚀裂纹扩展速度的环境相同，均为硫酸根离子和卤素离子[2]。同时，若设计或使用不当，也极易造成应力集中而产生腐蚀疲劳，如 AZ80 锻造镁合金、AZ91-T6 铸造镁合金及 AZ80-F 变形镁合金零部件在实际使用过程中均会因残余应力过大而导致腐蚀疲劳失效。

1.4.1.2　影响因素

1) 冶金因素

除 Li、Na、K 外，镁几乎相对于所有的金属都是阳极性的；在含 Cl^- 的溶液中，镁与其他金属因存在极大的电位差而产生原电池腐蚀。影响镁合金腐蚀行为的冶金因素主要是化学成分与微观结构，其中化学成分起基础性作用，按其对耐蚀性的影响可分为三类：一是无害元素，主要包括 Na、Si、Pb、Sn、Mn、Al、Be、Ce、Pr、Th、Y、Zr 等；二是有害元素，主要包括 Fe、Ni、Cu、Co 等；三是中间元素，主要包括 Ca、Zn、Cd、Ag 等。

在镁合金中，最有害的杂质元素是 Fe、Cu、Ni、Co。其中，Fe 不能溶于固态镁中，以单质 Fe 的形式分布于晶界，形成微观原电池，降低镁的耐蚀性；Ni、Cu 在镁中的溶解度极低，常与镁形成 Mg_2Ni、Mg_2Cu 等金属间化合物，以网状形式分布于晶界，降低镁的耐蚀性。镁合金的腐蚀速率与组成元素质量分数间的关系如下[21]：

$$腐蚀速率 \approx 0.04w_{Mg} - 0.54w_{Al} - 0.16w_{Zn} - 2.06w_{Mn} + 0.24w_{Si} + 2.8w_{Fe} + 121.5w_{Ni} + 11.7w_{Cu}$$

$$(1-9)$$

为提高镁的耐蚀性，须严格控制有害元素的含量，使其含量低于某一极限值；或添加其他元素(Mn、Zn、RE 等)，以减少危害作用。

2) 热处理制度

热处理对镁合金耐蚀性的影响主要取决于析出相和晶粒大小，凡是导致金属间化合物析出和晶粒粗化的热处理工艺通常都会降低镁合金的耐蚀性。例如，对于 Mg-1.8Nd-4.53Ag-4.8Pb-3.83Y(质量分数，下同)合金，其固溶态比铸态具有更为优异的耐腐蚀性能；但时效处理后，由于析出了弥散分布的阴极相，反而使合金的耐蚀性较铸态时有所降低。对于 Mg-5.89Sn-8.5Li-5.0La 合金，经过固溶处理后，其第二相更加粗大，耐蚀性较铸态时有所下降；若再进行时效处理，其耐蚀性将进一步降低。

3）环境因素

新鲜的镁表面在清洁干燥的环境中可很长时间保持光亮，而在工业气氛中则 1~2 天内就会形成大面积腐蚀。镁在潮湿空气中的腐蚀产物主要是 $Mg(OH)_2$，若空气湿度很小，则腐蚀速率很低；当相对湿度超过 90% 时，腐蚀速率会急剧上升。镁在空气中还会与 CO_2 发生反应生成 $MgCO_3$，这一反应在相对湿度为 50%~70% 时非常明显，并且反应产物能够封闭 $Mg(OH)_2$ 膜的孔洞。此外，在含硫气氛中，镁腐蚀时还可能产生硫酸镁[3]。

镁在纯净的冷水中反应生成微溶于水的 $Mg(OH)_2$ 保护膜，腐蚀速率非常低。镁在酸、碱及其他水溶液和有机物中，都会发生不同程度的腐蚀。

1.4.1.3　防护途径

近年来，冶炼、焊接及表面处理技术的发展，使镁合金的表面防护方法日益增多。主要包括以下几种：

1）提高纯度

冶金因素对镁合金耐蚀性的影响主要体现为杂质元素的影响。依据影响程度，可分为三类：第一类是当含量低于 5%（质量分数）时，对镁合金耐蚀性影响不大的元素，如 Na、Al、Si、Pb、Sn、Mn 等；第二类是会降低镁合金耐蚀性的元素，如 Zn、Ca、Ag、Cd 等；第三类是即使含量极低（<0.02%，质量分数），也会降低镁合金耐蚀性的元素，如 Fe、Ni、Cu、Co 等。综上可知，提高纯度是改善镁合金耐蚀性的主要途径，具体做法是将有害杂质元素的含量降至临界值以下。

2）快速凝固

将快速凝固技术与合金化技术相结合，可制备出兼具良好耐蚀性与优良力学特性的镁合金材料[3]。其主要具有三个方面的优势：一是可增加有害杂质的固溶度极限，形成成分范围较宽的新相，使有害元素固溶于合金基体中，只在少量的位置和相中存在，不会形成有害析出相，从而减轻腐蚀；二是可改善镁合金的微观结构，使晶粒更加细小、成分更加均匀，减少微区原电池的活性；三是可形成非晶态氧化膜，提升对镁合金基体的保护作用。

研究表明，快速凝固工艺可将镁合金的腐蚀速率降低两个数量级，且点蚀电位大大提高。当发生应力腐蚀开裂时，快速凝固镁合金的再钝化速度和钝化膜的完整性均优于普通铸造镁合金。例如，在 Mg-Al-Zn 合金中添加 Mn、Si 和 RE（Ce、Nd、Pr、Y）等元素合金化并通过快速凝固工艺生产的压铸件，在 3% NaCl 溶液中表现出了较普通铸件更为优异的耐蚀性。

3）表面涂覆

表面涂覆是镁合金最主要、最常用的防护途径，如喷涂、电镀、化学转化等。其中，阳极氧化在当前工业领域中的应用最为广泛。阳极氧化是指在相应的电解液和特定的工艺条件下，由于外加电流的作用，在金属基体表面形成一层具有特定功能的氧化膜的过程。早期的阳极氧化处理主要是使用含铬的有毒化合物，废液处理成本高，且污染环境。为实现绿色表面处理，目前主要使用以高锰酸盐、硼酸盐、硫酸盐、磷酸盐、可溶性硅酸盐、氢氧化物和氟化物为主的无毒处理液。镁合金阳极氧化电解液的选择应符合以下三点要求：

　　(1)氧化膜的生成速度高于溶解速率。

　　(2)制备的氧化膜具有良好的力学性能和理化性能，如强度、弹性、耐磨性、耐蚀性及吸附性等。

　　(3)具有成本低、能耗少、安全无毒、使用方便等特点。

1.4.2　磨损失效及机理

　　镁合金的硬度低、耐磨性差，限制了其在工业产品中的应用，因此镁合金的磨损机理探索与耐磨性提升方法研究是当前材料领域的研究热点之一[22]。

　　载荷、滑动速度与温度是影响镁合金耐磨性的主要外部因素[23]。其磨损率随载荷的增加而增大。当滑动速度较低时，磨损率随滑动速度的增加而减小；当滑动速度超过某一临界值时，磨损率随滑动速度的增加而快速增大。载荷与滑动速度的作用均可视为温度的作用，即存在一个临界温度(一般为熔化温度)，它将磨损分为轻微磨损和严重磨损两个区域；在轻微磨损区域内，镁合金的耐磨性在一定范围内随温度的升高而降低；但超过该临界温度后，镁合金的耐磨性则急剧下降。

　　力学性能、微观组织、稀土元素及表面氧化膜是影响镁合金耐磨性的主要内部因素。依据 Archard 方程，硬度越高，耐磨性越好；弹性模量等物理参数也对镁合金的耐磨性有重要影响[24]。在一定范围内，晶粒细化可显著提高镁合金的硬度，进而提高其耐磨性；当镁合金中含有较高含量的不易脱落的硬质相(针状、方块状等)时，其耐磨性较好。通常，添加稀土元素微合金化可显著提升镁合金的耐磨性。在镁合金表面制备一层具有一定厚度的、稳定的致密氧化膜层，可显著改善其耐磨性，可起到类似表面涂覆层的效果。几种典型体系镁合金的耐磨性研究如下：

　　(1)对于 Mg-Al-Zn 系合金，主要牌号有 AZ31(Mg-3Al-1Zn)和 AZ91(Mg-9Al-1Zn)两种。添加 Al、Zn 元素，既可细化晶粒，又可形成网状的 $Mg_{17}Al_{12}$ 相，能够显著提高镁合金的耐磨性。例如，在相同条件下，AZ31 镁合金的摩擦系数、磨损率均较纯镁大幅降低[25]，且在某个特定载荷区间内，磨损量增加缓慢；当温度为 673K 时，转移至对磨副表面的材料发生了剧烈变形与部分再结晶，接触面亚表层由于大塑性变形而发生动态再结晶和晶粒长大现象，尤其是 $10\mu m$ 以下亚表面的塑性应变达到了 100%，$5\mu m$ 以下表面的塑性应变达到了 300%[26]。又如，AZ91 镁合金的磨损可分为轻微磨损和严重磨损两个大类，轻微磨损又可细分为氧化磨损和剥层磨损，严重磨损又可细分为塑性变形和熔化磨损，且由轻微磨损转变为严重磨损取决于某一临界接触温度，约为 347K[27]。

　　(2)对于 Mg-Al-Si 系合金，因其强化相 Mg_2Si 具有高熔点($1085℃$)、高弹性模量

（120GPa）、低热膨胀系数（7.5×10^{-6}K^{-1}）等特点，其已成为汽车用耐热镁合金之一，其典型牌号 AS41 已用于制造空冷发动机曲轴箱风扇腔和发电机支架等。该合金 200℃时的摩擦学性能明显优于室温时的摩擦学性能；随着载荷的增大，其摩擦系数由 0.5 减小至 0.3 左右；磨损率随着载荷的增大而增大，随着摩擦速度的增大而减小。林强等[28]的研究表明，温度升高使粗大汉字状的 Mg$_2$Si 相转变为细小的多边形，并弥散分布于基体中，是其磨损率降低的主要原因；而当温度高于 200℃时，严重塑性变形诱发了熔化磨损的发生，又导致其磨损率急剧增大。

（3）对于 Mg-Al-Ca 系合金，因其 Mg$_2$Ca 或 (Mg,Al)$_2$Ca 强化相具有熔点高、热稳定性好等特点，其已在汽车高温驱动部件上得到应用。该合金由通用公司开发，典型牌号 AXJ530(Mg-5Al-3Ca-0.12Sr) 在 175℃时的屈服强度达 196MPa，与 A380 铝合金相当；在一定范围内，晶粒尺寸越小，耐磨性越好。例如，在相同摩擦条件下，当晶粒尺寸为 54.8μm 时，AXJ530 合金的磨损率明显较晶粒尺寸为 32.3μm 时要高。但是，若晶粒尺寸太小，AXJ530 合金的耐磨性则大大下降。又如，采用高压铸造技术制备的晶粒尺寸为 4.5μm 的合金，其强度和伸长率均显著高于普通铸造合金，但其耐磨性较晶粒尺寸为 32.3μm 时有所降低。

1.4.3　断裂失效及机理

金属断裂是指在变形超过其塑性极限时而呈现的完全分开的状态。因为材料受力时，原子相对位置发生改变，当局部变形量超过一定限度时，原子间的结合力遭到破坏，便出现了裂纹，裂纹经过扩展而使金属断开。金属塑性的好坏表明了它抑制断裂能力的高低。在塑性加工生产中，尤其是对于塑性较差的材料，断裂常常是人们极为关注的问题。加工材料的表面和内部的裂纹，以至于整体的断裂，都会使成品率和生产率大大降低[29,30]。

镁合金属于密排六方晶体结构，轴比(c/a)值为 1.623，接近理想的密排值 1.633，室温下滑移系少，在塑性变形时出现大量的孪晶协调其塑性变形，塑性变形能力差，容易断裂。在压缩破坏实验中，镁合金存在明显的镦粗现象，金相显示沿粗大晶界处形成了大量的孪晶，部分孪晶界诱发裂纹源，裂纹沿晶界处传播，同时部分孪晶对裂纹起钝化阻碍作用；断口扫描表明其属韧脆混合断裂。在拉伸破坏实验中，镁合金存在明显的颈缩现象，金相显示沿拉长晶晶界处形成大量孪晶，孪晶和裂纹之间存在交互作用；断口扫描表明其属于韧性断裂，同时显示出空洞形核诱发裂纹的机制。

1.5　镁合金修复强化覆层技术的发展及展望

为提高镁合金的耐腐蚀等综合使役性能，国内外学者分别从开发高纯合金、优化制备工艺和表面改性等多个角度开展了广泛深入的研究。综合考虑各领域的研究进展，目前可促进镁合金广泛应用的最为有效、最为简便的途径是对其进行表面改性处理，通过在基体与外部腐蚀介质之间形成有效的屏蔽来缓解和抑制其失效[31]。

在工程实践领域，目前应用的镁合金表面改性方法主要包括化学转化[32,33]、阳极氧化[34,35]、金属刷镀[36,37]、微弧氧化[38-40]、溶胶-凝胶[41,42]、气相沉积[43,44]等，这些方法制备的表面层均可在一定程度上对基体起到有效的防护作用，但或由于层薄、致密性差等导致防护效果有限，或存在环境污染，或设备复杂昂贵等不足而影响应用。

在科研学术领域，在镁合金表面制备陶瓷覆层、铝基合金覆层是其表面防护的研究热点和重要发展方向。

1.5.1 镁合金表面的陶瓷覆层

在镁合金表面涂覆陶瓷材料研究方面，叶宏等[45]采用氧乙炔火焰喷涂在 AZ91D 镁合金表面制备的 Al-Al$_2$O$_3$/TiO$_2$ 梯度涂层与基体结合牢固，表现出了较高的硬度、耐磨性及抗热振性。叶宏等[46]通过在 AZ91D 镁合金表面火焰喷涂 Al$_2$O$_3$＋TiO$_2$、Cr$_2$O$_3$、ZrO$_2$ 等材料，获得了由层状结构排列密集的离子晶体组成的陶瓷涂层，依据 GB/T 10125—2012《人造气氛腐蚀试验 盐雾试验》标准进行盐雾腐蚀 72h 后其表面未出现锈蚀。Lugscheider 等[47]采用 NiCr、NiCr-Cr$_3$C$_2$ 和 AlSi50 火焰喷涂层改善了镁合金的耐磨性和耐蚀性。Parco 和 Zhao[48]采用超音速喷涂技术在 AZ91D 镁合金表面成功制得了主要成分为 WC-Co 的涂层，经封孔处理后其耐蚀性较基体大幅度提高。王存山等[49]采用激光进行了镁合金表面 Al$_2$O$_3$ 喷涂层的重熔，使其耐磨性、耐蚀性提高。叶宏等[50]制备的 Al$_2$O$_3$＋3％ TiO$_2$ 涂层显微硬度达 HV$_{0.2}$950～980，结合强度为 19～22.5 MPa，耐蚀性良好；但涂层表面较粗糙，须打磨并封闭处理后方可使用。Buchmann 和 Gadow[51]采用大气等离子喷涂法在镁合金表面制备了 TiO$_2$ 涂层，封孔处理后使镁合金获得了优良的耐蚀性能。

但研究也发现，镁合金表面涂覆陶瓷材料存在三个方面的不足：一是通常的陶瓷材料与镁合金基体在热膨胀系数等力学性能方面存在较大差异，易在涂层中引发较大内应力而降低与基体的结合性；二是陶瓷材料熔点较高，熔覆过程中易对基体产生过大的热影响；三是陶瓷材料一般密度较大，进行大面积处理时易导致基体产生较大增重而丧失在轻量化应用中的优势[52]。

1.5.2 镁合金表面的铝基覆层

目前，用于镁合金表面防护的铝基涂覆材料主要包括纯 Al、Al-Si、Al-Zn 等，主要工艺方法包括热扩散、载能束熔覆、喷涂等[53]。

1.5.2.1 镁合金表面的铝基扩渗层

扩渗铝是通过化学热处理或其他热扩散方法在零件基体表面形成富铝层，进而通过氧化形成致密的 Al$_2$O$_3$ 或 MgAl$_2$O$_4$ 层，以提高其表面硬度及耐腐蚀性能的工艺过程[54]。典型的铝基扩渗层制备工艺包括固体粉末扩散和液体扩散。

张艳等[55]研究了 AZ91D 镁合金表面真空固态扩散渗铝层的组织结构及耐腐蚀性能，

扩渗层由 Al_3Mg_2 相构成的最外层、$\beta\text{-}Mg_{17}Al_{12}$ 相构成的次外层和 $\beta\text{-}Mg_{17}Al_{12}+\alpha\text{-}Mg$ 两相组织的内层三部分组成。马幼平等[56]对 ZM5 镁合金进行了表面固态扩渗铝锌处理，界面形成了由 Mg-Al-Zn 固溶体和 $Al_6Mg_{10}Zn$、$Al_5Mg_{11}Zn_4$ 金属间化合物组成的合金层，该合金层能在镁合金基体与盐水腐蚀介质之间起到良好的屏障作用，赋予了试样良好的耐腐蚀性能。毛广雷和林文光[57]研究了温度对镁合金表面固态扩渗 Al、Zn 混合粉末的影响，当温度达 450℃时，镁合金表面形成了由 $AlMg_2Zn$ 表面合金层与 Mg-Al-Zn 固溶体层共同组成的稳定扩渗层，该扩渗层在 3.5% NaCl 溶液中表现出了明显优于 AZ91D 镁合金基体的耐腐蚀性能。汤志新[58]对镁合金表面熔盐置换扩散铝涂层的研究表明，温度是影响熔盐反应和铝在镁基体表面体扩散速度的主要因素，300℃以上时镁合金表面可形成厚度均匀且与基体结合牢固的合金层，且电极电位也有所升高。

上述研究表明，表面扩渗法制备的表面富铝层可与工件基体实现冶金结合，在一定程度上改善了基体的表面性能，但传统的固体或液体扩渗方法通常要求的温度较高，会导致基体产生"熔化-快速凝固"过程，进而导致渗层表面出现起伏或裂纹等缺陷。例如，谭成文等[59]对 AZ31 镁合金表面液相快速渗铝的研究结果表明，渗铝层含 $Mg_{17}Al_{12}$ 相和镁的铝饱和固溶体具有较高的纳米硬度和较好的耐腐蚀性能，但 AZ31 镁合金在 480℃热扩渗铝过程中发生了"熔化-快速凝固"变化，导致渗层表面出现了起伏现象。Shigemastu 和 Nakamura[60]在惰性气体保护条件下将 AZ91D 镁合金及其表面覆盖的铝粉于 450℃保温 1h 进行热处理，结果在镁合金表面形成了厚约 $750\,\mu m$ 的镁铝金属化合物层，其表面显微硬度由 HV60 提高至 HV160，但金属间化合物膜层的表面产生了裂纹。

1.5.2.2　镁合金表面的铝基载能束覆层

载能束熔覆铝基合金具有界面冶金结合强度高、熔覆层综合性能优异等优点，是国际上表面防护领域的研究热点之一。

在激光熔覆铝基合金方面，Maiwald[61]对比研究了 NEZ210 镁合金表面 Al+Cu、Al+Si 和 AlSi30 三种铝基激光熔覆层，Al+Si 熔覆层为富铝基体上分布初相 Si 粒子和 Mg_2Si 枝晶，AlSi30 熔覆层中均匀分布 $1\sim5\,\mu m$ 的 Si 粒子，耐腐蚀性能优劣顺序依次为 AlSi30 熔覆层>Al+Si 熔覆层>Al+Cu 熔覆层。Bakkar 等[62]开展了镁合金表面激光熔覆 Al-12Si 粉末的研究，结果表明其综合性能良好。Ignat 等[63]通过激光熔覆铝粉在镁合金表面制备了单道和多道熔覆层，生成了 Al_3Mg_2 和 $Al_{12}Mg_{17}$ 等金属间化合物，其显微硬度显著提高。王安安[64]对真空/惰性气体保护下镁合金表面熔覆镁铝合金的研究表明，熔覆层/基体界面生成了共晶层，镁铝合金层由 $\alpha\text{-}Mg$ 相和 $\beta\text{-}Mg_2Al_3$ 相组成，腐蚀电位较镁合金正移约 0.7V，耐腐蚀性能增强。陈长军等[65,66]开展了 ZM5 镁合金表面激光熔覆预置 Al-Y 粉研究，熔覆层由 Al 和 $Mg_{17}Al_{12}$ 组成，表面硬度达 HV275~325，电极电位明显正移，耐腐蚀性能明显提高。姚军等[67]研究了添加 Al_2O_3 对镁合金表面激光熔覆 Al 基合金的影响，结果表明添加适量 Al_2O_3 粒子促进了界面结合区的连接和涂层组织的均匀化，熔覆层显微硬度和耐磨性均较基体明显提高。

在电子束熔覆铝基合金方面，赵铁钧等[68]采用强流脉冲电子束工艺在纯镁表面获得了约 $10\,\mu m$ 厚的铝合金层，其界面结合紧密、无裂纹，覆层的富铝层厚 $2\sim3\,\mu m$，渗铝层厚约 5 μm，腐蚀电流密度较纯镁减小两个数量级，耐腐蚀性能大幅度提高。叶宏等[69]开展了对 AZ91D 镁合金表面火焰喷涂 Al+高能电子束重熔的研究，结果表明电子束重熔促使涂层界面处 Al、Mg 元素产生互扩散，呈现出交错结合特征；熔覆层中形成的 Mg_2 Al_3、$Mg_{17}Al_{12}$ 金属间化合物促进了镁合金表面硬度和耐腐蚀性能的提高。

在其他载能束熔覆铝基合金方面，陈长军等[70]开展了对 ZM5 镁合金表面电火花熔覆 ZL301 的研究，研究表明基材表面形成了由 α-Mg、β-$Al_{12}Mg_{17}$ 和 Al_2Mg 组成的熔覆层，其自腐蚀电位比基体升高约 348mV，快速凝固组织的形成和 Al、Zn、Mn 元素的富集是其耐腐蚀性提高的主要原因。陈长军等[71]还进行了 ZM5 镁合金表面高能微弧电火花沉积 S331 铝合金的研究，结果表明熔覆层中 Al、Mn 元素含量较基材明显提高，显微硬从 HV85 提高至 HV250，自腐蚀电位和腐蚀电流密度均显著降低，合金化导致的表面晶粒细化促进了致密且不易破裂的氧化膜的形成是腐蚀电流降低的主要原因。马幼平等[72]采用高频感应对 ZM5 镁合金表面进行了合金化改性处理，表面合金化层形成了几乎连续的 β-$Mg_{17}Al_{12}$ 相细化晶粒区，将镁合金中的 α-Al 相与外部环境隔离开，促进了腐蚀速率的降低。

然而，镁合金表面载能束熔覆铝基合金也存在界面结合强度可控性差、覆层均匀性不高和多层多道熔覆易应力集中及开裂等不足[73]。例如，张孝义和周辽奇[74]对镁表面激光熔覆铝基合金层微观组织的研究表明，熔覆层和基体之间实现了良好的冶金结合，界面由基体、过渡区（β+δ 共晶组织）和熔覆区（α-Al 固溶体+γ 相）三个不均匀的区域组成，但高密度激光束作用下快速熔化凝固产生的温度梯度导致了裂纹的出现[75]。

1.5.2.3　镁合金表面的铝基喷涂层

喷涂是指采用火焰、电弧、等离子等热源将材料迅速加热至熔融、半熔融或热塑态后，高速喷射至基体表面以获得具有特定应用性能的材料表层的工艺过程；是目前制备铝基合金表面覆层的主要方法。同时，研究人员还对镁合金表面铝基喷涂层的热扩散、时效处理及激光重熔等进行了深入研究，以进一步提高其综合使役性能。

在喷涂 Al+扩散处理/时效处理方面，梁永政等[76]采用电弧喷涂在 AZ91D 镁合金表面制备了铝涂层，经 430℃保温扩散处理后，涂层在 5% NaCl 溶液中浸泡 144h 后表面完好。黄伟九和李兆峰[77]研究了镁表面锌铝涂层的界面扩散特性。冯亚如和张忠明[78]采用等离子喷涂在镁合金表面获得了 $Al_{65}Cu_{23}Fe_{12}$ 覆层，经热处理后其显微硬度得到提高。张津和孙智富[79]研究了镁表面 Al 涂层的腐蚀性能，经 48h 中性盐雾腐蚀实验后样品表面完好。蒋建敏等[80]研制了镁合金表面电弧喷涂用铝基粉芯丝材，制备的涂层较为均匀致密，耐腐蚀性能较基体有所提高。卜恒勇和卢勇[81]在铸态 AZ91D 镁合金基体表面沉积了组织致密（孔隙率小于 1%）、厚度均匀、与基体结合良好的纯 Al 冷喷涂层，在机械减薄至 135 μm 并经真空/400℃×40h 条件下热处理后，Al 涂层全部转化为具有较高耐蚀性的 $Mg_{17}Al_{12}$ 相和 Al_3Mg_2 金属间化合物。袁晓光等[82]在镁合金表面冷喷涂了快凝 Al-2Si-3Fe-3Mn-2Ni 合金粉末，热处理后，涂层中的 Al 元素和基体中的 Mg 元素发生了扩散，组织更加致密、均匀。王洪涛等[83]对比研究了 AZ91D 镁合金基体、电弧喷涂纯铝层和 CrNiAl 涂层的耐腐蚀性能，镁合金基体浸泡 5h 后出现大面积锈斑及点蚀坑，纯铝涂层、CrNiAl 涂层分别在浸泡 15h、20h 后出现了少量锈斑。谢鲲和崔洪芝[84]开展了对 AZ91 镁合金表面熔滴涂覆 Al 的研究，AZ91 基体在 5% NaCl 溶液中浸泡 24h 后发生大面积腐蚀，涂层浸泡 120h 后仍未出现点蚀，耐蚀性显著提高。

在喷涂 Al+激光重熔方面，Yue 等[85]采用"热喷涂+激光重熔"复合工艺在 ZK60/SiC 镁合金表面制备了 Al-Si 共晶覆层，其腐蚀电流密度分别较镁合金基体、热喷涂试样降低了两个数量级和 50%，覆层中 Mg_2Si 金属间化合物的形成是耐腐蚀性能提高的主要原因。Mei 等[86]优化了 ZK60/SiC 复合材料表面"热喷涂+激光重熔"Al-Zn 材料的工艺参数，腐蚀电流较基体降低了三个数量级。

喷涂+扩散/激光重熔等工艺制备的铝覆层虽能提高镁合金的耐蚀性，但是处理温度仍较高，会导致镁合金强度的明显下降。例如，谭成文等[87]的研究表明，电弧喷涂纯铝层表面存在明显孔洞，致密性差，界面有明显的空隙，不能独立对镁合金基体起到有效的防护作用；热处理后，涂层的界面特性有一定的改善，抗腐蚀性能也有所提高，但因热处理温度高于 150℃，镁合金基体的晶粒明显长大，拉伸强度等力学性能明显下降[88]。基于该情况，刘彦学等[89]采用冷喷涂方法在 AK63 镁合金表面制备了 Al-Zn 涂层，涂层由等轴晶组成，界面无烧结、熔化等现象，基本原态移植了 Al-Zn 材料的优良特性；但结合强度仅为 14.4MPa，抗冲击等性能差，故影响了实际的工程应用。

参 考 文 献

[1]Michael M A, Baker H. ASM Specialty Handbook Magnesium and Magnesium Alloys[M]. Ohio：ASM International Materials Park，1999：1.

[2]陈振华，严红革，陈吉华，等. 镁合金[M]. 北京：化学工业出版社，2004.

[3]黎文献. 镁及镁合金[M]. 长沙：中南大学出版社，2005.

[4]马力. 镁合金钎焊接头组织与力学性能研究[D]. 北京：北京工业大学，2010.

[5]曾荣昌，柯伟，徐永波. Mg 合金的最新发展及应用前景[J]. 金属学报，2001，37(7)：673-685.

[6]Jona F, Marcus P M. Magnesium under pressure：structure and phase transition[J]. Journal of Physics Condensed Matter，2003，15：7727.

[7]陈振华. 耐热镁合金[M]. 北京：化学工业出版社，2006.

[8]顾曾迪，陈宝根. 有色金属焊接[M]. 北京：机械工业出版社，1995.

[9]刘智超，李尧，杨俊杰. 镁合金相关技术研究及应用[J]. 江汉大学学报：自然科学版，2014，03：41-46.

[10]陈振华. 变形镁合金[M]. 北京：化学工业出版社，2005.

[11]刘正，王越，王中光，等. 镁基轻质合金的研究与应用[J]. 材料研究学报，2000，14(6)：449-456.

[12]陈元华，杨沿平. 轻合金在汽车轻量化中的应用[J]. 桂林航空工业高等专科学校学报，2008，1：20-22.

[13]黄瑞芬，武仲河，李进军，等. 镁合金材料的应用及其发展[J]. 内蒙古科技与经济，2008，14：158-160.

[14]李凤梅. 稀土在航空工业上的应用现状和发展趋势[J]. 材料工程，1998(6)：10-12.

[15]王文先. 镁合金材料的应用及其加工成形技术[J]. 太原理工大学学报，2001，32(6)：599-601.

[16]康鸿跃，陈善华，马永平，等. 镁合金的发展[J]. 金属世界，2008，1：61-64.

[17]唐全波，黄少东，伍太宾. 镁合金在武器装备中的应用分析[J]. 兵器材料科学与工程，2007，30(3)：69-71.

[18]宋光玲. 镁合金的腐蚀与防护[M]. 北京：化学工业出版社，2006.

[19]Zhang Z M, Xu H Y, Wang Q. Corrosion and mechanical properties of hot-extruded AZ31 magnesium alloys[J]. Transactions of Nonferrous Metals Society of China，2008，18：140-144.

［20］Zhang Z M，Xu H Y，Li B C．Corrosion properties of plastically deformed AZ80 magnesium alloy［J］．Transactions of Nonferrous Metals Society of China，2010，20：s697-s702．

［21］Aghion E，Bronfin B．The correlation between the micro structure and properties of structural magnesium alloys in ingot form［C］．Third International Magnesium Conference．London：Institute of Materials，1997．

［22］张莉，王渠东，丁文江．镁基材料摩擦磨损的研究进展［J］．材料导报：综述篇，2011，25(5)：94-96．

［23］宋波．Am60 镁合金的稀土改性及摩擦磨损行为研究［D］．长春：吉林大学，2006．

［24］Meng H C，Ludema K C．Wear models and predictive equations：their form and content［J］．Wear，1995，181-183：443-457．

［25］黄晓锋，朱凯，曹喜娟．主要合金元素在镁合金中的作用［J］．铸造技术，2008，29(11)：1574-1578．

［26］赵旭，黄维刚，郑天群，等．镁合金 AZ31 的磨损性能研究［J］．材料工程，2008(5)：1-3．

［27］祁庆琚，刘勇兵，杨晓红．稀土对镁合金 AZ91D 摩擦磨损性能的影响［J］．中国稀土学报，2002，20(5)：428-432．

［28］林强，黄伟九，王国．AS41 耐热镁合金的摩擦学行为研究［J］．有色金属加工，2010，39(6)：11-14．

［29］钟群鹏，田永江．失效分析基础知识［M］．北京：机械工业出版社，1990．

［30］张津，章宗和，等．镁合金及应用［M］．北京：化学工业出版社，2004．

［31］Alves H，Koster U，Aghion E．Environmental behavior of magnesium and magnesium alloy［J］．Materials Technology，2001，16(2)：110-126．

［32］Ardelean H．Corrosion protection of magnesium alloys by cerium zirconium and niobium based conversion coatings ［J］．Corrosion Science，2008，50：1907-1918．

［33］Okido M，Ichino R，Jong S．Surface characteristics of chemical conversion coating for Mg-Al alloy［J］．Transactions of Nonferrous Metals Society of China，2009，19：892-897．

［34］Kim Y K，Lee M H，Nepane P M．Surface characteristics of magnesium alloys treated by anodic oxidation using pulse power［J］．Advanced Materials Research，2008：1290-1293．

［35］Kim S J，Kim J．Sealing effects of anodic oxide films formed on Mg-Al alloys［J］．Korean Journal of Chemical Engineering，2004，21(4)：915-920．

［36］Wu L P，Zhao J J，Xie Y P．Progress of electroplating and electroless plating on magnesium alloy［J］．Transactions of Nonferrous Metals Society of China，2010，20(2)：630-637．

［37］Zhao Z Q，Wang C Q，Du M．Low temperature bonding of LD31 aluminum alloys by electric brush plating Ni and Cu coatings［J］．China Welding，2005，14(1)：24-28．

［38］Deng S H，Yi D Q．Influence of potential on structure and properties of microarc oxidation coating on Mg alloy［J］．Journal of Central South University of Technology，2005，12(1)：12-17．

［39］Liu J A，Zhu X Y．Characterization and property of microarc oxidation coatings on open-cell aluminum foams［J］．Journal of Coatings Technolgy and Research，2012，9(3)：357-363．

［40］Rakoch A G，Gladkova A A，Kovalev V L，et al．The mechanism of formation of composite microarc coatings on aluminum alloys［J］．Protection of Metals and Physical Chemistry of Surfaces，2013，49(7)：880-884．

［41］王少华，谢益骏，刘丽华，等．Mg-Nd-Zn-Zr 镁合金表面超疏水 SiO_2 薄膜的制备及其表征［J］．复旦学报：自然科学版，2012，51(2)：191-194．

［42］李康，高立新，郑红艾，等．溶胶-凝胶法制备 AA5052 系铝合金耐蚀性保护膜［J］．腐蚀与防护，2013，34(7)：573-575．

［43］Mohamed A T，Mahallawy A E，Nassef S I．PVD coating of Mg-AZ31 by thin layer of Al and Al-Si［J］．Journal of Coatings Technolgy and Research，2010，7(6)：793-800．

［44］Hamid A S，Qian H C．A perspective of microplasma oxidation (MPO) and vapor deposition coatings in surface engineering of aluminum alloys［J］．Journal of Chongqing University：English Edition，2004，3(2)：4-11．

［45］叶宏，孙智富，吴超云．镁合金表面热喷涂 $Al-Al_2O_3/TiO_2$ 梯度涂层研究［J］．武汉理工大学学报，2006，28(7)：9-11．

[46]叶宏，孙智富，张津，等. AZ91D镁合金表面热喷涂陶瓷涂层研究[J]. 现代制造工程，2004(11)：61-62.

[47]Lugscheider E，Parco M，Kainer K U. Thermal spraying of magnesium alloys for corrosion and wear protection [C]. Proceeding of 6th International Conference Magnesium Alloys and Their Applications. Germany, 2003：860-868.

[48]Parco M，Zhao L D. Investigation of HVOF spraying on magnesium alloys[J]. Surface and Coating Technology, 2006，201(6)：3269-3274.

[49]王存山，高亚丽，姚曼. 镁合金 AZ91HP 表面激光重熔 Al_2O_3 涂层的组织及性能[J]. 金属学报，2007, 43(5)：493-497.

[50]叶宏，张津，孙智富. 镁合金表面等离子喷涂纳米陶瓷涂层研究[J]. 武汉理工大学学报，2004，26(4)：9-11.

[51]Buchmann M，Gadow R. Mechanical and tribological characterization of APS and HVOF sprayed TiO_2 coating on light metals[C]. Thermal Spray 2001：New Surfaces for a New Millennium. Singapore，2001：1003.

[52]侯伟骜，宋希建. 热喷涂与微弧氧化法制备镁合金表面陶瓷层[J]. 有色金属，2006(1)：111-114.

[53]芦笙，付丽，陈静. 镁合金热喷涂研究进展[J]. 江苏科技大学学报，2010，24(6)：249-254.

[54]陈刚，章国伟，马力，等. 镁合金表面铝化及其合金涂层研究现状[J]. 热加工工艺，2012，41(8)：159-161.

[55]张艳，梁伟，王红霞，等. AZ91D镁合金表面真空扩散渗铝层结构及性能研究[J]. 稀有金属材料与工程, 2008，37(11)：2023-202.

[56]马幼平，徐可为，潘希德，等. 表面扩渗 Al、Zn 处理对 ZM5 镁合金性能的影响[J]. 稀有金属材料与工程, 2005，34(3)：433-435.

[57]毛广雷，林文光. AZ91D镁合金表面扩渗铝锌膜层改性研究[J]. 热加工工艺，2008，37(8)：32-34.

[58]汤志新. 镁及镁合金表面熔盐扩散富铝涂层的制备研究[D]. 上海：上海交通大学，2008：46-49.

[59]谭成文，郭冠伟，王潇屹，等. AZ31 镁合金表面液相渗铝的工艺与性能[J]. 中国有色金属学报，2007, 17(7)：1053-1057.

[60]Shigematsu I，Nakamura M. Surface treatment of AZ91D magnesium alloy by aluminum diffusion coating[J]. Journal of Materials Letters，2000(19)：473-475.

[61]Maiwald T. Microstructure and corrosion properties of laser clads of magnesium basealloys for laser generated cylinder liners[J]. Lasers in Engineering，2002，12(4)：227-238.

[62]Bakkar A，Galun R，Neubert V. Microstructural characterization and corrosion behaviour of laser cladded Al-12Si alloy onto magnesium AZ41/carbon fiber composite [J]. Materials Science and Technology，2006，22 (3)：353-362.

[63]Ignat S，Sallamand P，Grevey D. Magnesium alloys laser（Nd：YAG）cladding and alloying with side injection of aluminium powder[J]. Applied Surface Science，2004，225：124-134.

[64]王安安. 在纯镁上激光熔敷镁铝合金层提高表面的耐蚀性[J]. 应用激光，1992(6)：24-248.

[65]陈长军，常庆明，张敏. ZM5 镁合金表面激光 Al 合金化行为的研究[J]. 应用激光，2007，4(8)：261-268.

[66]陈长军，张敏，闫文青，等. 在 ZM5 上预置 Al-Y 粉末激光合金化的研究[J]. 热加工工艺，2007, 36(23)：34-36.

[67]姚军，孙广平，林文光. AZ91D 镁合金激光熔覆 $Al＋Al_2O_3$ 涂层的界面特征[J]. 热加工工艺，2006, 35(19)：32-34.

[68]赵铁钧，高波，田小梅，等. 纯镁强流脉冲电子束表面改性及合金化研究[J]. 真空科学与技术学报，2008, 28(1)：11-15.

[69]叶宏，闻忠琳，薛志芬. 镁合金表面电子束熔覆铝涂层[J]. 铸造技术，2008，29(8)：1056-1058.

[70]陈长军，王茂才，王东生，等. ZM5 镁合金表面电火花合金化改性层的获得[J]. 材料热处理学报，2004, 25(2)：41-43.

[71]陈长军，张敏，张诗昌，等. ZM5 镁合金表面高能微弧火花沉积 S331 铝合金研究[J]. 特种铸造及有色合金, 2009，29(9)：795-797.

[72]马幼平，陆旭忠，徐可为. 镁合金 ZM5 高频感应表面合金化改性层的腐蚀行为[J]. 稀有金属材料与工程,

2003，32(3)：191-193.

[73]王宾，叶宏，闫忠琳，等. 镁合金表面铝涂层研究进展[J]. 表面技术，2010，39(1)：86-88.

[74]张孝义，周辽奇. 镁表面铝熔覆层微观组织的观察[J]. 特种铸造及有色合金，2011，31(8)：767-769.

[75]赵宇，崔振宇，陈莉，等. 镁合金激光熔凝层的缺陷[J]. 理化检验：物理分册，2009，45(4)：202-204.

[76]梁永政，郝远，杨贵荣，等. 镁合金 AZ91D 表面电弧喷涂铝工艺的研究[J]. 机械工程材料，2005，29(3)：29-31.

[77]黄伟九，李兆峰. 热扩散对镁合金锌铝涂层界面组织和性能的影响[J]. 材料热处理学报，2007，28(2)：106-109.

[78]冯亚如，张忠明. AZ31 镁合金表面等离子喷涂 $Al_{65}Cu_{23}Fe_{12}$ 涂层的研究[J]. 铸造技术，2006，27(2)：160-162.

[79]张津，孙智富. AZ91D 镁合金表面热喷铝涂层研究[J]. 中国机械工程，2002，13(23)：2057-2058.

[80]蒋建敏，耿丹丹，贺定勇. 镁合金表面电弧喷涂用铝基粉芯丝材[J]. 中国表面工程，2006，19(6)：51-53.

[81]卜恒勇，卢晨. 镁合金表面冷喷涂铝涂层的热处理研究[J]. 金属功能材料，2011，18(4)：26-31.

[82]袁晓光，刘彦学，王怡嵩，等. 镁合金表面冷喷涂铝合金的界面扩散行为[J]. 焊接学报，2007，28(11)：9-13.

[83]王洪涛，贾鹏，林晓娉，等. 镁合金表面电弧喷涂金属耐蚀涂层性能研究[J]. 腐蚀科学与防护技术，2009，21(3)：323-326.

[84]谢鲲，崔洪芝. AZ91 表面熔滴涂覆 Al 涂层的研究[J]. 稀有金属材料与工程，2011，40(4)：662-664.

[85]Yue T M，Wang A H，Man H C. Corrosion resistanceenhancementof magnesium ZK60/SiC composite by Nd：YAG laser cladding[J]. Scripta Materialia，1999，40(3)：303-311.

[86]Mei Z，Guo L F，Yue T M. The effect of laser cladding on the corrosion resistance of magnesium ZK60/SiC composite[J]. Materials Processing Technology，2005，161：462-466.

[87]谭成文，杨素媛，陈志永，等. 镁合金表面电弧喷涂纯铝的界面特性研究[J]. 材料热处理学报，2007，28(12)：102-105.

[88]Lee Y. The role of grain refinement of magnesium[J]. Metallurgical and Materials Transactions A，2000，31：2895-2905.

[89]刘彦学，袁晓光，黄宏军，等. 镁合金表面冷喷涂快凝 Al-Zn 合金粉末的研究[J]. 特种铸造及有色合金，2006，26(4)：205-207.

第 2 章 面向工况环境的镁合金修复强化材料设计

2.1 引　　言

依据设备完好率和使用可靠性要求，镁合金损伤件的修复层需兼具优异的综合力学性能和良好的表面功能特性。使役工况和服役环境是导致镁合金件失效的外部驱动力，孔隙与夹杂等缺陷是造成传统修复层使用效果不佳的主要内因，这使得面向使役的修复材料设计成为提升工件综合服役性能的前提。因此，本章将围绕"面向工况环境的镁合金修复强化材料设计"这一首要问题，在镁合金件及其使役环境描述的基础上，面向海洋环境、磨损和腐蚀综合作用工况及常规服役环境，以使役性、相容性和成形性为原则，分别进行铝基金属玻璃、高熵合金、铝硅系合金三大类修复材料的设计、制备、表征及评价。

本研究的防护对象为 ZM5 镁合金，该材料是设备轻量化的首选之一，属于 Mg-Al-Zn 系铸造合金，其化学成分如表 2-1 所示。ZM5 镁合金具有 α-Mg 和 β-$Mg_{17}Al_{12}$ 双相组织，典型特征是 β-$Mg_{17}Al_{12}$ 分布于初生 α-Mg 相的晶界上，如图 2-1 所示。

表 2-1 ZM5 镁合金的化学成分

牌号	种类	系列	成分(质量分数)/%			
			Al	Mn	Zn	Mg
ZM5	铸造	Mg-Al-Zn	7.5~9.0	0.2~0.8	0.15~0.5	—

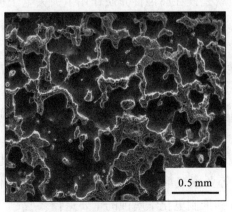

图 2-1 ZM5 镁合金的微观组织

　　ZM5 镁合金主要用于制造设备的承力结构，典型件包括机匣、机头罩等。上述设备主要服役于我国沿海地区，面临着高温、高湿、高盐雾、高辐射的海洋环境，其日照时间、平均气温、最高气温、年降水量及相对湿度等具体情况如表 2-2 所示[1]。

表 2-2　我国典型沿海地区的环境特征

环境参量	大连	上海	厦门	汕头	海口
日照时间/h	2500~2800	2000~2100	1700~1900	2000~2500	2000~2200
平均气温/℃	10.2	16	26	18~22	23.9
最高气温/℃	35.3	40.2	39.2	35~38	40.5
年降水量/mm	632	1111	1616	1531	1625
相对湿度/%	70	78	79	82	85

　　应用实践表明，镁合金件主要发生两种类型的损伤：一种是大面积"豆腐渣"状的均匀腐蚀，主要出现在与海洋大气直接接触的工件表面，如图 2-2 所示；另一种是局部严重的电化学腐蚀，主要发生于与钢等异质零件的连接部位，如图 2-3 所示。

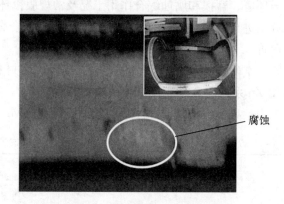

图 2-2　机匣表面"豆腐渣"状腐蚀产物　　　　　图 2-3　骨架侧壁电化学腐蚀

　　镁的化学腐蚀过程也就是镁在腐蚀性介质作用下失去电子被氧化的过程，如式(2-1)所示[2]。

$$Mg \longrightarrow Mg^{2+} + 2e \tag{2-1}$$

　　当两种异质金属相接触构成腐蚀电偶时，其理论腐蚀电流 I_g 由式(2-2)决定[3]：

$$I_g = (E_c - E_a)/(R_c + R_a + R_s) \tag{2-2}$$

式中，E_c 与 E_a 分别是电偶阴阳极的自腐蚀电位；R_c 与 R_a 分别是阴阳极的极化电阻；R_s 是阴阳极间的溶液电阻。

　　镁合金在特定腐蚀液中的腐蚀速率主要取决于其表面腐蚀电流 I_g 的大小，而影响 I_g 大小的 E_c、E_a、R_c、R_a 等要素又取决于电偶阴阳极材料的理化特性，因此，合理地优选阴阳极配偶材料是缓解和抑制电化学腐蚀的重要途径。

2.2　铝基金属玻璃材料设计

2.2.1　概念与特点

铝基金属玻璃是指物质内部结构中原子呈短程有序、长程无序排列的一种以 Al 元素为主要成分的材料。Predecki 等于 1965 年通过熔体急速冷却首次获得了 Al-Si 金属玻璃，并利用喷枪技术在 Al-Ce、Al-M(M=Cu、Ni、Pr、Pd)体系中获得了非晶与晶体的共存体，但均未获得完全金属玻璃。日本科学家 Inoue[4]于 1981 年制备出了 Al 元素含量超过 50％(原子分数)的 Al-Fe-B 和 Al-Co-B 体系的完全金属玻璃，这被认为是铝基金属玻璃研究的正式开始。20 世纪 80 年代，日本东北大学 Inoue 研究组[5,6]和美国弗吉尼亚大学 Poon 研究组[7]分别独立制备了 Al 元素含量超过 80％(原子分数)的铝基金属玻璃，其拉伸强度均在 1000 MPa 以上，远高于传统晶态铝合金。同时，这些铝基金属玻璃还具有密度低、比强度高、韧性好、耐蚀性和耐磨性优良等系列优点，引起了科学家和产业界的广泛关注，自此掀起了铝基金属玻璃研究的热潮。

目前，已开发出的铝基金属玻璃主要集中于 Al-RE(如 Al-Ln、Al-Y、Al-La、Al-Ce 等)二元体系和 Al-RE-LTM、Al-LTM-LEM 等三元体系(其中，RE 为稀土元素、LTM 为周期表中的Ⅴ和Ⅷ族元素、LEM 为周期表中的Ⅳ和Ⅴ族元素)，其均表现出高强度、高韧性、高耐蚀性等优异特性。

相较于其他体系的金属玻璃材料，铝基金属玻璃具有以下独特性：①铝基金属玻璃成分远离合金的共晶点[8]；②化学短程序对铝基金属玻璃形成能力及微观结构的影响不同，在其他金属玻璃中，化学短程序越多，熔体越容易结晶，合金的非晶形成能力越弱，而在铝系合金中，化学短程序的存在使熔体处于局部平衡状态，促进了铝基金属玻璃的形成[9]；③晶化过程不同，存在强烈的相选择行为。

2.2.2　设计基础

2.2.2.1　形成能力研究方面

20 世纪 80 年代以来，国内外科研人员从热力学与动力学条件、组元化学特性及原子结构三个方面着手，对如何提高合金玻璃形成能力开展了广泛深入的研究。Inoue 和 Zhang[10]提出了金属玻璃形成的三个经验准则：一是合金体系的组元数不少于三个；二是主要组元的原子尺寸差异不小于 12％，且须符合"大、中、小"关系；三是主要组元间的混合热为负值。英国的 Greer[11]提出了"混淆理论"，即随着组元数目的增多和原子尺寸差的增大，合金的玻璃形成能力增强。

约化玻璃转变参数 T_{rg}、过冷液相区宽度 ΔT_x 是衡量合金体系玻璃形成能力的两个主要的热力学参数[12]。T_{rg} 是从过冷熔体降温过程中抑制结晶的角度来评价合金的玻璃形成能力的，一般认为 T_{rg} 值越高(通常大于 0.6)，越易于形成金属玻璃。ΔT_x 是从金属玻璃在加热过程中抑制结晶的角度来评价其形成能力的，一般认为 ΔT_x 值越大，合金的玻璃形成能力越强。铝基金属玻璃的 T_{rg} (约 0.42)和 ΔT_x (约 10 以下)均较小，属于典型的弱玻璃形成体系。Al 的玻璃转变温度也较低(约 230℃以下)，常作为初晶相析出的 α-Al 限制了铝基合金玻璃形成能力的提高。

国际上，Miracle[13] 研究了原子半径分布与合金体系玻璃形成能力的关系，铝基金属玻璃中的原子半径分布曲线呈凸形，表现出典型弱玻璃形成体系的分布特征。Louzguine 等[14] 提出了区分铝基金属玻璃晶化类型的体积错配度(λ)准则，该准则用于指导强玻璃形成能力铝基合金的设计。电负性可作为过冷度设计的参考，对合金体系的玻璃形成能力有重要影响。Louzguine 和 Inoue[15] 阐释了电负性对过冷温度区间的影响。Poon 等[16]、Senkov 和 Miracle[17] 分别建立了铝基金属玻璃的 Backbone 结构模型和密堆积结构模型，该模型用于从原子结构的角度指导铝基金属玻璃的成分设计。

在国内，Lu[18] 提出了表征合金体系玻璃形成能力的新参数 $\gamma(\gamma = T_x/T_g + T_l)$，与 T_{rg} 判据相比，该参数与合金体系玻璃形成能力具有更好的对应关系和更高的可靠性，大部分非晶合金的 γ 值在 0.3~0.5 范围内。Ma 等[19] 的研究表明，Al 原子具有中等大小的电负性，溶质原子通常具有较大或较小的电负性，铝基金属玻璃中的电负性分布与原子尺寸分布类似，呈凸曲线形。Yang[20] 基于 Hume-Rothery 准则，分析了电负性对原子间结合力及混合焓的影响(电负性相似的原子间易于形成固溶体，电负性差别大的元素间易于形成原子团簇，电负性差过大则元素间生成化合物)，并提出了预测合金玻璃形成能力的电化学参数 ΔE (平均电负性)，基于此计算出 $\Delta E = 1.61$ 时，Al-TM-RE 体系具有最强的玻璃形成能力。Sheng 和 Luo[21] 提出了原子团簇耦合模型，即以双原子为中心的原子团簇模型和复杂链式原子团簇模型构成了金属玻璃中短程有序的结构基础。

2.2.2.2　微观结构表征方面

准确表征微观结构特征及其演化过程对于设计开发适合工程应用的铝基金属玻璃材料具有重要的指导作用。国际上，日本东北大学 Inoue 和 Kawamura[22] 在总结多年研究成果的基础上，将非平衡态铝合金的结构梳理如下：①非晶单相；②由非晶晶化获得的纳米结构；③纳米尺度 α-Al 晶粒镶嵌于金属玻璃母体的部分晶化组织。韩国科学家 Kim 等[23,24] 通过 HRTEM① 分析发现，金属玻璃中 Al 粒子直径约为 7nm，近球形，内部无缺陷。Clain 等[25,26] 认为铝基金属玻璃微观结构的形成是由于晶化相具有很高的形核率和极低的生长率所致。Cotton 和 Kaufman[27] 的研究表明，冷却速率越大，越有利于 Al_6Fe 亚稳相和二十面体准晶相的生成。

在国内，张传江和李传福[28] 运用 XRD② 和高分辨电子显微镜研究了 $Al_{90}Fe_5Ce_5$ 金属玻璃的微观结构，发现二十面体短程序均匀弥散分布于 $Al_{90}Fe_5Ce_5$ 金属玻璃基体中，其存在抑制了金属玻璃形成过程中 α-Al 颗粒的长大；同时，Al 原子和 Fe 原子间的强烈相

---

① HRTEM 为高分辨率透射电镜(high resolution transmission electron microscopy)。
② XRD 为 X 射线衍射仪(X-ray power diffractometer)。

互作用又使二十面体短程有序区域非常稳定,提高了合金的玻璃形成能力并增强了非晶相的热稳定性。许爱华等[29]研究了冷却速率对 $Al_{83}Zn_{10}Ce_7$ 金属玻璃条带微观结构的影响,高冷却速率试样和低冷却速率试样的 X 射线衍射图谱上均存在预峰,且形状和位置不随冷却速率变化而明显改变,这说明预峰对应的短程有序结构的稳定性;同时,高冷却速率样品的 X 射线衍射图谱由预峰和宽大的主峰组成,表明样品为单一的非晶相;低冷却速率样品的 X 射线衍射图谱上出现了 Al 相和少量叠加在非晶包上的 Al_2ZnCe_2 晶化峰,预峰劈裂为两部分,分别对应于 Al_2ZnCe_2 的(002)峰和(101)峰。李传福和张传江[30]的研究结果显示,$Al_{83}Zn_{10}Ce_7$ 非晶合金的 X 射线衍射图谱由一个宽大的主峰和一个较小的预峰组成,表明样品为单一的非晶结构,且内部存在强烈的化学短程序[31];选区电子衍射花样为漫散射晕环,进一步证实了样品的单一非晶相结构。赵芳等[32]认为抑制在冷却过程中形成的各种晶核的生长是铝基金属玻璃形成的主要原因。

2.2.2.3　综合性能评价方面

铝基金属玻璃独特而优异的物理、化学及力学性能使其无论作为结构材料还是功能材料都具有极大的应用潜力,尤其是近期玻璃成形能力的突破性进展及粉末成形工艺的不断进步,使制备铝基金属玻璃/纳米晶复合结构材料甚至单一相大尺寸块体铝基金属玻璃成为可能,因此,铝基金属玻璃综合性能的研究对于促进其实际工程应用具有重要意义。

在力学性能方面,Kim 等[33]的研究表明,铝基金属玻璃的拉伸强度达到了 1000MPa以上,尤其是 $Al_{88}Ni_{10}Nd_2$ 金属玻璃的拉伸强度高达 1300MPa。当铝基金属玻璃中析出第二弥散强化相时,拉伸强度将进一步提高,如 $Al_{88}Ni_9Ce_2Fe_1$ 金属玻璃中纳米晶析出强化相体积分数为 25% 时的拉伸强度达到了 1560MPa[34],纳米晶增强的 Al-RE 金属玻璃的拉伸强度高达 1600MPa[35]。铝基金属玻璃的弹性模量会因成分的变化呈现出较大差别,但均远高于相应的晶态合金,一般为 90GPa 左右[36]。Ohtera 等[37]的研究表明,铝基金属玻璃纳米晶化后表现出了较高的疲劳强度,达 300~350MPa。Chen 等[38]的测试结果表明,铝基金属玻璃的热膨胀系数一般较低,约为传统晶态合金的 80%,典型铝基金属玻璃与 5000 系、6000 系铝基晶态合金的热膨胀系数对比如表 2-3 所示。

表 2-3　铝基金属玻璃与晶态合金的热膨胀系数对比[43]

序号	合金	热膨胀系数/K^{-1}
1	$Al_{88.5}Ni_8Y_{3.5}$	19.6×10^{-6}
2	$Al_{88.5}Ni_8Mm_{3.5}$	20.2×10^{-6}
3	6061	24.4×10^{-6}
4	5056	25.4×10^{-6}

铝基金属玻璃的常温塑性变形发生于局部滑移带,在剪切应力作用下屈服后仅发生微小的塑性变形[39],通常为 1%~2%,最高为 4.9%,如 $Al_{89.7}Ni_8Mm_{1.5}Zr_{0.8}$。Wang等[40]研制了力学性能较好的 Al-Zr 基金属玻璃,其显微硬度值为 HV300~440,约为传统 2000 系铝基晶态合金(HV120~140)的 3 倍以上,也明显高于工业用 316L 不锈钢的硬度值(约 HV180)。Inoue 等[41]报道的 $Al_{94}V_4M_2$(M=Fe、Co、Ni)金属玻璃的显微硬度达

到了 HV470。Carlo 等[42]的研究表明，铝基金属玻璃粉末的硬度约为 HV350，且随粉末粒径的增加呈线性下降趋势。

在摩擦学性能方面，范洪波等[43]对比测试了 $Al_{88.5}Ni_8Mm_{3.5}$、$Al_{85}Ni_5Y_{10}$ 两种铝基金属玻璃和 Al-17Si 晶态合金的磨损失重，铝基金属玻璃的耐磨损性能均优于传统用于耐磨工况的 Al-17Si 晶态合金。

在腐蚀性能方面，铝基金属玻璃的耐腐蚀性能受到化学成分、晶化析出相尺寸与分布、腐蚀溶液特性等多种因素的影响[44]。Inoue[45]的研究表明，Al-Y-Ni、Al-La-Ni 两种金属玻璃在 HCl 和 NaOH 溶液中均表现出远优于同成分晶态合金的抗腐蚀性能。Creus 等[46]研究发现，Al-Cr-(N)金属玻璃镀层在盐溶液中表现出非常好的抗腐蚀性能，且 N 含量越高，抗点蚀能力越强。Sweitzer 和 Shiflet[47]的研究表明，$Al_{90}Fe_5Gd_5$、$Al_{87}Ni_{8.7}Y_{4.3}$ 两种金属玻璃部分晶化后具有更高的抗局部腐蚀能力，但完全晶化后其腐蚀能力显著降低。美国弗吉尼亚大学 Scully 研究组发现，铝基金属玻璃点蚀萌生与析出相的尺寸及其周围基体成分梯度有关[48,49]。褚维和陈国钧[50]的研究结果表明，Al-Mn 非晶镀层在 0.15mol/L H_2SO_4 溶液中的耐蚀性远优于 1Cr13 不锈钢和工业纯铝，并超过 1Cr18Ni9Ti 不锈钢。吴学庆等[51]研究发现，$Al_{88}Ni_6La_6$ 金属玻璃部分晶化后在 0.01mol/L NaCl 溶液中表现出最佳的抗电化学腐蚀性能，而完全晶化后其抗腐蚀性能则明显下降。王建强研究组发现，$Al_{85}Ni_5Y_{10}$ 金属玻璃在 0.125mol/L NaOH 溶液和 1mol/L HCl 溶液中的耐腐蚀性能远高于纯铝和 2024 铝合金[52]。同时，该研究组[53]还依据玻璃形成能力的相选择理论，在 Al-Ni-Ce 体系中制备了分别析出单一纳米 α-Al、Al_3Ni 和 $Al_{11}Ce_3$ 相的金属玻璃/纳米晶复合材料，并研究了其抗腐蚀性能。研究表明，纳米晶体相 α-Al 的析出对降低铝基金属玻璃耐点蚀能力的影响有限，而纳米晶体相 Al_3Ni 和 $Al_{11}Ce_3$ 的析出则显著降低了铝基金属玻璃的耐点蚀能力。铝基金属玻璃中不同晶体相的析出对点蚀的敏感性可能截然不同，这与析出相的成分、尺度及分布密切相关[54-56]。

2.2.2.4　晶化行为研究方面

铝基金属玻璃的晶化是 α-Al 形核长大和非晶基体/α-Al 相界面形成及迁移的过程，伴随着复杂的热/动力学效应，因此，研究铝基金属玻璃的晶化行为对揭示纳米弥散结构形成机制、制备大尺寸铝基金属玻璃块体、阐明铝基金属玻璃热稳定性及预判其使役工况等均具有重要意义。

国际上，Inoue 等[57]指出铝基金属玻璃在晶化过程中存在相选择行为。Rizzi 等[58]比较了 Al-Sm、Al-Sm-Ni 两种金属玻璃在不同热处理条件下的 X 射线衍射图谱，验证了铝基金属玻璃受热晶化过程中相选择行为的存在，且不同体系特点各异。Tsaip 等[59]报道了 $Al_{87}Ni_{10}Ce_3$ 金属玻璃中预存化学构型的存在。井上明久课题组[60]研究了 Al-Ln(Ln=La、Y、Ce、Nd、Sm、Gd)系二元金属玻璃晶化温度 T_x 与成分 Ln 的关系，相同溶质浓度的金属玻璃具有基本一致的 T_x 值，低溶质浓度区的 T_x 值随 Ln 元素含量的增加而增大并逐步趋于某一固定值，组织演化经历由单一非晶 Al 相到非晶 Al 相＋α-Al 相复合组织再到 Al 相＋$Al_{11}Ln_3$ 金属间化合物复合组织的过程；随着溶质浓度的增加，T_x 值增大至约 500K，铝相析出受到抑制。

　　在国内，卢柯等[61,62]的研究表明，金属玻璃的晶化过程涉及原子扩散，经典的液态凝固结晶晶化机制不适用于铝基金属玻璃。许爱华等[63]研究了 Al-Zn-Ce 金属玻璃条带受热晶化过程中各种相的生成顺序，结果表明 Al 相优先于其他金属间化合物形核生长并析出，Al_2ZnCe_2 金属间化合物与 Al 相竞争形核并伴随 Al 相的生长而长大，$Al_{11}Ce_3$ 二元化合物最后形核生长，各种相之间的相互竞争形核与竞争生长起到了"混乱原理"作用，促进了铝基金属玻璃晶化后特殊微观结构的形成。段成银和黄光杰[64]阐述了晶化过程的热效应，指出在形核阶段形成的晶胞尺寸和晶体体积分数均很小，产生的热效应也弱，因而界面形成过程中产生的热效应能够补偿大部分的晶化放热；在晶核长大阶段，晶体体积分数显著增大，界面补偿效应不明显，因而在 DSC① 曲线上显现出明显的放热峰。张宏闻和王建强[65]研究了 $Al_{85}Ni_5Y_8Co_2$ 金属玻璃的初晶晶化动力学行为，发现了急冷态样品中"淬态"α-Al 的存在；等温 DSC 测试表明，与传统形核与长大行为呈现的明显放热峰不同，"淬态"α-Al 的晶核长大行为表现为热焓随时间单调下降的曲线；$Al_{85}Ni_5Y_8$ Co_2 的等温 DSC 曲线同时出现了上述两种特征，表明其初晶晶化过程分为三个步骤，即首先进行的"淬态"α-Al 晶核的生长，然后出现的 Al 固溶体的高密度形核，以及最终的纳米晶核的长大。田娜[66]系统研究了 $Al_{88}Gd_6Er_2Ni_4$ 金属玻璃不同晶化阶段的微观结构特征，443K 退火 5min 后的样品仍然为均匀的金属玻璃态，选区衍射花样为晕环，表明样品没有发生晶化；443K 退火 180min 后的样品 TEM② 明场像中观察到了分布于金属玻璃基体上的约 10nm 的纳米晶相，经选区衍射花样标定为 α-Al 相，残余非晶相没有明显的衬度差，表明 α-Al 相形核于均匀的金属玻璃母体；463K 退火 180min 后的样品 TEM 明场像中观察到了连接在一起的纳米晶粒，表明非晶/α-Al 相界是金属玻璃母体进一步非均匀形核的位置。

2.2.2.5　固结成形研究方面

　　在铝基金属玻璃粉体制备方面，Senkov 等[67]采用气体雾化法基于 $Al_{89}Gd_7Ni_3Fe_1$、$Al_{85}Ni_{10}Y_{2.5}La_{2.5}$ 两种体系成功制备出了相组成为非晶＋α-Al 的粉体材料。Inoue 等[68]以氩气作为冷却介质，在 100atm（$1atm = 1.01325 \times 10^5 Pa$）雾化压力条件下制备出了 Al-Y-Ni 合金粉末，粒径小于 25μm 时其呈完全非晶态，粒径在 25～37μm 范围内时其组织为非晶相与晶相共存体，粒径大于 37μm 时其呈现为完全晶态组织。Nagahama 和 Higashi[69]应用氩气在 4MPa 的雾化压力下成功获得了 Al-Ni-Mm 金属玻璃粉末，结果表明随着粉末粒度的减小金属间化合物被抑制，粒径小于 26μm 的粉末呈现出金属玻璃基体上镶嵌 α-Al 粒子的结构。Hong 等[70]的研究表明，粒径小于 26μm 的粉末呈现出金属玻璃基体上镶嵌 α-Al 粒子的结构；随着粒径尺寸的增大，粉末硬度逐渐降低。中南大学黄伯云研究组[71]开展了紧耦合气雾化法制备铝基金属玻璃粉体的实验研究，粉末的临界尺度为 26μm，非晶化临界冷却速率约为 10^6 K/s。Chattopadhyay 和 Gannabattular[72]按 $Al_{65}Cu_{35-x}Ti_x$（$x=5$、10、15、20、25 和 30，原子分数）标称成分配制混合物，在行星式

---

① DSC 为差示扫描量热法（differential scanning calorimetry）。

② TEM 为透射电子显微镜（transmission electron microscope）。

球磨机中进行不大于 40h 处理后等温退火，并进行 X 射线衍射分析，结果表明，$Al_{65}Cu_{35-x}Ti_x$ 粉末经 30h 处理后形成了单相非晶或纳米晶合金，粉末为非晶相和纳米级金属间化合物组成的复合组织。Fadeeva 和 Leonov[73] 球磨 Al-Fe 二元粉末得到了完全金属玻璃。Zou[74] 球磨 Al-25％(原子分数)Fe-(5，10)％(原子分数)Ni 三元粉末得到了完全金属玻璃。

在铝基金属玻璃粉体固结成形方面，Inoue 等[75,76]采用温挤压法进行了 $Al_{85}N_5Y_{10}$ 金属玻璃粉体的固结成形，$Al_{85}N_5Y_{10}$ 温挤压样品的 X 射线衍射图谱与气雾化粉末基本相同，均表现为较宽的漫散峰，说明金属玻璃粉末在玻璃转变温度附近进行温挤压后无明显的晶化迹象。Inoue 研究组的 Kawamura[77] 研究了气体雾化 $Al_{85}Ni_5Y_8Co_2$ 金属玻璃粉末的温挤压工艺。美国代顿 UES 公司的 Senkov[78] 对 $Al_{89}Gd_7Ni_3Fe_1$ 和 $Al_{85}Ni_{10}Y_{2.5}La_{2.5}$ 金属玻璃粉末的等通道转角挤压的研究结果表明，挤压温度为 280℃时，成形的块体样品中脆性晶态粉末多的区域存在明显空洞和严重裂纹。何世文等[79]的研究表明，挤压温度由 673K 降为 603K 时，$Al_{85}N_5Y_{10}$ 非晶/纳米晶(α-Al)复合材料的抗压强度由 1220 MPa 提高到 1470MPa，弹性模量由 120GPa 提高到 145GPa；α-Al 纳米颗粒在金属玻璃基体中均匀分布起弥散强化作用，是 $Al_{85}N_5Y_{10}$ 金属玻璃抗压强度提高的主要原因。

2.2.2.6　存在的问题与不足

综合前述分析可知，铝基金属玻璃材料的研究开发尚处于起步阶段，当前仅能获得直径小于 25μm 的粉材、临界厚度小于 800μm 的带材和直径小于 1mm、长度 20mm 的块材，尺寸过小，无法实现直接工程应用。在当前技术工艺无法获得大尺寸完全铝基金属玻璃的情况下，推动实现高性能铝基金属玻璃材料工程应用最为有效的途径是预先制备粉体，再将其沉积成形。

对于铝基金属玻璃材料涂层形式的应用，国内外学者仅从提高冷却速率的角度进行了初步探索，获得了非晶相含量仅为 10％(质量分数)左右的复合结构涂层[80]。而对于预先制备铝基金属玻璃粉体，再原态沉积成形的研究尚无报道。铝基金属玻璃材料的动态沉积成层是一个热/力多因素耦合交互作用的复杂过程，涂层质量严重受制于沉积工艺，受作业环境干扰严重，且材料自身活性极高，晶化转变、孔隙夹杂等缺陷等难以避免。为进一步提升铝基金属玻璃涂层性能，促进其在材料表面防护，尤其是镁合金表面防护领域的应用，当前尚存在系列有待深入研究解决的基础科学问题。

(1)尚未制备出高非晶相含量的铝基金属玻璃涂层。铝系合金的玻璃形成能力弱，形成完全非晶态或高非晶含量涂层的工艺条件极为严苛。总体看来，采用目前现有的材料体系及工艺方法，获得的铝基金属玻璃涂层的非晶相含量均极低，不能将铝基金属玻璃材料的优良特性原态移植入涂层形式。

(2)铝基金属玻璃涂层制备的工艺理论基础尚不透彻。铝基金属玻璃材料的急速冷却能力差，且受热晶化敏感，目前对与该材料高度活泼的基本特性相适应的涂层制备工艺理论研究尚不深入，主要包括两个方面：一是高温热流裹携拖带作用下铝基金属玻璃材料的特性演化行为尚不清楚；二是尚未开发出适于铝基金属玻璃材料沉积成层的工艺方法，至于工艺特性与沉积成形层特征参数间关联关系的研究更是尚未涉及。

(3)铝基金属玻璃涂层的本征缺陷对其腐蚀失效的影响尚不清楚。基于当前材料沉积成形技术的发展水平，目前制备的铝基金属玻璃涂层中，晶化析出相、孔隙等缺陷难以避免，这些涂层固有的本征缺陷对其腐蚀失效的宏观影响规律与微观作用机制尚有待进一步深入研究。

2.2.3　设计思路

传统的镁合金表面防护涂层通常为单一合金的晶态组织，即涂层材料是按照"单主元微合金化"思路设计的以某一化学元素为主辅、以多种微量元素合金化获得的合金材料，涂层微观组织中存在晶界、相界、位错等固有的本征缺陷。军用设备的服役环境恶劣，使用工况多样，以高温、高湿、高盐的海洋大气环境为主，镁合金工件表面的传统晶态合金涂层难以满足使用要求。

本研究基于表面涂层功能化的设计思路和防护材料集约化的应用原则，探索采用铝基金属玻璃材料进行镁合金腐蚀防护的新思路，提出了"轻质耐蚀合金体系＋单一非晶相"的理想铝基金属玻璃涂层的设计构想，其核心思想是以铝基轻质耐蚀合金体系为基础，通过成分优化来提高玻璃形成能力，并打破传统平衡材料中耐蚀组元的固溶限制，制备出成分均匀、无结构缺陷的单相金属玻璃涂层，避免传统晶态合金涂层中，由结构不均匀诱发的化学腐蚀激活点的产生和由成分不均匀诱发的电化学腐蚀原电池的形成，通过单一涂层对多种工件对象实现在恶劣环境与严苛工况下的有效防护。

为将铝基金属玻璃材料的优异性能在镁合金表面防护的实际工程中得以应用，需要将其转化为涂层形式存在于工件表面，并最大限度原态移植其本征优良特性。这其中涉及铝基金属玻璃材料的成形性、防护涂层的使役性、铝系合金化学成分的确定、合金体系组元成分之间及其与镁基体金属之间的相容性等基础科学问题。

本研究基于喷涂沉积"分散堆积、分层成形"的技术原理，以成形性、使役性和相容性为原则，进行了镁合金表面铝基金属玻璃涂层设计，总体思路如图 2-4 所示。具体包括涂层的使役性能设计、材料体系确定和制备方法提出三部分内容，按照如下步骤实施：

(1)依据工件类型、材质种类对工件进行分类，明晰每一类镁合金件的服役环境、使用工况和防护要求，以使役性为原则，进行铝基金属玻璃涂层的使役性能设计，确定出涂层预期的防护效应、性能指标、相组成及微观组织。

(2)依据确定出的每一类防护对象的化学成分、微观结构及力学参数等特征，以相容性为原则，对拟选用的防护材料的组元元素之间及其与镁基体之间的成分相容性、结构相容性、界面相容性及力学性能匹配性进行分析，进一步优化并确定涂层材料的合金体系。

(3)基于铝基金属玻璃材料易晶化的独特理化特性分析，并结合基本热物性试验测试，以铝基金属玻璃涂层的制备实现为目标，以成形性为原则，进行粉体沉积成层的技术方法开发、工艺设计和动态过程控制理论研究，并实际试验验证。

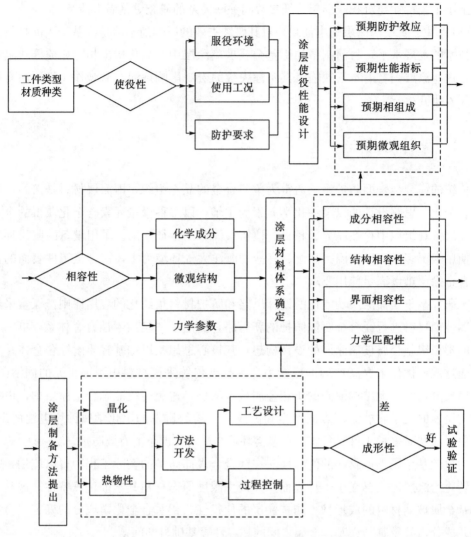

图 2-4　镁合金表面铝基金属玻璃涂层设计的总体思路与原则

2.2.4　成分确定

2.2.4.1　基本体系的选择

涂层的性能取决于两个方面:一是涂层材料的成分,二是涂层的微观组织结构,二者既相对独立又相互关联。而涂层的微观组织结构受各构成组元原子的半径、晶体结构、价电子浓度及核外电子等因素的影响。也就是说,涂层性能的优劣归根结底取决于各构成组元元素的特性。因此,高耐蚀铝基金属玻璃涂层材料构成组元的选取,应着重考虑两种类型的化学元素:一是能与 Al 元素构成强金属玻璃形成能力合金体系的化学元素,其可保持铝基金属玻璃的单相状态,使成形涂层结构、成分均匀;二是有益的耐蚀性化学元素,其自身或与其他元素的协同作用能够优化涂层表面钝化膜的成分与结构,使之更加致密稳定。

鉴于耐蚀性金属玻璃材料的开发经验，兼顾耐磨性、成形性及界面相容性等方面的考虑，对比当前常用的 Al-Ni-Y、Al-Ni-Ce、Al-Co-Ce、Al-Ni-Mm 等体系发现，Al-Ni-Y 合金体系的耐蚀性和玻璃形成能力均满足作为镁合金表面理想防护涂层材料的基本要求。

2.2.4.2　化学成分的确定

从化学元素的角度考虑，在 Al-Ni-Y 体系中，Al 因兼具优良的轻质与耐蚀特性而作为主元素存在，形成的 Al_2O_3 氧化膜致密坚硬且可自修复，能有效提高阳极的自钝化特性，利于阻止腐蚀发生时的阳极过程。同时，Al 元素的化学亲和性好，能与混合元素产生强烈的相互作用而构成高强度的金属键，使液态下合金的黏度很高，导致冷却相变时原子扩散困难，有效抑制形核长大，进而促进非晶相的形成。再者，Al 是镁最常见的合金化元素，二者具有良好的界面物理相容性；Ni 属于过渡族金属，其原子表面钝化膜同样致密，耐蚀性良好；Y 是稀土元素的一种，常用于改善合金的微观组织，可有效抑制液态 Al 系合金的结晶形核，显著提高合金强度及耐腐蚀等性能。Al-Ni-Y 三元体系中的 Al、Ni、Y 元素均属耐蚀性元素，可形成以 Al_2O_3 为主要成分的钝化膜层。Ni、Y 元素的合金化可优化钝化膜的成分与结构，多种耐蚀性元素的协同作用使钝化膜更加致密稳定，对于涂层性能的提升起到关键作用。

从材料结构的角度考虑，相较于晶态材料而言，金属玻璃材料中不存在晶胞，呈长程无序状态排列。研究表明[81]，只有能够形成某种特殊团簇结构的合金体系才能形成稳定的金属玻璃结构。具体来说，团簇结构对合金体系的玻璃形成能力的影响主要表现在两个方面：一是影响合金熔体快速冷却的难易程度，二是影响固态金属玻璃的热稳定性。材料原子依据配位数排列，能够降低体系自由能，达到稳定的密集堆垛。在 Al-Ni-Y 体系中，同时存在以 Ni 和 Y 为中心的团簇结构，即 Al 原子围绕 Ni、Y 原子分布且被以二者为中心的团簇共享，每个 Y 原子平均与 16.9 个 Al 原子相连接，每个 Ni 原子平均与 9.4 个 Al 原子相连接。依据这种原子配比计算，实现了所有 Y 原子的配位数都满足 Al 与 Y 的原子半径比 $R_{Al} : R_Y$，所有 Ni 原子的配位数都满足 Al 与 Ni 的原子半径比 $R_{Al} : R_{Ni}$。通过上述基于配位数的原子团簇的密堆积设定，获得的 Al-Ni-Y 合金体系中具有最佳玻璃形成能力的理论成分体系为 $Al_{85.8}Ni_{9.1}Y_{5.1}$；通过进一步的试验修订，将该成分体系确定为 $Al_{86}Ni_8Y_6$。

2.2.4.3　化学成分的优化

根据材料热力学的凝固理论，固液界面自由能 ΔG_v 和新生固液界面界面能 γ_{sL} 分别是形核过程的热力学驱动力和阻力，如公式(2-3)所示[82]。可见，结晶驱动力 ΔG 与新生固液界面界面能 γ_{sL} 负相关。合金混合熵正比于微观状态系数，增加组元数是提高合金体系混合熵与增大原子密排程度的有效方法。原子密排程度的增大会使系统的焓变减小及新生固液界面界面能增大，进而导致过冷液体的结晶驱动力减小。因此，增加合金体系组元数，减小过冷液体的结晶驱动力是抑制结晶、促进金属玻璃形成的有效途径之一。

$$\Delta G = -4/3\pi r^3 \cdot \Delta G_v + 4\pi r^2 \cdot \gamma_{sL} \tag{2-3}$$

式中，ΔG 为结晶驱动力；ΔG_v 为固液界面自由能；γ_{sL} 为新生固液界面界面能；r 为假设新生球体相半径。

从凝固动力学的角度分析，扩散对合金凝固过程的相变产生重要影响，相选择及相平衡过程也就是合金体系中各组元原子扩散及交互作用的过程。合金体系组元数增多会从两个方面促进金属玻璃的形成：一是使液态合金的原子堆垛密度提高，不同组元间的交互作用增强，导致合金黏度增大，抑制原子的长程扩散；二是会导致液态合金的晶格扭曲，原子尺度的弹性应变提高，畸变能增大，对原子运动产生阻碍，导致原子扩散速率降低。

依据非晶形成的热力学与动力学分析，适当的成分多组元化可有效提高合金体系的玻璃形成能力。在保持 Al、过渡族元素(TM)和稀土类元素(RE)总体原子配比不变的前提下，基于各金属元素电负性、原子尺寸及晶体结构等因素分析(表 2-4)，选择元素周期表中位置相邻、晶体结构与原子半径相同、化学性质相似的 Co 元素部分替代 Ni 元素，Co 元素可与 Al 元素形成与 Al-Ni 相同的 Al-Co 原子密堆结构，且具有相同的配位数9.4。选择元素周期表中同属一族、晶体结构相同、化学性质相似、原子半径相近的 La 元素部分替代 Y 元素，La 元素可与 Al 元素形成与 Al-Y 相似的 Al-La 原子密堆结构，二者具有相近的配位数，分别为16.9和17.5。通过上述分析，形成了 Al：TM：RE 原子比例为86：8：6的 Al-Ni-Y-Co-La 五元合金体系，即 $Al_{86}(Ni, Co)_8(Y, La)_6$ 合金体系。进一步的单元素添加试验表明，Co、La 元素的添加量分别为2%(质量分数)和1.5%(质量分数)时，合金具有最佳的金属玻璃形成能力[83]，故最终确定的镁合金表面理想的铝基金属玻璃涂层的材料体系为 $Al_{86}Ni_6Y_{4.5}Co_2La_{1.5}$(下角标为原子分数)。

表 2-4 合金构成元素的特征参数

元素	Al	Ni	Co	Y	La
原子序数	13	28	27	39	57
摩尔质量/(g/mol)	27	58	59	88	138
原子半径/nm	0.143	0.125	0.125	0.227	0.274
熔点/℃	660	1453	1495	1799	1193
密度/(g/cm³)	2.7	8.9	8.9	4.6	6.7
晶体结构	FCC	FCC	FCC	HCP	HCP
电负性	1.61	1.91	1.88	1.22	1.10

2.2.5 基本热物性

采用气体雾化法制备 $Al_{86}Ni_6Y_{4.5}Co_2La_{1.5}$ 金属玻璃粉体。雾化设备主要包括感应加热、雾化喷粉、粉末收集及真空系统，其导流管与坩埚由高强石墨制成。主要工艺流程如下：当设备真空度达到 1Pa 时开启感应加热，将母合金完全熔化，而后精炼20min，再将熔体通过喷嘴释放到雾化腔体中，开启高压(~8.1MPa)氩气阀门，雾化熔体成小液滴，小液滴在腔体中快速冷却形成不同粒度的粉体。

2.2.5.1　粒度分布

采用不同目数的筛子对粉末进行筛分，将粉末筛分为<25μm、25~45μm、45~71μm 和 71~150μm 四个不同的粒度范围。氩气雾化制备的 $Al_{86}Ni_6Y_{4.5}Co_2La_{1.5}$ 合金粉末的粒度分布如表 2-5 所示。图 2-5 所示为累积质量分布与粒度的关系，小于 45μm 的粉末约占 80%，小于 25μm 的粉末约占 40%。

表 2-5　$Al_{86}Ni_6Y_{4.5}Co_2La_{1.5}$ 气雾化粉末的粒度分布

粒度/μm	<25	25~45	45~71	71~150
质量分数/%	39.6	46.8	9.1	4.5

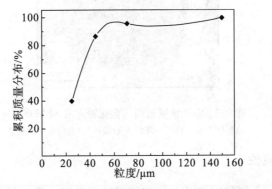

图 2-5　$Al_{86}Ni_6Y_{4.5}Co_2La_{1.5}$ 气雾化合金粉末累积质量分布与粒度的关系

2.2.5.2　表面形貌

图 2-6 所示为 $Al_{86}Ni_6Y_{4.5}Co_2La_{1.5}$ 气雾化合金粉末微观组织的 SEM[①] 图像。由图 2-6(a)可见，粉末颗粒较为均匀，基本呈球状，表面光洁，有少量的卫星球，具有较好的流动性。卫星球由不同粒径粉末的比热容不同所致，小粒径粉末的比热容较小，冷却速率较大，而大粒径粉末的冷却速率则较小。在气雾化过程中，小粒径液滴首先凝固，而此时大液滴仍处于液态或半固态。这些处于凝固状态的小颗粒在碰撞未凝固的大颗粒时，有可能镶嵌在大颗粒表面，从而出现了大颗粒表面黏结小颗粒的现象。

在局部放大形貌[图 2-6(b)]中观察不到任何衬度差别，初步判断粉末表面是较为均匀的金属玻璃组织。由图 2-6(c)可见，粉末边缘存在大量的花瓣状和针状晶体相。背散射扫描电镜图中衬度较浅的相富含较重的原子，衬度较深的相富含较轻的原子，EDX[②] 分析结果表明衬度较浅的相为 Al_2Y，衬度较深的小点为 α-Al 相。

---

① SEM 为扫描电子显微镜(scanning electron microscope)。
② EDX 为能量色散 X 射线光谱(energy dispersive X-ray spectroscopy)。

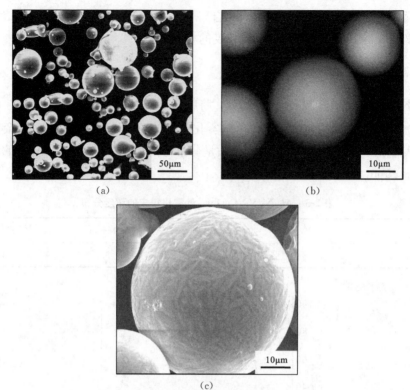

图 2-6　铝基金属玻璃气雾化粉末的 SEM 图像

(a)整体形貌；(b) 局部放大形貌；(c)大颗粒粉末形貌

2.2.5.3　热稳定性

采用 DSC 测定了不同粒度铝基金属玻璃粉体的热稳定性，结果如图 2-7 所示。可见，铝基金属玻璃粉体颗粒及对应条带的 DSC 曲线都包含三个放热峰。相较于条带而言，各粒度粉体的初晶晶化温度都稍低，这主要是由于粉体颗粒在凝固以后经历了更多的弛豫过程。同时可见，各粒度粉体颗粒呈现出了几乎相同的第一个晶化峰温度。对于 $Al_{86}Ni_6Y_{4.5}Co_2La_{1.5}$ 粉体颗粒，前两个放热峰分别代表 α-Al 由金属玻璃基体中的析出过程及随后的长大过程，第三个放热峰则代表了 Al_2Y 等金属间化合物的形成过程。

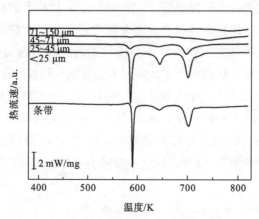

图 2-7　铝基金属玻璃粉体及对应条带的 DSC 曲线

随着粉体粒径的增大，DSC 曲线中每个放热峰的面积都在单调递减。对于粒径小于 25μm 的粉体颗粒，其在雾化凝固过程中仅析出极少量的 α-Al 相，故三个晶化放热峰的积分面积与条带相比没有发生明显变化。对于粒径为 25～45μm 的粉体颗粒，前两个放热峰积分面积显著减小，第三个放热峰积分面积只是稍有减小；这一现象与 XRD 分析结果基本一致(图 2-8)，该粒度范围粉末的 α-Al 衍射峰已明显窄化且强度很高，而 AlNiY、Al_2Y 仅出现了微弱的衍射峰。对于粒径为 45～71μm 的粉体颗粒，其 DSC 曲线已趋于平直，三个放热峰均已非常微弱，这一结果与 XRD 图谱中出现的强 α-Al 衍射峰和 AlNiY 等金属间化合物的衍射峰是对应的。对于粒径为 71～150μm 的粉体颗粒，其 DSC 曲线呈现为一条直线，说明粉体已几乎完全晶化。

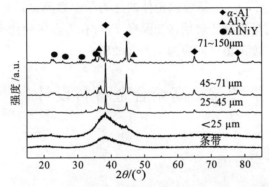

图 2-8　铝基金属玻璃粉体及对应条带的 XRD 图谱

以上热分析表明，$Al_{86}Ni_6Y_{4.5}Co_2La_{1.5}$ 合金粉体的晶化演变路线如下：

$$非晶 \rightarrow 非晶' + α\text{-}Al \longrightarrow α\text{-}Al + Al_2Y + AlNiY$$

其中，非晶′代表原始非晶相析出 α-Al 后形成的具有不同成分的非晶相。

对于相同的合金成分，非晶相的体积分数与加热过程中样品晶化焓的大小成正比，具体可依据式(2-4)[84]计算。

$$v_f = \frac{\Delta H_{comp}}{\Delta H_{amorph}} \tag{2-4}$$

式中，ΔH_{comp} 为部分晶化后的样品热焓值；ΔH_{amorph} 为完全非晶态样品的热焓值。

依据式(2-4)获得的各粒度范围粉体的非晶相质量分数及试验测试获得的各转变发生所对应的热力学参数如表 2-6 所示。

表 2-6　铝基金属玻璃粉体及对应条带的热力学参数

粒度/μm	T_g/K	T_{x1}/K	T_{p1}/K	T_{x2}/K	T_{p2}/K	T_{x3}/K	T_{p3}/K	ΔH_t/(J/g)	f_{am}/%
条带	560	585	590	629	643	684	701	156.6	100
<25	558	580	586	633	644	690	702	152.4	97.3
25～45	—	575	584	620	641	692	697	73.7	47.1
45～71	—	579	584	667	697	701	741	48.3	30.8
71～150	—	581	586	675	694	737	782	15.0	9.6

注：T_g 为玻璃化转变温度，T_x 为金属玻璃晶化温度，T_p 为晶化峰值温度，ΔH_t 为晶化焓，$f_{am} = v_f = \Delta H_{comp}/\Delta H_{amorph}$，其中 ΔH_{comp} 为部分晶化后的样品热焓值，ΔH_{amorph} 为完全非晶态样品的热焓值。

Al 系合金属于边缘玻璃体系，玻璃形成能力差，加之当前材料成形工艺的限制，其仅能以薄膜或薄带的形式存在。截至目前，制备的铝基金属玻璃块体或粉体材料中不可避免地存在某些晶体相缺陷，这已成为弱化铝基金属玻璃材料使役性能，诱发失效，尤其是诱发蚀点萌生的敏感位置。例如，在 Al-TM-RE 金属玻璃体系中，析出相为单一 α-Al 的铝基金属玻璃在 NaCl 溶液中表现出了与完全金属铝玻璃相似的极化行为，α-Al 相对蚀点萌生的影响有限。而析出相为 Al-TM 与 Al-RE 金属间化合物时，其自腐蚀电位、点蚀电位等电化学特征参数明显变小，耐腐蚀性能大幅度降低[84]。

基于上述分析，高耐蚀铝基金属玻璃涂层的制备应最大限度地提高非晶相含量，适量析出 α-Al 相，避免在出现 Al+TM 及 Al+RE 金属间化合物相的沉积条件下进行。同时，结合 $Al_{86}Ni_6Y_{4.5}Co_2La_{1.5}$ 金属玻璃粉体的热力学参数测试结果可以判定出，铝基金属玻璃粉体沉积成层温度应介于玻璃转变温度 T_g 与有害金属间化合物相析出温度 T_{x3} 之间，即其最佳的临界温度阈值区间应为 558~692K。

2.3　高熵合金材料设计

2.3.1　概念与特点

高熵合金是指由五种或五种以上元素，按照等原子比或近等原子比（每种元素的原子分数为 5%~35%）来合金化，进而形成固溶体的一类混合熵较高的合金材料。高熵合金的设计理念于 1995 年由台湾"清华大学"叶均蔚教授提出[85-87]，这一理念得到了国内外学者的广泛认同并带动了高熵合金研究的蓬勃发展。美国莱特-帕特森空军基地空军实验室、橡树岭国家实验室、德国柏林亥姆霍兹中心[88,89]，以及国内的哈尔滨工业大学、吉林大学、北京科技大学等单位均在高熵合金领域开展了广泛深入的研究工作。

依据元素特性，适于制备金属类高熵合金的元素主要包括第 3 周期的 Mg、Al；第 4 周期的 Ti、V、Cr、Mn、Fe、Co、N、Cu、Zn；第 5 周期的 Zr、Nb、Mo、Sn；第 6 周期的 Hf、Ta、W、Pb；另外，还有类金属元素 Si、B 等。截至目前，国内外学者已按照不同配比制备出了 70 余种高熵合金材料，主要包括以 Al-Cr-Fe-Co-Ni-Cu 体系为主的轻质高熵合金、以 V-Nb-Mo-Ta-W 体系为主的难熔金属高熵合金等[90-93]。

根据高熵合金的性质与特点，学术界总结了高熵合金材料的"四大效应"[94]，具体如下：

(1) 热力学上的高熵效应：一般合金的熔化熵为 $1R$ 左右（R 为气体常数），两种元素按等原子比混合时的熔体混合熵为 $0.69R$ 左右，五种元素按等原子比混合时的熔体混合熵为 $1.61R$ 左右，可见高熵合金的混合熵要明显高于传统合金。

(2) 结构上的晶格畸变效应：高熵合金存在严重的晶格畸变，这一特性导致其在力学、热学、电学等方面出现了一系列独特性能，如高热阻、高电阻等。

(3) 动力学上的迟滞扩散效应：相变是合金各组元原子协同扩散达到不同相平衡分离的过程，而高熵合金中的严重晶格畸变却极大限制了各类原子的有效扩散速度。

（4）性能上的"鸡尾酒"效应：高熵合金的综合性能取决于各组元元素的本征特性及其交互作用的效果，如选用较多的轻质元素则合金的总体密度就会较小，选用较多的铝、硅等抗氧化元素则合金会表现出良好的抗高温氧化特性。

2.3.2　设计基础

2.3.2.1　仿真计算模拟方面

仿真计算模拟对于高熵合金的设计、相结构及性能预测等具有重要意义，可为实验测试提供理论基础。目前，关于高熵合金计算模拟的方法主要有密度泛函理论（density functional theory，DFT）、热力学第一性原理仿真（ab initio thermo dynamics，AITD）、分子动力学第一性原理仿真（ab initio molecular dynamics，AIMD）、新相分计算法（new PHACOMP）、相图计算法（calculation of phase diagram，CALPHAD）等。Zhang 等[95]运用 DFT 方法研究了 Al_xCoCrCuFeNi 系高熵合金的结合力及弹塑性能；Ma 等[96]运用 AITD 方法研究了 CoCrFeMnNi 系高熵合金的热力学性能、相稳定性，探讨了电子熵、振动熵、磁性熵对高熵合金相稳定的影响权重，并进行了实验验证；Gao 等[97]等运用 AIMD 方法预测了 Al_xCoCrCuFeNi 系高熵合金的结构与性能；Guo 等[98]通过热力学计算软件 Thermo-Calc 利用 new PHACOMP 发现了价电子浓度对多主元高熵合金 FCC、BCC 相稳定性的影响；Zhang 等[99]利用 CALPHAD 丰富了 Al-Co-Cr-Fe-Ni 系高熵合金的热力学数据，研究了 Al 含量对 Al_xCoCrFeNi 系合金相稳定性的影响。

2.3.2.2　性能测试分析方面

高熵合金的性能测试分析主要集中在力学性能、热稳定性能、耐腐蚀性能及磁学性能等方面。王艳苹[100]的研究表明，单独添加 V 元素可提升合金的屈服强度、硬度和阻尼性能，单独添加 Ti 元素可提高合金的硬度但会导致塑性下降，单独添加 Mn 元素会导致合金的强度、硬度和塑性均下降，而同时添加 Mn、Ti、V 元素时合金的强度最高。Dong 等[101]制备了 $AlCrFe_2Ni_2$ 高熵合金并测试了其力学性能，其室温屈服强度为 796MPa，抗拉强度为 1437MPa，伸长率为 15.7%，综合力学性能优异。Li 等[102]提出了"亚稳态双相高熵合金"的设计思想，制备出了 FCC 与 HCP 相结构混合的铸态高熵合金 $Fe_{50}Mn_{30}Co_{10}Cr_{10}$，该合金的工程应变抗拉强度为 900MPa，延展性相对于高强钢提高了 60%，实现了高强度与高韧性的融合。洪丽华等[103]研究了 $Al_{0.5}$CrCoFeNi 合金在不同退火温度下的抗氧化能力。张华等[104]研究了 $Al_{0.5}$FeCoCrNi、$Al_{0.5}$FeCoCrNiSi$_{0.2}$、$Al_{0.5}$FeCoCrNiTi$_{0.5}$ 三种高熵合金在 900℃ 下的抗高温氧化性能。谢红波等[105]研究了 Mn、V、Mo、Ti、Zr 元素对 AlFeCrCoCu-X 系高熵合金不同温度下抗氧化性能的影响。李伟等[106]研究了 AlFeCuCoNiCrTi$_x$ 合金的电化学腐蚀性能，该系合金在 0.5mol/L H_2SO_4 溶液中具有较低的腐蚀速率，在 1mol/L NaCl 溶液中的抗孔蚀能力优于 304 不锈钢。洪丽华等[107]绘制了 $Al_{0.5}$CoCrFeNi 合金的腐蚀动力学曲线，研究了其在 800℃、900℃ 高温与 75%（质量分数）Na_2SO_4 + 25%（质量分数）NaCl 腐蚀溶液综合作用下的热腐蚀特性。戴义等[108]研究了 Ni 元素含量对 AlMgZnSnCuMnNi$_x$ 合金腐蚀行为的影响。刘亮[109]研究了 FeNiCuMnTiSn$_x$ 高熵合金的磁学性能，当 $x=0$ 时，合金为顺磁性；随着 Sn 含量的增加，合金逐步由顺磁性转变为软磁性。Liu 等[110]研究了 FeCoNiCrMn 高熵合金的晶粒生长规律。Otto 等[111]通过采用晶体结构、尺寸和电负性可比的一种元素来取代另一种元素的方法，研究了熵、焓与高熵合金相稳定性的关系。Dolique 等[112]研究了 AlCoCrCuFeNi 高熵合金与水的润湿能力，结果表明 FCC、BCC 结构的合金薄膜具有超疏水特性，使该合金成为未来替代聚四氟乙烯的希望材料。

2.3.2.3　制备方法研究方面

目前，高熵合金材料的制备方法很多。本研究基于"试样形态"分类，重点阐述高熵合金块体、粉体、涂层、薄膜、箔材以及复合类高熵合金的制备方法，如图 2-9 所示。

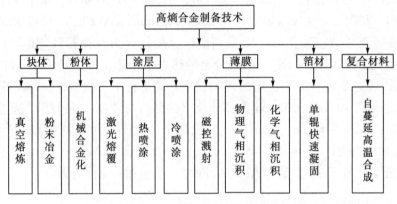

图 2-9　高熵合金制备技术

高熵合金块体的制备主要采用真空熔炼法[113]、粉末冶金压制法等[114]。例如，叶均蔚等采用真空电弧熔炼＋铜模铸造的方法制备了 AlCrCoNiCu 高熵合金块体。邱星武和张云鹏[115]采用粉末冶金压制法制备了 CrFeNiCuMoCo 高熵合金块体，并分析了其微观组织与性能。高熵合金粉体的制备主要采用机械合金化法等[116]。例如，Varalakshmi 等[117,118]采用机械合金化法制备了 CuNiCoZnAlTi、AlFeTiCrZnCu 系高熵合金，并分析了其微观组织和性能。魏婷等[119]采用机械合金化法制备了 AlFeCrCoNi 高熵合金，并研究了其不同退火温度下的性能。高熵合金涂层的制备主要采用激光熔覆法、热喷涂法及冷喷涂法等。例如，邱星武等[120]采用激光熔覆技术在 Q235 钢表面制备了 Al$_2$CrFeCo$_x$CuNiTi 系高熵合金涂层。梁秀兵等[121]采用电弧喷涂技术在 Mg 合金表面制备了 FeCrNiCoCu（B）涂层。朱胜等[122]采用冷喷涂技术在 Mg 合金表面制备了 AlCrFeCoNi 系高熵合金涂层。高熵合金薄膜的制备主要采用磁控溅射法、离子注入法及电化学沉积法等。例如，Dolique 等[123]采用直流磁控溅射法制备了 AlCoCrCuFeNi 薄膜。冯兴国[124]采用多靶磁控溅射和等离子体基注氮的方法制备了（TaNbTiW）N 氮化物薄膜。姚陈忠等[125]采用电化学沉积法制备了 NdFeCoNiMn 非晶纳米晶高熵合金薄膜。高熵合金箔材的制备主要采用单辊快速凝固法等。例如，徐锦锋等[126]采用该方法在铜辊表面制备了 TiFeCuNiAl 高熵合金箔材，用于钛/钢异质金属的过渡焊接。高熵合金基复合材料的制备主要采用自蔓延高温合成法（SHS）等。例如，李邦盛课题组的卢素华[127]采用SHS+熔铸方法制备了 AlCrFeCoNiCu-10%（体积分数）TiC、CrFeCoNiCuTi-10%（体积分数）TiC 高熵合金基复合材料。

2.3.2.4　存在的问题与不足

高熵合金兼具高强、高硬、高耐蚀、高耐磨、抗高温氧化、热稳定性好、电磁性能佳等传统合金无法比拟的优良综合特性，可用于多种高附加值零件的修复与强化，在表面工程和再制造工程领域具有广阔的应用前景。然而，高熵合金材料的研究依然存在诸多亟待解决的关键科学问题，主要体现在以下三个方面：

（1）高熵合金材料应用于表面工程领域的研究成果不多。磁控溅射主要是将铸态高熵合金作为靶材，制备氮化物、氧化物等薄膜。激光熔覆、热喷涂等工艺通常是将机械混合金属粉末作为喂料，在基体上制备覆层，由于粉末混合不均匀，熔覆或喷涂过程中不能完全熔合充分固溶，覆层分偏析严重，组织不均匀，不能充分发挥高熵效应；同时，易于导致金属间化合物等脆性相和复杂相的形成，不能充分发挥高熵合金纳米化和非晶化的优异特性。机械合金化法可制备出纳米结构高熵合金粉体材料，但粉末多呈层片状，流动性差，不适于激光熔覆、热喷涂等表面沉积成形工艺。

（2）尚未制备出适用于镁合金修复强化的高熵合金粉体材料。镁合金主要应用于设备强量化场合，其修复强化材料同样需要轻质。如何面向镁合金的服役环境工况来合理设计元素及其成分比例，使制备的修复强化层既不影响镁合金的比强度、比刚度高等本征性能优势又兼具耐磨蚀等优良特性，是镁合金等敏感金属修复强化用高熵合金材料开发的关键所在。

（3）高熵合金的沉积成形机理研究不够深入。叶均蔚教授提出高熵合金易于形成固溶体是由其高混合熵所致，但混合焓、原子半径等参数也会起作用，且工艺条件也影响相形成。目前，高熵合金的相形成与转化规律，混合熵、混合焓与原子尺寸等参数对合金固溶体形成的作用机制尚不清楚。

2.3.3　设计方法

合金化是改善材料性能的重要方法，高熵合金与非晶合金都是在多元微合金化基础上提出的[128]。英国剑桥大学 Greer 教授曾提出"混乱原则"，认为通过增加合金组元使液态合金混乱度增大，有利于提高合金液相线温度，从而使凝固组织易于保留原子排列的无序状态，形成单相非晶[129]。实验证明[130]，混乱原理只是形成非晶的必要条件。日本东北大学 Inoue 教授经过大量的实验总结提出了非晶合金成分设计的经验原则，认为组成合金的元素除数目需大于三种以外，原子半径差需大于 12%，且各原子对间形成负混合焓，保证合金原子具有较高的堆垛密度，形成多种原子在长程范围内无序均匀的原子组态。

高熵合金成分设计的自由度大，主要采用试错法，通过调整高熵合金中某一组成元素的含量确定其合金化机理，通过性能测试优化成分，获得最佳性能的合金成分组成及配比；或是首先选取合金元素按等原子配比，然后加入其他微量元素改质或调整元素含量，制备系列高熵合金，便于研究分析合金元素影响。叶均蔚教授定义了高熵合金的概念，规定了组成元素的个数及比例，获得了具有简单晶体结构的固溶体合金，提出了在铸态下有纳米相、非晶相析出的特殊现象，但没有从相结构形成机理的角度明确提出高熵合金成分设计的理论依据，且高熵合金成分复杂，成分点为相图中心位置，很难依据相图进行成分设计。

由于高熵合金为固溶体合金，课题组从组织控制的角度入手，在大量实验数据的基础上，总结了高熵合金形成固溶体结构的规律性原则，即要求最大原子半径差小于12%，以利于合金形成置换固溶体，提高固溶度；混合熔在$-40\sim10$kJ/mol 范围内，以使合金具有较低自由能，抑制金属间化合物等有序相的出现[131]。张勇也提出了形成固溶体的条件，定义了原子半径影响因子 δ，当 $\delta<4.6$ 时易于形成固溶体，并据此设计了具有优异力学性能的合金体系[132,133]。

影响相结构的因素除了电负性和原子尺寸外，还有电子浓度。而电子浓度为合金中晶体价电子数与原子数之比，根据能带理论，价电子浓度超过一定限度，将引起相结构不稳定，导致原子重组，最终发生相转变。郭晟提出了价电子浓度(valence electron concentration，VCE)设计原则，预测了 FCC 或 BCC 固溶体相的稳定性，经实验验证，当价电子浓度在 $6.87\sim8$ 范围内时，有利于提高合金固溶体结构的稳定性[134,135]，这为科学选择合金成分、开发新型高熵合金体系开辟了新的途径。

高熵合金与传统合金最显著的区别在于其混合熵远高于传统合金(约为 $1R$，R 为气体常数)，所以从热力学角度考虑选择合金元素是理想的成分设计方法。随着计算材料学的发展，采用计算机辅助设计，避免了试错法浪费人力、物力、财力的弊端。通过第一性原理建立热动力学模型，研究高熵合金体系的相平衡，可以得到多元合金体系的相图和热力学性质。目前，采用计算热动力学辅助设计高熵合金成分已取得了一定的进展，建立了高熵合金的热力学数据库[136,137]。

高熵合金与块体非晶合金在热力学和动力学上性质相似，可借鉴利用相似元素共存提高合金非晶形成能力的思路来设计高熵非晶合金。元素周期表中两种元素位置越近，电负性相差越小，越有利于形成固溶体，形成的固溶体的固溶度也越大。因此，等原子比替换不仅可作为非晶合金的设计方法，还可以用来设计具有较高非晶形成能力的高熵合金。

在高熵合金成分设计领域，根据影响合金相结构的电负性因素、原子尺寸因素和电子浓度因素等，出现了多种合金元素选择的方法。但是，目前的研究成果都是按照"成分设计-组织结构-合金性能"的思路进行的，不易与实际工程应用结合起来。

基于上述分析，本研究针对镁合金零部件使役过程中出现的表面腐蚀和磨损损伤问题，提出了基于合金使役性能的成分设计方法，面向镁合金的耐蚀耐磨性能需求，来设计高熵合金成分，改善镁合金的耐蚀耐磨性能。

2.3.4 设计思路

现有镁合金修复强化材料主要是以一种元素为主，添加微量元素合金化的传统合金，存在耐蚀性好而耐磨性差，或耐磨性突出但耐蚀性欠缺问题，而镁合金零部件的服役环境复杂，对表面耐蚀耐磨性能要求均较高，现有镁合金修复强化材料不能满足实际需要。因此，本研究设计兼具优异耐蚀耐磨性能的合金体系，通过制备单一金属涂层来提升镁合金表面性能，实现材料性能的集约化设计。

1)耐蚀性设计

通过对腐蚀过程的热力学和动力学进行分析，可从提高热力学稳定性、阻止阴极过程和阻止阳极过程三个方面提高金属材料的耐蚀稳定性。而提高合金耐蚀性能，研发稳定性高的合金，不可能存在同时满足以上三个条件的合金化设计方法。本研究拟通过增加合金热力学稳定性和阳极钝化性来提高合金的耐蚀性。合金中耐蚀性元素原子浓度越高，其耐蚀性越好，因此可加入多种钝化性元素。高合金化设计提高耐蚀性元素的原子分数，各元素间相互作用具有复合效应，更易形成稳定的钝态保护膜，从而提高阳极钝化性。各组成元素以等原子配比时，合金系统具有最大混合熵，最大限度降低合金体系的自由能，一方面可以增加合金热稳定性；另一方面可以增加原有晶体结构的化学无序，抑制金属间化合物等有序相的出现，形成原子尺度的复合固溶体合金材料，获得含有少量甚至单一简单晶体结构的固溶相，提高材料的电极电位，优化其耐蚀性能。

2)耐磨性设计

合金硬度反映其耐磨性能，且与强度呈正相关。合金强化方法包括固溶强化、析出强化、弥散强化、细晶强化和位错强化等，可通过引入多种强化机制，实现合金耐磨性设计。固溶体合金自身的固溶强化效应有利于提高合金的强度与硬度，改善其耐磨性能。通过引入相似合金化组元，可以提高合金固溶度，以充分发挥固溶强化效应。各组成元素原子半径不同，可诱发晶格畸变，造成原子或空位跃迁的能量起伏，也可提高合金强度。多组元液态合金凝固时，元素原子扩散困难，凝固组织极易过饱和，发生调幅分解或脱溶分解现象，析出第二强化相，提高合金强度和硬度。当合金组成元素以等原子配比时，每种元素均为主要元素，这种具有"多主元高合金化"特征的成分设计，将通过多种强化机制使合金具有较高强度，从而改善其耐磨性能。

基于表面涂层材料功能导向设计原则和表面防护材料性能集约化的设计思想，本研究提出了"等原子比高混合熵、多主元高合金化"的镁合金修复强化材料设计方法，选择耐蚀性元素和强化性元素，设计具有优异耐蚀耐磨特性的合金成分，使各组成元素的基本特性及其相互作用以复合效应的形式在合金性能上体现出来，以实现材料耐蚀耐磨性能的集约化。

2.3.5　成分确定

合金设计包括成分设计和组织设计，二者既独立又统一。材料的性能与其显微组织有关，而显微组织则依赖于组成合金各元素的原子晶体结构、价电子浓度及分布、原子中的电子运动状态、原子半径等。Hume-Rothery 准则规定了传统合金形成正则溶体的条件，选择晶体结构相似、相容度高、电负性相近、原子半径相差小的合金元素，可促进合金形成固溶体。本研究基于耐蚀耐磨性能导向设计思想，参考现有高熵合金体系，选择 Al、Ni、Mo、Cr 作为耐蚀性元素，Fe、Co 作为固溶强化元素，类金属元素 Si 作为析出强化元素，利用各元素原子半径不等的特点，充分发挥其高熵效应、固溶强化效应和各组元协同作用的特点，形成具有简单晶体结构的固溶相，使合金具有较高耐蚀耐磨性能。同时各元素间混合焓较负，元素间相互吸引力强，增加了液态合金元素原子扩散的难度，使液态合金混乱结构易于保留，进而形成长程无序结构。

各元素以等原子配比组成合金，通过加入多种相似组元来增加已有原子构架体系的化学无序，即提高混合熵，从而降低体系的自由能，使这种无序结构具有热力学稳定性。选择电负性较强的元素形成较负的混合焓，可进一步降低体系自由能。表 2-7 为各元素的相关特征参数。

表 2-7　各元素的相关特征参数

合金元素	Al	Cr	Fe	Co	Ni	Mo	Si
原子序数	13	24	26	27	28	42	14
摩尔质量/(g/mol)	27	52	56	59	58	96	28
原子半径/nm	0.143	0.125	0.127	0.125	0.125	0.136	0.146
熔点/℃	660	1857	1538	1495	1453	2890	1410
密度/(g/cm³)	2.7	7.2	7.8	8.9	8.9	10.2	2.32
晶体结构	FCC	BCC	FCC/BCC	FCC	FCC	BCC	四面体
电负性	1.61	1.66	1.83	1.88	1.91	3.14	1.9
晶格常数/nm	0.2863	0.2489	0.2482	0.2407	0.2492	0.216	0.543

Al、Cr、Ni、Mo 为自钝化元素，原子表面易形成致密氧化膜；高合金化可提高阳极钝化性，利于阻止腐蚀发生时的阳极过程；多种元素混合可发挥各耐蚀性元素的"鸡尾酒"效应，共同形成更加稳定的钝化膜，提高合金耐蚀性能。Fe、Co、Ni 在化学元素周期表中处于相邻位置，化学性质相似，晶体结构相近，原子半径相差不大，相互间易互溶形成固溶体。Al 元素易与其他元素形成较强的金属键，使元素间相互作用增强，增加了液态合金的黏度，使相变发生时原子扩散缓慢，进而抑制形核与长大，若形成纳米晶，将进一步提高异质原子的固溶度。

研究表明，Co、Ni 能促进 FCC 相形成，Al、Cr、Mo 能促进 BCC 相形成。同时，Al 原子半径较大，易引起晶格畸变能增加，提高合金强度与硬度。Fe 元素与其他几种元素的原子晶体结构相近，易于相互固溶，可起到固溶强化的作用。Si 元素与其他元素相互形成较负混合焓，可提高原子间的结合力，抑制凝固过程中的原子扩散，且类金属元素的存在可进一步提高非晶相生成的可能。从合金性能角度分析，简单晶体结构固溶体的存在，充分发挥固溶强化作用，有利于提高合金的力学性能和耐磨性。

从热力学角度分析高混合熵对合金凝固组织的作用，只有形成固溶体的混合熵比形成金属间化合物的混合熵大时，才能体现高熵合金的高熵效应，从而抑制金属间化合物的出现，促进简单结构固溶体的形成。为研究混合熵对合金组织的影响，分别设计了 AlFeCoNiCr 五元高熵合金（1 号）、AlFeCoNiCrMo 六元高熵合金（2 号）和

AlFeCoNiCrMoSi 七元高熵合金（3 号），对应的混合熵分别为 13.38J/(mol・K)、14.90J/(mol・K)、16.18J/(mol・K)。同时，可分析 Mo、Si 元素对合金组织结构与性能的影响。表 2-8 所示为合金成分表。

表 2-8　合金成分表

编号	合金成分（原子分数）/%						
	Al	Cr	Fe	Co	Ni	Mo	Si
1 号	20	20	20	20	20	—	—
2 号	16.67	16.67	16.67	16.67	16.67	16.67	—
3 号	14.28	14.28	14.28	14.28	14.28	14.28	14.28

根据合金热力学原理，除了混合熵对合金组织和相结构有影响外，混合焓也是重要的影响因素。合金混合焓源于组成元素间的相互作用，即合金化效应，体现了元素间的化学相容性。根据 Miedema 理论，可计算由元素 A、B 组成的二元合金的混合焓[138]，表达式为

$$\Delta H_{ij}^{\mathrm{mix}} = \frac{2Pf(C_A^S, C_B^S)(X_A V_A^{2/3} + X_B V_B^{2/3})}{(n_{\mathrm{WS}}^A)^{-1/3} + (n_{\mathrm{WS}}^B)^{-1/3}} \times \left[-(\Delta\Phi^*)^2 + \frac{Q}{P}(\Delta n_{\mathrm{WS}}^{1/3})^2 - \frac{R}{P} \right]$$

(2-5)

式中，P、Q、R 为经验常数；X_A、X_B 为元素原子浓度；V_A、V_B 为原子摩尔体积；C_A^S、C_B^S 为原子表面成分；n_{WS}^A、n_{WS}^B 为电子浓度；f 为关于电子浓度的函数；$\Delta n_{\mathrm{WS}}^{1/3}$ 为价电子云密度；$\Delta\Phi^*$ 为功函数值。

基于上述分析，采用真空电弧熔炼技术制备高熵合金样品。实验所需原材料为纯度大于 99% 的块状纯金属材料，采用丙酮和乙醇超声清洗去除表面杂质，用精度为 0.001g 的电子天平按成分配比精确称量，按熔点由低到高的顺序依次放入水冷铜模的样品槽内。图 2-10 所示为实验采用的真空电弧熔炼炉及水冷铜模。

（a）　　　　　　　　　　　（b）

图 2-10　真空电弧熔炼炉及水冷铜模

(a)真空电弧熔炼炉；(b)水冷铜模

熔炼时，为减少氧化，反复充氩气(纯度大于 99.9%)，并机械抽真空至 5×10^{-3}Pa。为彻底除尽真空室内的氧气，每次抽真空后，熔化纯钛[图 2-10(b)]吸氧，最后充入高纯

氩气，在氩气保护条件下，熔炼合金。为使合金元素充分混合，减少偏析，反复引弧熔炼五次，最后在水冷铜模内凝固得到铸态高熵合金样品，如图 2-11 所示。

图 2-11　三种成分的铸态合金样品

可见，铸锭外观完整、表面无裂纹等，表明合金中没有形成大量的脆性金属间化合物及其他复杂相。高混合熵抵消了合金中大部分不同元素间的混合焓，降低了合金体系自由能，提高了合金的热力学稳定性，促进了元素间的融合，增加了合金固溶度。

2.3.6　铸态高熵合金的基本特性

2.3.6.1　显微组织

图 2-12 所示为铸态合金低倍背散射电子显微组织。可见，随合金元素的增加，凝固模式由亚共晶向共晶、过共晶过渡。合金凝固过程中由于发生了调幅分解，组织沿共格应变能最低方向生长，出现交替生长的周期性组织。由背散射电子图像可见，不同原子衬度下，原子序数越小，衬度越暗，这可用来进行成分定性分析。经王水刻蚀后，从其凝固组织可看出，没有形成多种复杂相。1 号合金由典型树枝晶组织组成，且腐蚀较均匀。2 号合金由于 Mo 元素的加入，显微组织变化较大，枝晶区为胞状共晶组织，在枝晶间出现了白色区域，由于 Mo 与其他几种元素混合焓较小，凝固分相时 Mo 被排斥在枝晶间富集，因此形成了富 Mo 和贫 Mo 相，形成微区原电池，导致在富 Mo 和贫 Mo 相界面处发生腐蚀，形成了腐蚀坑(如图中箭头所示)。3 号合金较 2 号合金多加入了类金属元素 Si，其与其他组成元素混合焓较负，加剧了元素偏聚，促使大量板条状组织形成，在枝晶间析出富 Mo 相，同样在相界发生较 2 号合金更严重的电偶腐蚀，形成了更大的腐蚀坑(如图中箭头所示)。

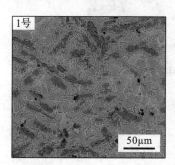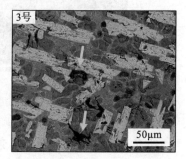

图 2-12　铸态合金低倍背散射电子显微组织(见彩色图版)

图 2-13 所示为铸态合金高倍背散射电子显微组织。可见，随着合金组元的增加，细小颗粒增多（如图中箭头指示）。多种组元之间的相互作用，增加了液态合金的混乱度和黏度，原子长程扩散缓慢，且凝固时需要多种元素分配和置换重排，从而抑制了形核与长大。此外，多主元合金凝固时，各组成元素间较负的混合焓使元素局部富集，造成成分过冷，受凝固动力学因素影响，枝晶生长加剧，由最初的平面生长变为胞状枝晶生长，且二次枝晶增多，枝晶间距减小，从而细化了晶粒。而 Mo 元素的不断富集，也阻止了晶粒长大，使其易于形成纳米相。

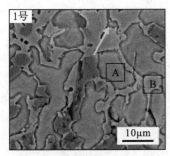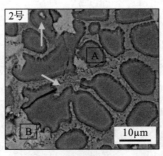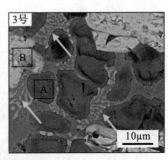

图 2-13　铸态合金高倍背散射电子显微组织（见彩色图版）

A 为枝晶区域；B 为枝晶间区域

从图 2-13 可以看出，随着 Mo 元素的加入，在枝晶晶粒长大的过程中，枝晶间形成的片状组织转薄，直至临近晶界时片状组织逐渐粗大。分析认为，由于该相结晶潜热较大，凝固缓慢，延长了晶粒长大的时间，最终形成花瓣状共晶组织。3 号合金中 Si 的加入使合金在枝晶区形成胞状等轴晶，尽管 Si 为类金属元素，但其晶体结构与金属元素相差较大，难溶于金属，凝固时富集于固液界面前沿。当界面能达到最低时，固液界面结构处于平衡状态。在平衡的光滑界面上随机添加异类元素原子时，界面自由能变化 ΔG_s 可表示为

$$\frac{\Delta G_s}{NkT_m} = \alpha x(1-x) + x\ln x + (1-x)\ln(1-x) \tag{2-6}$$

式中，$x = N_A/N$ 为界面上固相原子所占比例；N_A 为界面固相原子数；N 为界面总原子数；k 为 Boltzmann 常数；T_m 为熔点；α 为 Jackson 因子。通常 $\alpha \leqslant 2$，其固液界面为粗糙型界面。Si 元素的富集使液相熔点降低，形成了正温度梯度，距固液界面距离越大则过冷度随小，固液界面自由能降低，形核与晶体长大速率低，枝晶生长受到抑制，合金形成胞状等轴晶。

采用 EDS[①] 对合金枝晶区域（A 区）、枝晶间区域（B 区）成分进行定量分析，并计算成分偏析率。用 S_R 表征元素在合金组织中的偏析程度[139]，定义为

$$S_R = \frac{S_{DR}}{S_{ID}} \tag{2-7}$$

式中，S_{DR} 为元素在枝晶区域（A 区）的含量；S_{ID} 为元素在枝晶间区域（B 区）的含量。

铸态合金枝晶和枝晶间成分分析如表 2-9。

$S_R > 1$，表明该元素在枝晶区域富集；反之，则表明该元素在枝晶间富集；S_R 接近

---

① EDS 为能谱仪（energy dispersive spectrometer）。

1，说明该元素在合金中几乎不偏析。通常在固溶体合金中，平衡凝固时元素偏析是由元素原子间的混合焓导致的。当异类原子对混合焓高于同类原子对或其他元素原子间的混合焓时，易形成局部偏析，同时使体系自由能降低，促使该异类原子对进一步偏析形成短程有序结构。因此，混合焓决定了合金元素的分布，从而对合金相组成有较大影响。

表 2-9　铸态合金枝晶和枝晶间成分分析

试样		成分分布(原子分数)/%						
		Al	Cr	Fe	Co	Ni	Mo	Si
1号	名义含量	20	20	20	20	20	—	—
	A	36.74	2.19	8.59	18.25	34.23	—	—
	B	5.00	33.05	33.99	10.90	17.06	—	—
	S_R	7.348	0.066	0.253	1.674	2.006	—	—
2号	名义含量	16.67	16.67	16.67	16.67	16.67	16.67	—
	A	32.23	3.20	10.81	17.54	31.64	4.58	—
	B	10.50	15.65	14.72	15.53	9.39	34.21	—
	S_R	3.07	0.204	0.734	1.129	3.37	0.134	—
3号	名义含量	14.28	14.28	14.28	14.28	14.28	14.28	14.28
	A	20.27	13.66	10.19	19.56	21.42	4.69	10.21
	B	7.26	15.53	16.56	14.95	10.81	21.23	13.66
	S_R	2.792	0.88	0.615	1.308	1.981	0.221	0.747

图 2-14 所示为铸态高熵合金的 XRD 图谱。可见，每种合金的相数目均小于其非平衡凝固时的最大相数。三种合金均在 $2\theta=44.5°$ 附近的(110)晶面形成 BCC 主衍射峰，对应的显微组织也证实了这一点。通过与标准 PDF 卡片对比，数据库中没有与该衍射峰完全吻合的物相，且每种组成元素的衍射峰相对其金属单质相的衍射峰均发生了较大偏移。

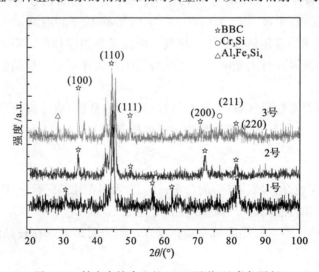

图 2-14　铸态高熵合金的 XRD 图谱(见彩色图版)

根据 Bragg 方程线性外推法可得到：

$$晶格常数\ a = \frac{\lambda}{2\sin\theta}\sqrt{h^2 + k^2 + l^2} \tag{2-8}$$

式中，λ 为 Cu 靶入射波长（0.1540562nm）；θ 为衍射角；h、k、l 为晶面指数。

由此计算出三种合金 BCC 结构主相的晶格常数，如表 2-10 所示。

表 2-10　（110）晶面 BCC 结构主相的晶格常数

编号	$2\theta/(°)$	晶格常数/nm
1 号	44.5018	0.2871
2 号	44.4861	0.2874
3 号	44.4697	0.2880

为确定合金相组成，结合 EDX[①] 能谱进行分析。对于 1 号合金，Al、Co、Ni 在枝晶中含量相当，而 Cr、Fe 在枝晶间含量较高，因 Cr、Fe 与其他几种元素的混合焓相对较正，其化学亲和力小，在枝晶间富集。由国际衍射数据中心数据库可知，AlNi 金属间化合物的晶格常数为 0.2877nm，且其为 BCC 结构，与 1 号合金的 XRD 衍射结果相符，而 Co 可固溶于 AlNi 合金中，因此，1 号合金枝晶区是以 AlNi 为基体固溶了大量 Co 元素的 BCC 固溶相；枝晶间区为富 Fe、Cr 区域，Fe、Cr 可互溶，对应于（α-Fe，Cr）BCC 固溶体结构，其晶格常数为 0.2876nm，据此可判定枝晶间区为以（α-Fe，Cr）固溶体为基体的 BCC 结构固溶体，且（α-Fe，Cr）固溶体固溶了少量其他元素，致使晶格常数发生变化，在 XRD 衍射花样中，衍射峰稍有偏移。AlNi 化合物与（α-Fe，Cr）固溶体结构相同，且晶格常数几乎相等，表现为衍射峰的重合。

通过分析可以确认，1 号合金的相组成应由枝晶的（AlNi）-Co 金属间化合物及二次固溶体和枝晶间的（α-Fe，Cr）固溶体基体构成，并在其中固溶了其他几种合金元素，因其结构相同、晶格常数相近，形成了交替生长的枝晶组织。

对于 2 号合金，Mo 的加入没有改变合金的物相结构。EDX 分析表明，Mo 富集于枝晶间，Cr 与 Mo 属同一副族且晶体结构相同，可无限固溶，但因其原子半径与其他原子半径相差不大，其易于以置换的形式随机占据 BCC 晶格的阵点位置，固溶后改变了原有晶格中原子的相对位置，导致 BCC 主衍射峰向小角度方向偏移，晶格常数增加。在其主衍射峰左侧出现了伴随次衍射峰，这一现象是由 Mo 的加入产生晶格畸变导致的。因此，2 号合金并未因混合焓的升高而形成 Al、Cr、Fe、Co、Ni、Mo 六种元素组成的单一固溶体；但通过 XRD 图谱发现，相较于 1 号合金，2 号合金的衍射峰减少，即合金中相数目减少，这说明混合焓的增加抑制了其他中间相或复杂相的出现，因此（AlNi）-Co 金属间化合物及二次固溶体含量相对减少。

对于 3 号合金，由于 Si 原子的半径较大，且与其他几种元素的化学性质和晶体结构相差很大，其很难固溶，较强的化学势使合金中出现了 Cr_3Si、$Al_2Fe_3Si_4$ 金属间化合物；但 Si 元素加入后，仍然未改变合金以 BCC 固溶相为主的相组成。由于合金混合焓高，对金属间

---

① EDX 为能量色散谱（energy dispersive X-ray）。

化合物的出现有抑制作用，其衍射峰较弱，对应相的体积分数小，这表明其含量较低，仍然可视为固溶体合金。3 号合金的主衍射峰向小角度方向偏移，晶格常数增大，相对于 2 号合金，在主衍射峰右侧伴随出现了新的衍射峰，这也是固溶了 Si 原子后晶格畸变的结果。

2.3.6.2　相形成规律

显微组织和相结构分析表明，高熵合金未因含有多种组元而生成大量有序相和金属间化合物；与单一元素的合金化效应不同，高熵合金中多组元的交互作用和协同效应在显微结构和性能上有所体现。根据能量最低原理，系统能量越低越稳定。高熵合金的高熵效应能够简化合金的显微结构，抑制金属间化合物，促进合金元素固溶而形成固溶体，这可归因于高混合熵对合金系统自由能的影响，自由能的下降有利于高熵合金中固溶体相优先形核。

上一节中，XRD 图谱分析表明，合金中出现的物相数小于 Gibbs 相律规定的平衡凝固条件下的相数，这也说明多种原子的无序分布提高了系统的稳定性，减少了有序组织的形成。3 号合金中加入非金属元素 Si 后出现了少量金属间化合物，这说明合金混合熵也对显微结构有决定性作用。

经典合金热力学平衡态判据可通过体系的状态函数自由能 G、熵 S 和焓 H 来判定。对于绝热孤立体系，当平衡时其熵 S 为最大值，即熵增原理：

$$dS \geqslant 0 \tag{2-9}$$

当 $dS > 0$ 时，为自发的不可逆过程；而 $dS = 0$ 时，为由无限个平衡态组成的可逆过程。

对于封闭体系，平衡时其自由能最低，即能量最低原理：

$$(dF)_{T,V} \leqslant 0 \tag{2-10}$$

自发过程总是向自由能减小的方向进行，达到最小值时，体系为平衡态。

研究合金系统需考虑环境因素，应视为封闭系统，因此，多主元合金体系平衡态须以自由能判据来考量。恒容条件下，自由能状态函数为

$$F = U - TS \tag{2-11}$$

恒压条件下，自由能状态函数为

$$G = U + PV - TS \tag{2-12}$$

对于凝聚态体系，可认为是恒压系统，U 即系统的混合热 H，自由能的变化可表达为

$$dG = dH - TdS \tag{2-13}$$

纯物质的自由能 G 被分为焓项 H 和熵项（$-TS$）加以考察。同理，溶体的自由能可分解成表示原子间结合强度的焓项（ΔH）和表示熔体无序性的熵项（$-T\Delta S$）。

可定义合金体系形成固溶体时，其自由能变化表示为

$$\Delta G_s = \Delta H_s - T\Delta S_s \tag{2-14}$$

式中，ΔG_s 为形成固溶体的自由能变化；ΔH_s 为形成固溶体的焓变化；ΔS_s 为形成固溶体的熵变化。

形成金属间化合物时，自由能变化表示为

$$\Delta G_c = \Delta H_c - T\Delta S_c \tag{2-15}$$

式中，ΔG_c 为形成金属间化合物的自由能变化；ΔH_c 为形成金属间化合物的焓变化；

ΔS_c 为形成金属间化合物的熵变化。

$\Delta G_s > \Delta G_c$ 时，合金形成金属间化合物；$\Delta G_s < \Delta G_c$ 时，合金形成固溶体。

对于多元合金的封闭系统，焓变和熵变对自由能的影响是相互竞争此消彼长的。当 $\Delta H > T\Delta S$，焓变可抵消熵变时，为低熵状态，对应于有序化相，形成化合物；当 $\Delta H < T\Delta S$，焓变不足以抵消熵变时，为高熵状态，对应于高度无序组织，形成固溶体。在这一过程中，温度是占有较大权重的因数，温度越高，熵变对无序化固溶体生成越有利。

按照上述判据，可计算 1 号~3 号合金形成各组成相的自由能变化。根据 Miedema 理论，式(2-5)中，

$$C_A^S = \frac{X_A V_A^{2/3}}{X_A V_A^{2/3} + X_B V_B^{2/3}} \tag{2-16}$$

$$C_B^S = \frac{X_B V_B^{2/3}}{X_A V_A^{2/3} + X_B V_B^{2/3}} \tag{2-17}$$

$$f = (1 - C_B^S)[1 + 8(C_A^S)^2 (1 - C_A^S)^2] \tag{2-18}$$

$$V_A^{2/3}(\text{合金}) = V_A^{2/3}(\text{纯金属} A)[1 + af(\phi_A - \phi_B)] \tag{2-19}$$

式中，a 为常数，对于单价或碱金属，$a = 0.14$；对于双价金属，$a = 0.1$；对于三价金属，$a = 0.07$；对于其他金属，$a = 0.04$。ϕ、$n_{WS}^{1/3}$、$V^{2/3}$ 与元素在周期表中的位置有关，具体如表 2-11 所示。

表 2-11　合金元素特征参数[138]

参数	Al	Cr	Fe	Co	Ni	Mo	Si
ϕ	4.2	4.65	4.93	5.1	5.2	4.66	4.1
$n_{WS}^{1/3}$	1.39	1.73	1.77	1.75	1.75	4.77	4.5
$V^{2/3}$	4.64	4.82	3.69	3.55	3.52	4.45	4.38

$$\frac{Q}{P} = 9.4eV^2/(\text{d. u. })^{2/3} \tag{2-20}$$

式中，Q 和 P 为经验常数。

Miedema 确定的 P 为经验值，对于两种过渡族元素，$P = 14.2$；对于两种非过渡族元素，$P = 10.7$；对于一种过渡族金属与一种非过渡族金属，$P = 12.35$。将式(2-16)~式(2-20)代入式(2-5)，可得到 AlNi、Cr_3Si 的混合焓(表 2-12)。固溶体的混合焓中主要为化学混合焓，结构混合焓及弹性混合焓可不计，因此，1 号~3 号合金固溶体及 $Al_2Fe_3Si_4$ 金属间化合物的混合焓可表示为

$$\Delta H_{\text{mix}} = \sum_{i=1, i \neq j}^{n} \Omega_{ij} c_i c_j \tag{2-21}$$

式中，c_i、c_j 分别为两组元的原子分数；Ω_{ij} 为正规熔体两组间的相互作用参数，可用下式估算：

$$\Omega_{ij} = 4\Delta H_{AB}^{\text{mix}} \tag{2-22}$$

依据自由能判据，需计算合金形成固溶体或金属间化合物的自由能，由于金属间化合物形成过程中的熵变很小，为简化计算，将其近似为 0。为体现合金在高温下的混合

熵效应，取合金元素中熔点最高的 Mo 的熔点作为计算时的 T 值，根据式(2-14)和式(2-15)，可得到 1 号～3 号合金及 $Al_2Fe_3Si_4$ 的自由能，如表 2-12 所示。

表 2-12　固溶体相及化合物相的自由能

试样	$\Delta H_{mix}/(kJ/mol)$	$\Delta S_{mix}/[kJ/(mol \cdot K)]$	$\Delta G_{mix}/(kJ/mol)$
1 号固溶体	−7.86	13.38×10^{-3}	−50.18
2 号固溶体	−7.65	14.9×10^{-3}	−54.78
3 号固溶体	−9.21	16.18×10^{-3}	−60.39
AlNi	−22.3	0	−22.3
Cr_3Si	−62.18	0	−62.18
$Al_2Fe_3Si_4$	−65.6	0	−65.6

上述自由能的计算结果是按照正规溶体模型的自由能近似得到的，原子分布按照 B-M-G 模型的基本假设，忽略了原子半径差异导致的晶格畸变能。由结果可以看出，3 号合金加入非金属元素 Si 后，Si 元素与金属元素化学亲和力较强，形成的金属间化合物混合焓更负，混合熵的增加不能完全抵消焓变 ΔH_{mix} 对体系自由能的影响，使合金中出现中间相。

对于传统合金体系，混合熵较低，合金显微结构和性能主要由焓变来决定。当混合焓较高即化学亲和力较强时，易于形成金属间化合物；反之，当电负性接近，混合焓趋近于零时，倾向于形成固溶体。对于多主元合金体系，合金混合熵对自由能起决定作用，其显微结构无序化，形成固溶体的自由能低于金属间化合物自由能，合金有序相到无序相的转变是熵变增大的过程，用以补偿焓变的损失，即熵致相变。

合金组元之间的相互作用及其形成的合金相的性质由多种因素控制。通常，溶质原子与溶剂原子尺寸差异越小，置换后的点阵畸变越小，置换固溶体越稳定，而当原子半径差大于 15% 时，会由晶格畸变引起相变。物质的晶体结构由原子的电化学性质决定，溶质与溶剂原子电化学性质相近时，可保证两类元素晶体结构相同，置换形成固溶体时不会引起晶格畸变。电子浓度因素也会影响合金固溶度，当某种金属作为溶剂时，在原子尺寸因素相同时，溶质原子的价电子数越低，固溶度越高。这几种因素不是独立的，会因其他因素的变化引起联动效应。当选择的相似元素均为后过渡族元素或均为前过渡族元素时，由于各元素在液态时能够互溶，混合焓接近于零，变化较小，因此，混合熵越高，合金越容易形成多种原子无序排列的固溶体。在前过渡族元素和后过渡族元素并存，同时含有主族金属元素和非金属元素时，多组元合金的混合焓将会变得非常负，混合熵的作用非常小，不能抵消混合焓对自由能的影响，合金中会形成中间相或其他复杂相。大量的实验研究表明，含有 Cr、Fe、Co、Ni 等后过渡族元素的合金，易于形成固溶体。

2.3.6.3　力学性能

硬度是材料力学性能的重要指标，可反映材料的耐磨性，二者呈正相关。利用 HVS-1000 型数显显微硬度计测试铸态合金的硬度，室温下由试样顶端中心至试样底部沿对称轴每间隔 1mm 测量一次(图 2-15)，加载静载荷为 1.96N，加载时间为 15s。

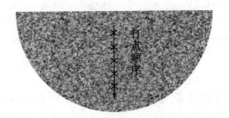

图 2-15　铸态合金硬度测试

图 2-16 所示为合金试样显微硬度由心部至边缘的分布规律。可见，合金硬度整体较高，三种铸态高熵合金的平均硬度分别为 $HV_{0.2}750$、$HV_{0.2}759$ 和 $HV_{0.2}794$，且均由中心向边缘逐步升高；随着合金元素种类的增加，显微硬度有增大趋势。

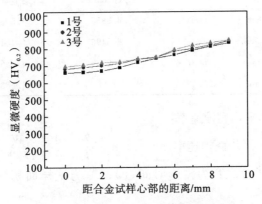

图 2-16　铸态高熵合金试样硬度分布

力学性能与材料的显微结构和强化机制密切相关，硬度体现的是材料抵抗塑性变形的能力。上述三种成分合金主要由 BCC 结构固溶体组成，BCC 结构金属滑移面及最密排面为 {110}，滑移方向为 ⟨111⟩，滑移方向有两个，而 FCC 结构金属在密排面 {111} 上有三个滑移方向，因此，BCC 结构金属在密排面的滑移比 FCC 结构金属困难，因此硬度更高。同时，由于三种高熵合金均存在固溶强化、细晶强化、析出强化等多种强化机制，因此其平均硬度整体较高。

由于水冷铜模的激冷作用，试样边缘的热传导速率快，过冷度大，晶体形核率高，晶粒细化，甚至形成纳米相和非晶相，从而使硬度增大；而靠近心部位置因冷却速率相对较小，晶体长大时间延长，晶粒相对粗大，第二相析出较少，所以其硬度低于边缘部位。当合金元素种类增加时，固溶强化和晶格畸变效应加剧，使硬度呈现增大趋势。

2.3.6.4　耐蚀性能

下面采用失重法、表面观察法和电化学分析法，通过观察腐蚀形貌和计算腐蚀速率，评价合金在不同介质中的耐蚀性能。选择成分相近且具有较好耐蚀性能的 316L 不锈钢做对比试验，其成分如表 2-13 所示。

表 2-13　316L 不锈钢成分

元素	Cr	Ni	Mo	Si	Mn	C	Fe
质量分数/%	17	12	2.5	0.8	2	0.03	—

1) 浸泡腐蚀行为

失重法是定量评价材料耐蚀能力最基本的方法,可较为准确、可信地表征材料的耐蚀性能。试样经抛光后,置于丙酮溶液中超声清洗,去除表面污染物后吹干,使用精度为 0.001g 的电子天平称量。处理后的试样于室温下在 3.5% NaCl 溶液中浸泡 8 周,取出试样,机械去除试样表面腐蚀产物并超声清洗,烘干后称量,结果如表 2-14 所示。

表 2-14　铸态高熵合金浸泡实验结果

试样	试样规格	浸泡前质量/g	试样密度/(g/cm³)	去除腐蚀产物后质量/g	腐蚀失重 W/g
1 号	0.9cm×0.9cm×0.3cm	1.6003	6.5856	1.5981	0.0022
2 号	1.25cm×0.85cm×0.3cm	2.1833	6.8496	2.1816	0.0017
3 号	1cm×0.9cm×0.3cm	1.6891	6.2559	1.6867	0.0024
316L	1cm×0.9cm×0.25cm	1.5958	7.98	1.5838	0.012

按下式计算合金的平均腐蚀速率:

$$平均腐蚀速率(mm/a) = \frac{8.76 \times 10^4 \times W}{T \times A \times D} \tag{2-23}$$

式中,W 为腐蚀失重(g);T 为浸泡时间(h);A 为试样面积(cm²);D 为试样密度(g/cm³)。

经计算,1 号~3 号试样的平均腐蚀速率如表 2-15 所示。

表 2-15　用失重法计算的室温下合金在 3.5% NaCl 溶液中的平均腐蚀速率

试样	1 号	2 号	3 号	316L
平均腐蚀速率/(mm/a)	8.0×10^{-3}	4.78×10^{-3}	5.76×10^{-3}	2.3×10^{-2}

图 2-17 所示分别为浸泡后的试样表面形貌。可见,在含有侵蚀性阴离子(Cl⁻)的中性盐溶液中,三种高熵合金均出现腐蚀现象,腐蚀类型为局部腐蚀与点蚀,而 316L 不锈钢表现为严重的均匀腐蚀。2 号合金表面的腐蚀面积和腐蚀坑较小,这与其形成的花瓣状共晶组织有关。

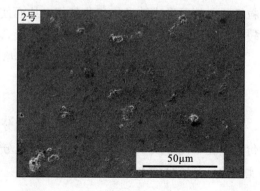

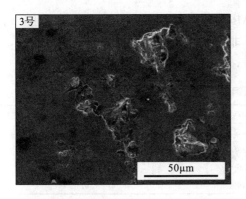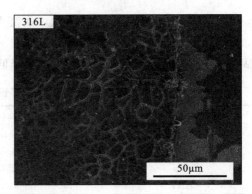

图 2-17　浸泡后的试样表面形貌

2）电化学腐蚀行为

采用普林斯顿三电极电化学工作站，分别测试各铸态高熵合金在 3.5% NaCl 溶液、1mol/L H_2SO_4 溶液中的电化学腐蚀行为，参比电极为饱和甘汞电极（SCE），辅助电极为铂电极（Pt），扫描速率为 1mV/s。测试前，在 −0.4V 条件下对试样阴极处理 5min，去除表面杂质和氧化膜；然后，在溶液中浸泡 20 min 达到准静态并得到开路电位；动电位扫描范围相对于参比电极电位为 −0.6~1.2V，得到动电位极化曲线。扰动信号幅值为 10mV，在扫描频率范围 100mHz~10kHz 条件下测试合金的电化学阻抗谱，并与 316L 不锈钢对比分析。

图 2-18 所示为三种铸态高熵合金及 316L 不锈钢在 3.5% NaCl 溶液中的极化曲线。可见，铸态合金极化曲线形状相似，且均出现钝化趋势，自腐蚀电位均高于 316L 不锈钢，这表明三种铸态高熵合金均具有较好的耐蚀性。这是由于 Al、Cr、Mo 等自钝化金属元素和 Fe、Co、Ni 元素原子在极化过程中其表面由活化态转变为钝态，阻滞了腐蚀过程，降低了溶解速率。

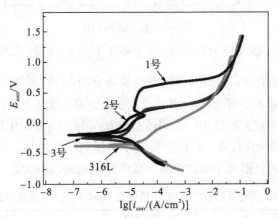

图 2-18　三种铸态高熵合金与 316L 不锈钢在 3.5% NaCl 溶液中的极化曲线（见彩色图版）

通过 Tafel 外推法拟合，得到三种铸态高熵合金与 316L 不锈钢的电化学参数，如表 2-16所示。可见 Mo 元素的加入使合金的自腐蚀电位下降约 34mV，但自腐蚀电流减小，这是因为 Mo 在枝晶间富集，导致形成微区原电池，加剧了枝晶和枝晶间的电偶腐蚀，使其自腐蚀电位较 1 号合金降低，而富 Mo 枝晶间相具有较高的化学稳定性和耐蚀性，减缓了腐蚀速率。3 号合金中由于添加了非金属元素 Si，生成了金属间化合物，其与固溶体基体形成电位差，致使腐蚀电位降低，腐蚀电流密度稍有增大。

表 2-16　三种铸态高熵合金与 316L 不锈钢在 3.5% NaCl 溶液中的电化学参数

试样	E_{corr}/mV	$i_{corr}/10^{-6}$(A/cm^2)
1 号	−151.691	5.493
2 号	−185.89	2.493
3 号	−257.69	5.697
316L	−380.984	6.609

为测试三种高熵合金在酸性环境中的耐蚀性，在 1mol/L H_2SO_4 溶液中进行动电位极化曲线测试，并与 316L 不锈钢对比，如图 2-19 所示。可见，三种高熵合金与 316L 不锈钢在 H_2SO_4 溶液中均出现较宽钝化区。合金在氧化性腐蚀介质 H_2SO_4 中，不仅 Al、Cr、Mo 等自钝化元素发生钝化，Fe、Co、Ni 等非自钝化元素也发生钝化，在合金表面形成了致密性和覆盖性更好的保护膜，其溶解速率较基体低，将金属基体与 H_2SO_4 腐蚀介质机械隔离，缓解了金属基体的溶解速率，在极化曲线上表现为出现了明显的钝化区。

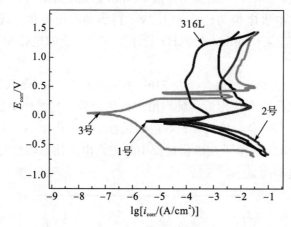

图 2-19　三种铸态高熵合金与 316L 不锈钢在 1mol/L H_2SO_4 溶液中的极化曲线（见彩色图版）

通过 Tafel 外推法拟合，得到三种铸态高熵合金及 316L 不锈钢在 1mol/L H_2SO_4 溶液中的电化学参数，如表 2-17 所示。可见，1 号合金和 2 号合金的自腐蚀电位较 316L 不锈钢正移，且自腐蚀电流密度较小，表明铸态合金在 H_2SO_4 介质中的腐蚀性能优于 316L 不锈钢。3 号合金腐蚀电位较高，但由于生成了金属间化合物相，存在电化学不均匀性，与固溶体间电位差较大，形成了腐蚀电池，故腐蚀电流密度最大。

表 2-17　三种铸态高熵合金与 316L 不锈钢在 1mol/L H_2SO_4 溶液中的电化学参数

试样	E_{corr}/mV	$i_{corr}/10^{-6}$(A/cm^2)
1 号	−95.413	81.844
2 号	−69.323	74.012
3 号	37.842	415.031
316L	−231.734	106.094

　　电化学交流阻抗谱图可直观反映电化学过程和耐蚀性。图 2-20 所示为三种铸态高熵合金与 316L 不锈钢在 3.5% NaCl 溶液中的 Nyquist 图。容抗弧半径越大，耐蚀性越好。可见，三种铸态高熵合金的容抗弧半径均大于 316L 不锈钢，表明其耐蚀性好；其中，2 号合金的容抗弧半径最大，与极化曲线结果相符。

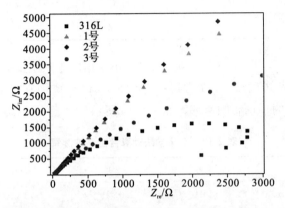

图 2-20　三种铸态高熵合金与 316L 不锈钢在 3.5% NaCl 溶液中的 Nyquist 图（见彩色图版）

　　图 2-21 所示为三种铸态高熵合金与 316L 不锈钢在 1mol/L H₂SO₄ 溶液中的 Nyquist 图。可见，容抗弧半径由大到小依次为 2 号>1 号>3 号>316L 不锈钢，该结果与相应的动电位极化曲线测试结果相一致。

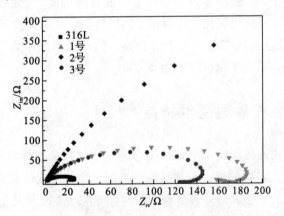

图 2-21　三种铸态高熵合金与 316L 不锈钢在 1mol/L H₂SO₄ 溶液中的 Nyquist 图（见彩色图版）

　　根据 Faraday 电解第一定律，金属电化学腐蚀过程中的腐蚀量与流过金属的电量成正比，可按下式计算合金在动态电位极化测试过程中的平均腐蚀速率：

$$平均腐蚀速率(\mathrm{mm/a}) = \frac{3.27 \times 10^{-3} \times i_{\mathrm{corr}} \times \mathrm{EW}}{D} \tag{2-24}$$

式中，i_{corr} 为腐蚀电流密度（$\mu\mathrm{A/cm^2}$）；D 为合金密度（$\mathrm{g/cm^3}$）；EW 为合金等效质量（g），可按下式计算：

$$\mathrm{EW} = \frac{1}{\sum\left(\dfrac{f_i n_i}{a_i}\right)} \tag{2-25}$$

式中，f_i、n_i和a_i分别为合金元素的质量分数、交换电子数和原子质量。

表 2-18 所示为合金中各元素的交换电子数。

表 2-18　合金中各元素的交换电子数

元素	Al	Cr	Fe	Co	Ni	Mo	Si
n_i	3	3	2	2	2	3	4

依据式(2-25)计算，1 号~3 号合金及 316L 不锈钢的等效质量分别为 21.3g、24.4g、25.3g 和 31.4g，代入式(2-24)，得到各合金及 316L 不锈钢在 3.5% NaCl 和 1mol/L H_2SO_4 电解质溶液中的平均腐蚀速率，如表 2-19 所示。

表 2-19　电化学法计算合金腐蚀速率

试样	1 号	2 号	3 号	316L
平均腐蚀速率/(NaCl，mm/a)	5.81×10^{-2}	2.9×10^{-2}	7.53×10^{-2}	8.5×10^{-2}
平均腐蚀速率/(H_2SO_4，mm/a)	0.8656	0.8621	5.489	1.365

综合上述试验分析可知，设计的三种高熵合金均具有较为优异的耐蚀性能。高熵合金高度无序分布的显微组织使其具有与非晶材料相似的性能，其无序化组织可显著改善合金的耐蚀性能。其中，2 号合金较 1 号合金的混合熵更高，热稳定性更好，自钝化性元素 Mo 的添加提高了其阳极钝化性，阻止了阳极过程，其耐蚀性最为优异。3 号合金中加入非金属元素 Si 后，虽然提高了合金混合熵，但显微组织中含有少量金属间化合物相，易造成电偶腐蚀，不利于耐蚀性的提高。

2.3.7　高熵合金粉体的基本特性

本节采用气雾化快速凝固技术制备高熵合金粉体材料。气雾化快速凝固技术可以进一步提高合金固溶度、减少偏析、细化晶粒，抑制平衡相而易于析出非平衡亚稳相，可获得含纳米晶、非晶的单相固溶体合金粉体材料，并进一步改善其耐蚀耐磨性能。同时，研究高熵合金粉体材料快速凝固组织的形成机理、表面元素分布及价态，结合 SEM、XRD 和 DSC 热稳定性测试，分析液态高熵合金在气雾化快速冷却条件下的相选择过程与组织演化规律，建立高熵合金在气雾化快速冷却条件下的凝固模型。

粉末颗粒的形成是靠能量传递制造新表面的过程。气雾化快速凝固技术利用高速气流将合金熔体分散成细小液滴，将高速气流的动能转变为金属液滴的表面能，膨胀气体围绕熔融金属液流流动进行能量交换，使金属熔体凝固时的热传导速率加快，过冷度升高，形核率增大，晶粒长大受到抑制，成分偏析减少。本节采用垂直气雾化装置(图 2-22)制备高熵合金粉末，其主要特点是工艺可控性高、冷却速率快，制备的粉末粒度分布范围宽、球形度好、成分组织均匀。为减少雾化过程中的化学作用，以氩气作为工作介质，表 2-20 所示为气雾化工艺参数。

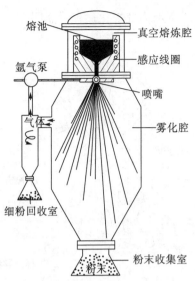

图 2-22　垂直气雾化装置示意图

表 2-20　气雾化工艺参数

工作气体	气体压力/MPa	气流速度/(mm/s)	过热度/℃	液流直径/mm	气流喷射角/(°)
氩气(99.9%)	2~5	100~160	150~180	5~10	30~60

采用中频熔炼炉(图 2-23)分别制备三种成分合金铸锭。熔炼过程中，抽真空后充入氩气，并加入电磁搅拌，促进合金成分分布均匀。合金铸锭去除表面杂质后，置于气雾化装置的真空熔炼腔，为获得纯净的高熵合金粉末材料，反复抽真空并充氩气，在氩气保护条件下感应熔炼至熔化后，保持一定过热度，以防止金属液流过早凝固。

图 2-23　中频熔炼炉实物图

2.3.7.1　形貌与粒度

气雾化过程中，高速气流在金属液流表面扰动，使液流端部表面积增加，形成锥形。由于锥形金属液流表面积与体积比不断增大，锥形顶部液流成为薄液片，在剪切力作用下最终形成球形颗粒，图 2-24 所示为气雾化过程示意图。

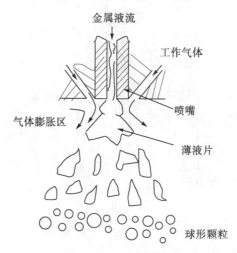

图 2-24　气雾化过程示意图

图 2-25 所示为典型粉末的表面 SEM 形貌。可见，粉末颗粒大小不均，粒径分布范围较宽，有利于涂层致密性的提高；球形度好，有利于提高粉末的流动性。粉末表面形貌与粒度有关，颗粒越小，表面越光滑；颗粒越大，表面越粗糙。图 2-25(b) 所示为粉末颗粒的局部放大形貌。可见，颗粒表面由于凝固收缩，凹凸不平，表面呈枝晶形貌，并黏结有细小颗粒，这是由雾化过程中未凝固的金属液滴在喷射气体紊流区相互碰撞发生碎裂，下落时较小液滴先于较大液滴凝固，并与未完全凝固的大颗粒碰撞造成的，可有效提高粉末的填装密度。

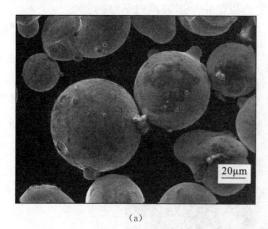
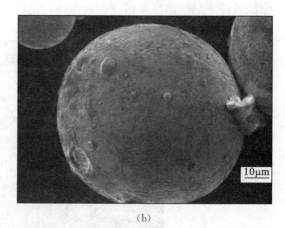

(a)　　　　　　　　　　　　　　　　(b)

图 2-25　典型粉末的表面 SEM 形貌(见彩色图版)

(a)整体形貌；(b)局部形貌

图 2-26 所示为粉末粒度分布曲线。可见，粉末中值粒径 D_{50} 为 66 μm，粒径在 25～70 μm 范围内的粉末颗粒的体积分数大于 80%。

三种高熵合金粉末各取 50g，采用标准漏斗测试其流动性，结果如表 2-21 所示。可见，粉末流动性好，有利于提高喷涂过程中送粉的连续性，使涂层组织更加均匀。

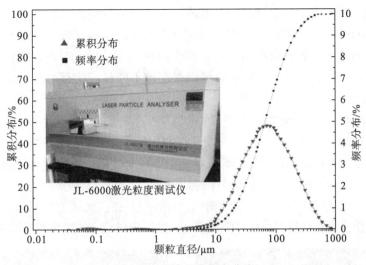

图 2-26　粉末粒度分布曲线

表 2-21　粉末流动性

试样	1 号	2 号	3 号
流速/(s/g)	0.46	0.48	0.47

2.3.7.2　组织与相结构

图 2-27 所示为三种高熵合金粉末的光学显微组织。可见，粉末颗粒内部无孔洞等宏

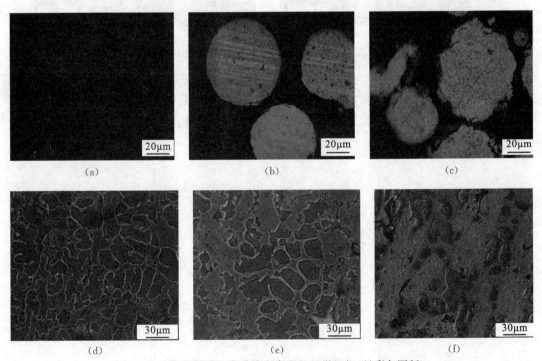

图 2-27　粉末与对应成分铸态合金的显微组织(见彩色图版)

(a)1 号合金粉末；(b)2 号合金粉末；(c)3 号合金粉末；(d)1 号铸态合金；(e)2 号铸态合金；(f)3 号铸态合金

观缺陷，可减少涂层中因空心球造成的孔隙。与对应成分的铸态合金显微组织相比，高熵合金粉末的枝晶结构显著减少，说明气雾化条件下冷却速率提高，形核率增加，晶粒细化，成分偏析减少。粒径较小的粉末颗粒组织形态不明显，而较大颗粒呈现典型的枝晶结构；2号合金粉末大直径颗粒显微组织衬度也不明显，这有可能是由于非晶态组织或晶粒极为细小。

2号合金粉末经包埋处理后，制备 TEM 试样。图 2-28(a)所示为 2 号合金粉末的明场像，可见，明场像中无明显衬度差异。如图 2-28(b)所示，选区衍射花样表现为不连续的晕环，为典型非晶衍射花样，表明粉末显微结构中存在非晶相。晕环的亮度除了与强度和位置有关外，还与非晶区存在大量短程有序的结构有关。图 2-28(c)所示为非晶区高分辨率显微形貌。可见，暗色区域为短程有序结构(箭头所示)，亮色区域为非晶相。合金中原子间的结合力差异使元素在枝晶内偏聚，降低系统内能，形成稳定的短程有序结构。

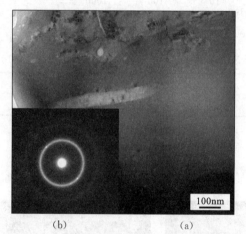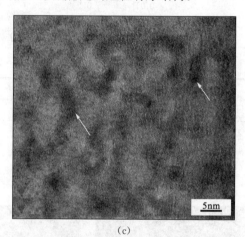

（b）　　　　　　　（a）　　　　　　　　　　（c）

图 2-28　2 号合金粉末 TEM 形貌(见彩色图版)

图 2-29 所示为显微组织与粉末颗粒凝固过程中温度梯度对快速凝固粉末组织的影响。可见，合金显微组织结构的形成取决于凝固时的形核与长大，在气雾化快速冷却条件下，较大的温度梯度容易保留液态合金的无序状态，易于形成非晶相。

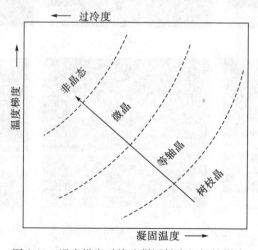

图 2-29　温度梯度对快速凝固粉末组织的影响

高温时液态合金易于形核，形核后粉末显微组织取决于液相中元素扩散的速率与晶核长大的速率。当扩散速率大于长大速率时，得到均匀的枝晶组织。通常温度梯度越高、过冷度越大，形核率越高，得到的晶粒越细小，粉末材料性能越好。

气雾化时，较高的冷却速率缩短了粉末颗粒的凝固时间，粉末粒径也随凝固时间的缩短而减小。气雾化条件下液态合金的凝固时间 t 可表达为[140]

$$t = \frac{D\rho_m}{6h}\left[C_p \ln\left(\frac{T_m - T_0}{T_s - T_0}\right) + \frac{H}{T_s - T_0}\right] \tag{2-26}$$

式中，D 为与介质有关的常数；ρ_m 为合金密度；C_p 为合金比热容；T_0 为雾化气体温度，即室温；T_m 为合金熔化温度；T_s 为液态合金开始凝固的温度；H 为合金熔化潜热；h 为热传导系数。

金属液滴冷却过程中的热传导包括与喷射气体之间的对流传热和液滴的辐射散热。其中，液滴辐射散热量较小，可忽略不计。由对流传热主导的热传导系数 h 与喷射气体的热导率和雷诺数有关，可表达为

$$h = \frac{k}{d}(2 + 0.6 Re^{\frac{1}{2}} Pr^{\frac{1}{3}}) \tag{2-27}$$

式中，k 为工作介质的热导率；d 为液滴直径；Re 为雷诺数；Pr 为普朗克常量。

由式(2-26)和式(2-27)可知，液滴直径越小，凝固时间越短，粉末显微组织越易于形成非晶态。

此外，对于多主元高熵合金，凝固时涉及多种元素原子的重排和再分配，由于各原子之间的化学势相互作用，长程扩散困难。从凝固动力学的角度分析，原子扩散受到阻碍，不易发生相分离，更易形成高度无序凝固组织。同时，合金的高熵效应在高温时作用更明显，可在较高温度下保持元素原子的高度混乱状态以形成非晶相，因此从热力学的角度分析，高熵合金也易于形成非晶相。

随着凝固温度的降低，高混合熵对显微组织的稳定化作用降低，发生失稳分解、有序化或脱溶现象，从而导致相变，而相变过程受到扩散速率的影响，晶体长大速度也受到抑制，最终导致纳米晶析出。图 2-30 所示为 2 号合金粉末中的纳米晶明场像及对应的选区衍射花样和暗场像。

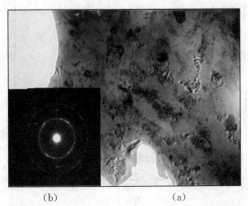
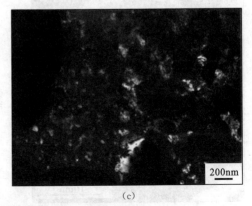

(b)　　　　　　　(a)　　　　　　　　　　　(c)

图 2-30　2 号合金粉末的纳米相 TEM 形貌(见彩色图版)

(a)明场像；(b)选区衍射花样；(c)暗场像

图 2-31 所示为三种高熵合金粉末的截面 SEM 形貌及 XRD 图谱。通过与标准 PDF 卡片对比可知，合金粉末与对应成分的铸锭相组成相同，仍然是(110)晶面处的 AlNi 中间相固溶 Co 元素形成的 BCC 固溶体和(α-Fe，Cr)BCC 固溶体为主。其中，1 号合金的混合熵相对较小，在低温凝固时对自由能较高的相稳定化作用减弱，发生脱溶分解，出现了较少的纳米析出相。2 号合金粉末的 SEM 形貌结构简单，组织较均匀，在高混合熵作用下保持了原子排列的长程无序，衍射峰减少，说明快速凝固条件提高了合金固溶度，抑制了中间相的形成。另外，由于晶体形核与长大受阻，XRD 图谱出现了漫散射峰和针状峰混合形状，表明有非晶相存在。3 号合金中 Si 元素与其他几种元素化学亲和力较强，混合熵不能完全抵消混合焓对相组成的影响，尽管冷却速率较大，但是在(100)、(111)晶面处仍形成了极少量的金属间化合物，弥散分布于固溶体基体上，低温时基体通过扩散发生调幅分解，呈现周期性的花瓣状组织。三种粉末均在(110)晶面形成主衍射峰，采用 Scherrer 公式[(式 2-28)]计算合金粉末中晶粒的平均尺寸：

$$d = \frac{K\lambda}{\beta\cos\theta} \tag{2-28}$$

式中，K 为常数，取 0.89；靶材为 Cu-kα，X 射线波长 $\lambda = 0.1540562\text{nm}$；$\beta$ 为衍射峰半高宽(左右半高宽之和)，弧度制；θ 为布拉格角，结果如表 2-22 所示。

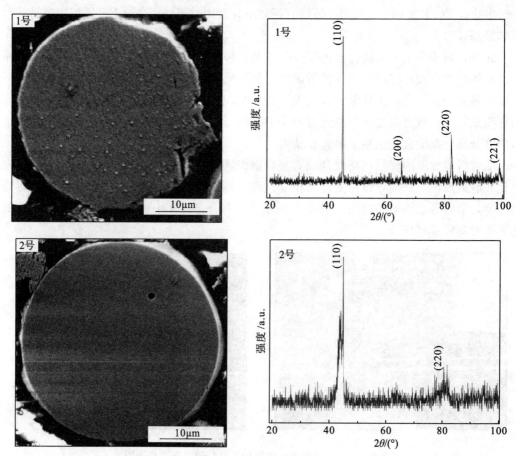

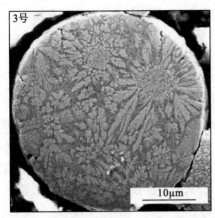 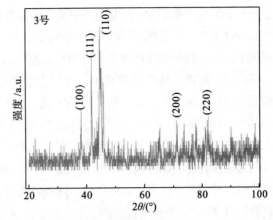

图 2-31　三种高熵合金粉末的截面 SEM 形貌及 XRD 图谱

表 2-22　粉末晶粒尺寸

试样	$2\theta/(°)$	β/rad		d/nm
		左半高宽	右半高宽	
1 号	44.8357	0.2789924	0.2556264	15.9
	65.14209	0.3321849	1.199823	6.08
	82.27797	0.6614312	0.3305538	10.5
2 号	44.77915	0.2309516	0.3195126	15.6
	81.72261	0.584157	1.107682	6.14
3 号	38.24647	0.2580622	0.0808586	24.5
	41.92579	0.1756386	0.2127939	21.65
	44.85424	0.7051685	0.3094587	8.38
	65.35336	0.6053248	0.2009128	11.6
	82.39841	2.002361	0.2871225	4.6

　　三种高熵合金粉末的 XRD 图谱均在 $40°\sim50°$ 范围内存在宽化的衍射峰，造成这种现象的原因如下：①固溶形核后，因各元素的原子半径差异造成晶格畸变加剧，形成微观应力，导致衍射峰宽化；②经计算，主衍射峰位的晶粒平均尺寸在 $8\sim16\mathrm{nm}$ 范围内，晶粒细小，这也会导致衍射峰宽化；③在多晶体内部，晶粒内的原子排列不规则，形成有位向差的亚晶，在亚晶之间形成亚晶界，这些亚结构的形成也会造成衍射峰宽化。

　　在雾化过程中，金属液滴在下落时主要通过传导和辐射与喷射气体进行热交换，最终凝固形成粉末颗粒，其显微组织特征与冷却速率密切相关。在快速凝固条件下，可通过二次枝晶间距 λ_2 反推冷却速率 ε，二者关系式表达为[141]

$$\lambda_2 = a\varepsilon^{-b} \tag{2-29}$$

式中，a、b 为实验常数。二次枝晶间距 λ_2 越小，冷却速度 ε 越大。但是气雾化粉末晶粒较小，较难分辨二次枝晶，只能定性描述冷却速率对粉末显微组织的影响。对于特定成分的合金，不同粒度粉末的凝固时间不同，冷却速率有差异，导致凝固过程不同，故显微组织随粒径变化较大。此外，喷射气体压力会影响冷却速率，随着喷射气体压力增大，气体流速加快，热量传导和散失速率增大，冷却速率升高，金属液滴凝固时晶体生长机制呈现"平面生长-胞状生长-树枝状生长"的变化规律。本研究中三种合金粉末的显微组织均含有典型枝晶组织，这说明上述粉末颗粒的冷却速率与形成枝晶组织时冷却速率的数量级相同。金属液滴直径增大，飞行速度降低，传热系数减小，冷却速率变小，凝固时释放的结晶潜热不能及时散失，补偿了邻近区域散失的热量，使已结晶区域发生再辉现象，冷却曲线出现平台，此时会形成新的晶核。待结晶潜热释放完毕，冷却曲线继续下降，因此较大颗粒易形成多晶组织。另外，较大颗粒在凝固之初会在不同部位形成多个晶核，各个固液界面前沿温度梯度不同，生长机制和长大速度各异，晶体长大后相互接触，即形成颗粒的凝固组织。相反，当金属液滴直径足够小时，冷却速率极大，散热极快，达到熔点 T_m 时没有形成晶核或晶胚，温度直接降到玻璃转变温度 T_g 时，形成非晶组织。

气雾化与水冷铜模铸造工艺不同，使相同成分合金得到的显微组织和相结构也会有较大差异。图 2-32 对比分析了三种合金的气雾化粉末与对应成分的水冷铜模铸锭的 XRD 图谱。可见，气雾化粉末与水冷铜模铸锭相比，相结构更简单，更趋向于形成单相固溶体，成分和显微结构更均匀，从而抑制了新相的生成。同时，冷却速率的提高使合金凝固时原子扩散更缓慢，固溶度增大，合金晶体结构中也因固溶了大量半径不同的原子，而使漫散射效应增强，衍射峰强度降低。在大的冷却速率下，合金对有益元素的固溶度增大，因此 3 号粉末显微组织中金属间化合物的衍射峰强度较相应水冷铜模铸锭的衍射强度弱，这说明其耐蚀耐磨性能得到改善。

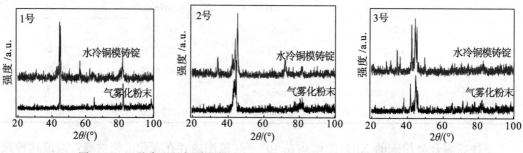

图 2-32　三种合金的气雾化粉末与对应成分的水冷铜模铸锭的 XRD 图谱

通过前述分析可知，粉末颗粒越细小，凝固时间越短，越容易形成非晶相。将粉末颗粒筛分为 20～46 μm、46～75 μm 和 75～147 μm 三个不同的粒度范围，分别进行 XRD 分析，结果如图 2-33 所示。可见，粉末粒径越小，衍射峰宽化越明显，表明非晶含量越高。由于粒径较小的粉末颗粒传热速度大，形核时间短，因此熔体在远离平衡点的较低温度下便凝固。由于晶体形核与长大被抑制，凝固组织易于保留液态合金的长程无序状态，从而提高了粉末中非晶相的含量。

粉末的粒径取决于金属液滴的破碎过程，而液滴破碎过程是在喷射气体的高速流场中实现的，因此不同的雾化工艺参数得到的粉末组织和粒度分布不同。

图 2-34 所示为粉末颗粒表面成分及元素分布的 XPS[①] 谱图。其中，图 2-34(a) 为粉

① XPS 为 X 射线光电子能谱(X-ray photoelectron spectroscopy)。

末颗粒表面全谱扫描，主要谱线包括 Fe2p、Cr2p、O1s、C1s、Si2p 和 Al2p，C 元素来自表面污染，以 C1S 对应的结合能 284.6eV 为基准校正其他谱线位置。

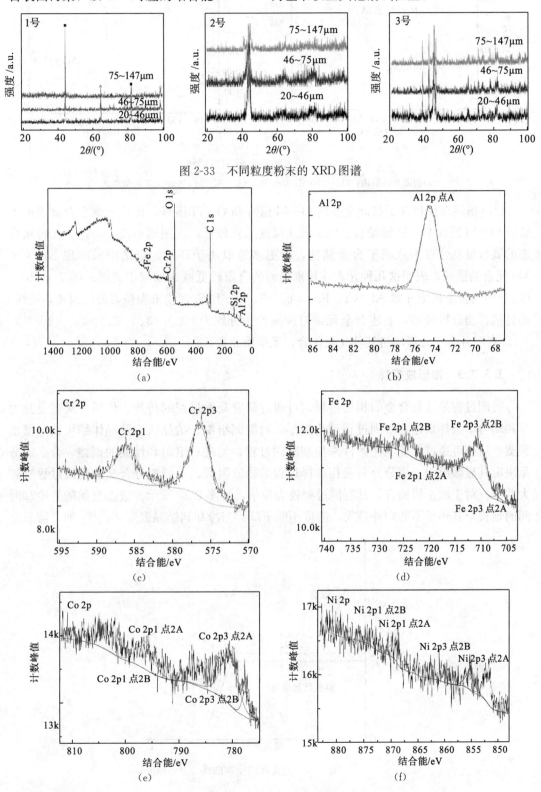

图 2-33　不同粒度粉末的 XRD 图谱

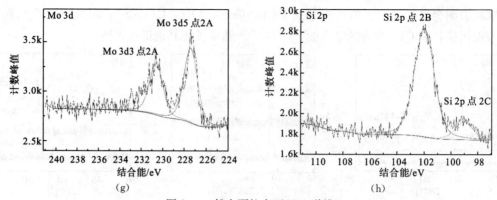

图 2-34　粉末颗粒表面 XPS 谱线

(a)表面全谱扫描；(b)~(h)Al、Cr、Fe、Co、Ni、Mo 和 Si 元素的精细谱

O1s 谱线至少包含了彼此交叠的 O—M 谱峰和 O—H 谱峰，即氧元素在合金表面主要以 O—M 键和 O—H 键结合。O2s 谱线强度通常较低，在图谱中没有表达。几种结合态的氧含量及分布不依赖于合金结构，而更多地取决于环境。全谱中未出现 Ni、Co、Mo 元素的谱线，表明这几种元素在粉末表面的含量较低或未偏聚于表面。图 2-34(b)~(h)分别为合金组成元素 Al、Cr、Fe、Co、Ni、Mo 和 Si 在粉末颗粒表面层的核心谱线。通过结合能分析可知，上述合金元素对应的价态分别为+3、+3、+2、+2、+2、+3、+4，表明各合金元素均与其他元素化合，无单质元素存在。

2.3.7.3　相形成规律

凝固过程是液态合金的相变过程，可通过研究凝固过程的传热、传质、对流及热力学和动力学条件来建立凝固过程理论模型，对凝固组织、结晶状态及晶体结构缺陷做出预测，从而可通过改变工艺条件来控制凝固过程，实现对组织和性能的调控。合金成分是决定其显微组织、成分分布及相选择过程的物质因素，不同成分合金的凝固过程有较大差异。对于纯金属而言，其凝固过程较为简单，如图 2-35 所示。液态金属随着冷却时间的延长，其热量不断向外散失，温度不断下降；当冷却到结晶温度（a 点）时，液态金

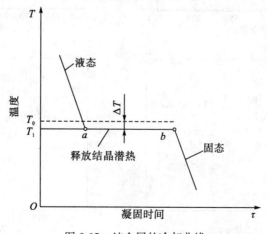

图 2-35　纯金属的冷却曲线

属开始结晶，在结晶过程中释放出来的结晶潜热补偿了散失在空气中的热量，因而结晶时温度并不随着时间的延长而降低，直至结晶终了（b 点）时才继续下降；冷却速率越大，过冷度越大。对于传统多相合金的凝固，可通过相图来研究成分、相组成和温度之间的关系，预测其组织和性能。

高熵合金组成元素多，且成分点位于相图中心，很难建立成分、相和温度的关系。很多学者通过将相近元素归类、简化合金成分、构造伪三元相图、去除对合金相组成影响小的元素来分析凝固和相变过程，这种方法具有一定的随机性。

由于快速凝固条件下，凝固过程的各种传输现象受到抑制，凝固偏离平衡，经典凝固理论中的平衡条件不再适用。

在气雾化过程中，金属液滴的传热模式可表达为[142]

$$C_{d1}\frac{\mathrm{d}T_d}{\mathrm{d}t} = -\frac{6h}{\rho_d d_d}(T_d - T_G) - \frac{6\varepsilon\sigma}{\rho_d d_d}(T_d^4 - T_w) \tag{2-30}$$

式中，C_{d1} 为对应成分合金的比热容；T_d、T_G、T_w 分别为金属液滴温度、雾化气体温度和雾化腔壁温度；h 为热传导系数；ε、σ 分别为黑度和 Stefan-Boltzman 系数；ρ_d、d_d 分别为液态合金的密度和液滴直径。金属热传导系数较高，且体积较小，可忽略液滴自身因热传导导致的温度梯度。

金属液滴温度因热传导而下降，直至完全凝固形成球形粉末颗粒，冷却曲线如图 2-36 所示。

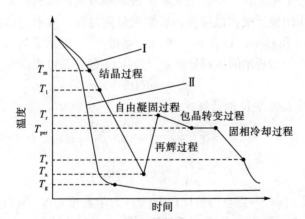

图 2-36　金属雾化过程冷却曲线示意图

T_m 为熔点温度；T_1 为液相线温度；T_x 为结晶温度；T_r 为再辉温度；

T_{per} 为包晶转变温度；T_s 为固态粉末温度；T_g 为玻璃转变温度

由图 2-36 可以看出，较大金属液滴的冷却过程通常为图中曲线Ⅰ描述的五个阶段（图 2-37）：①液相冷却至 T_1 后的结晶过程[图 2-37(a)]；②随温度下降过冷度增大的晶体不断形核和长大的自由凝固过程[图 2-37(b)]；③至温度 T_x 后积累的大量结晶潜热导致的再辉过程[图 2-37(c)]；④凝固枝晶区的熔化及新晶核形成后的包晶转变过程[图 2-37(d)~(e)]；⑤结晶潜热释放完毕后的固相冷却过程[图 2-37(f)]。

对于较小的金属液滴，气雾化冷却速率足够大时，可能经历图 2-36 中曲线Ⅱ所示的冷却过程，液态合金以极大冷却速率降到玻璃转变温度 T_g 后，凝固形成非晶态颗粒。

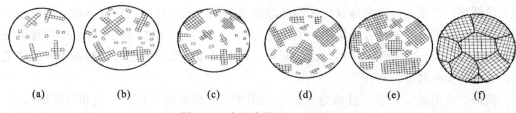

图 2-37　大液滴结晶过程示意图

本研究中高熵合金粉末的快速凝固包括上述两种情形，即大颗粒为多晶凝固组织，而小颗粒被快速冷却形成非晶态颗粒。快速冷却条件下凝固过程的特征在于组织的溶质分配系数偏离平衡，偏析倾向减小，形核率高，晶粒细化甚至非晶化，平衡相被抑制，析出非平衡亚稳相。快速凝固过程所需时间很短，自然对流的作用可忽略，因此热传导成为影响凝固过程的主要因素。三种合金形成了以纳米固溶体为基体，非晶相弥散分布的枝晶结构；其中，3 号合金中由于 Al、Si 元素与金属元素化学势作用强，在快速冷却条件下仍然形成了中间析出相，凝固热力学分析不能完全描述高熵合金粉末在快速冷却条件下的凝固过程。因此，可通过动力学分析，阐释高熵合金粉末在气雾化快速冷却条件下的凝固过程。

气雾化过程冷却速率较大，在稳定的平衡相形成前，亚稳相由于具有较低的固液界面能首先形核，且由于温度急剧下降，亚稳相得不到向稳定相转变的激活能，可能被保留在固态组织中。稳定相的长大受合金元素扩散影响较大，高熵合金中元素较多，各元素间的化学亲和力作用使元素扩散缓慢，影响相分离过程，故平衡相易于固溶多种合金元素原子。Uhlmann 和 Davies 以 TTT[①] 曲线为基础[141]，提出了热力学和动力学混合分析的方法，冷却过程中相析出的体积分数 φ_s 与时间 t 的关系可表示为

$$\varphi_s = uR^2 t^4 \tag{2-31}$$

其中，形核率 u 与生长速率 R 的计算式分别为

$$u = \frac{kTN_n}{3\eta(T)a^3}\exp\left(-\frac{\Delta W}{kT}\right) \tag{2-32}$$

$$R = \frac{D}{a}\left[1 - \exp\left(\frac{\Delta G_V}{kT}\right)\right] \tag{2-33}$$

式中，a 为原子间距；$\eta(T)$ 为动力黏度；T 为热力学温度；N_n 为形核点数量；ΔW 为形核功；k 为 Boltzmann 常量；D 为溶质扩散系数；ΔG_V 为体积吉布斯自由能。

合金凝固组织中各相的形成次序是由形核与生长过程控制的，其中形核率 u 起主要作用。稳定相与各种非稳定相的热力学参数不同，导致形核率和过冷度不同。

根据过渡形核理论[143]，过冷熔体中不同相的形核孕育时间 τ 可描述为

$$\tau = \frac{7.2Rf(\theta)}{1-\cos\theta}\frac{a^4}{X_{L,\text{eff}}}\frac{T_t}{d_a^2 D\Delta S_m \Delta T_t^2} \tag{2-34}$$

$$f(\theta) = 0.25(2 - 3\cos\theta + \cos3\theta) \tag{2-35}$$

$$T_t = \frac{T}{T_m} \tag{2-36}$$

---

① TTT 为 time-temperature-transformation 曲线。

式中，θ 为晶核与基底的润湿角；$X_{L,eff}$ 为有效合金浓度；T_m 为液相线温度；ΔS_m 为摩尔熔化熵；R 为气体常数；d_a 为固溶相平均原子半径；D 为过冷熔体的扩散系数；a 为原子跃迁距离。

过冷熔体中，竞争相的形核孕育时间越短，越优先于其他相析出。对于高熵合金快速凝固粉末，仍然很难确定显微结构中固溶体或金属间化合物析出的先后顺序，因此，可通过分别确定过冷熔体中可能形成相的形核孕育时间，判断其析出的先后顺序。假定 n 元高熵合金过冷熔体中析出的固溶体相为置换式，固溶原子随机占据点阵位置，则 $X_{L,eff}$ 和 a 可定义为 1；若金属间化合物为 AB 型二元化合物，则 $X_{L,eff}$ 和 a 可分别定义为 $1/n$ 和 $n/2$；本研究中三种高熵合金快速凝固时过冷熔体形成固溶体与金属间化合物的 $a^4/X_{L,eff}$ 值列于表 2-23 中，图 2-38 所示为 $a^4/X_{L,eff}$ 随组元数增加的变化趋势。

表 2-23　1 号~3 号合金过冷熔体形成固溶体与金属间化合物的 $a^4/X_{L,eff}$ 值

物相类别	1 号	2 号	3 号
固溶体	1	1	1
金属间化合物	195.3125	486	1050.4375

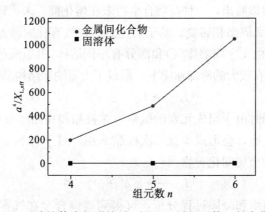

图 2-38　过冷熔体中相形核时 $a^4/X_{L,eff}$ 随组元数 n 的变化趋势

可见，由于金属间化合物的原子跃迁距离随合金组元数的增多而增大，其 $a^4/X_{L,eff}$ 值急剧增加，使金属间化合物形核孕育时间较形成固溶体长，从而在过冷熔体中抑制了金属间化合物的出现，降低了粉末组织中金属间化合物的含量。

此外，合金的摩尔熔化熵 ΔS_m 可表达为

$$\Delta S_m = \frac{\Delta H_m}{T_m} \tag{2-37}$$

可见，ΔS_m 与摩尔熔化焓 ΔH_m 有关，但相同组元数合金的摩尔熔化焓相同，所以 ΔS_m 随液相线温度 T_m 变化，合金液相线温度可通过差热分析来确定。

采用差热扫描分析仪在不同升温速率下测定三种合金粉末的 DSC 曲线。测量前，用纯 Ag、纯 Al 和纯 Ni 标准样品进行温度与热焓校准；粉末样品分别取 5~10mg，置于 Al_2O_3 坩埚内；抽真空后，充入高纯氩气。

图 2-39 所示为各粉末的 DSC 升温曲线。可见，三种高熵合金粉末均在 1380~1410℃

范围内出现吸热峰，表明合金液相线温度基本相同，未随合金组元数发生较大变化，说明合金的摩尔熔化熵 ΔS_m 对过冷熔体各相的形核孕育时间影响不大。

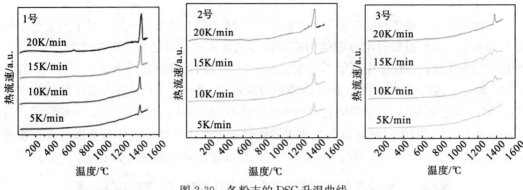

图 2-39　各粉末的 DSC 升温曲线

通过上述分析可知，液态高熵合金快速凝固时会影响竞争相的形核孕育时间，抑制金属间化合物的出现，由于 Al、Si 元素易于与其他几种合金元素结合，因此仅形成极少量的金属间化合物，且较铸态条件下含量减少。

同时，由图 2-39 可以看出，三种高熵合金粉末在熔化前，未出现明显的吸热峰或放热峰，合金热稳定性高，无固态相转变。基于上述分析，气雾化时液态合金破碎后，较大颗粒发生多晶凝固，形成由无序固溶体(α)和部分有序固溶体(β)组成的枝晶组织，由于各相的形核孕育时间不等，在较大的冷却速率下，形成了大量纳米结构晶粒，发生的反应为

$$L \longrightarrow L_d + \alpha + \beta \tag{2-38}$$

液态高熵合金凝固时由于组成元素的偏聚，在枝晶和枝晶间形成不同成分的固溶相，在固液界面出现成分过冷，会形成少量二次枝晶 γ 相。对于含 Si 的 3 号合金粉末，则在二次枝晶区形成少量的金属间化合物：

$$L_d \longrightarrow \alpha + \beta + \gamma \tag{2-39}$$

因此，结合凝固组织和凝固过程分析，可得到高熵合金在气雾化快速冷却条件下的凝固模型，如图 2-40 所示。

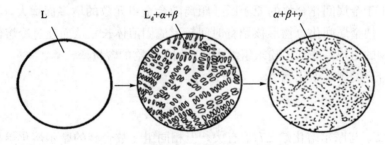

图 2-40　高熵合金快速凝固过程模型

特别地，液态合金在喷射气体作用下破碎形成的较小液滴在高冷却速率下，未及形核而凝固形成无显微衬度的非晶组织。

综上所述，液态高熵合金在气雾化快速冷却条件下，其凝固过程及相选择过程可用图 2-41 描述：高熵合金熔体在高速气流的扰动作用下，破碎形成大小不一的金属液滴，

由于冷却过程不同，过冷熔体中各相的形核孕育时间也不相同，较大液滴在经历结晶、凝固、再辉、包晶转变和冷却阶段后，形成多晶组织；较小液滴直接形成非晶态组织。

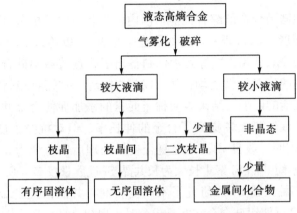

图 2-41　高熵合金粉末凝固相选择过程示意图

2.4　铝硅系合金材料设计

2.4.1　概念与特点

铝硅系合金是一种以铝、硅为主要成分，同时添加少量铜、铁、镍等元素来合金化的铸造或锻造合金；属于铝基合金材料的一种，通常被称为 4000 系铝基合金。目前，工业上通用的铝硅系合金中的 Si 元素含量（质量分数）主要处于 0.6%～23% 范围内，据此可将铝硅系合金分为亚共晶铝硅合金、共晶铝硅合金、过共晶铝硅合金及高硅铝合金等。

相较于其他体系的铝基合金材料，铝硅系合金因 Si 元素含量的不同而性能特点各异：①当 Si 元素含量为 1% 左右时，铝硅系合金的延展性较好，常用于制造变形铝合金件；②当 Si 元素含量为 7% 左右时，铝硅系合金熔体的填充性较好，常用于制造铸造铝合金件；③当 Si 元素含量介于 Al-Si 合金共晶点附近（11%～13%）时，铝硅系合金中的初晶硅以颗粒形式存在，可有效增加材料的耐磨性与耐热性，可用于制造汽车发动机气缸等零件；④当 Si 元素含量明显超过 Al-Si 合金共晶点（15%～20%）时，铝硅系合金兼具耐磨、耐蚀、耐热等优点，且几何尺寸稳定，是制造发动机气缸、活塞的理想材料；⑤当 Si 元素含量高于 22% 时，铝硅系合金具有密度小、质量小、热导率高、热膨胀系数低、体积稳定性好、耐磨耐蚀性佳等优点，主要应用于制造大功率集成电路封装器件、光学框架、重载车辆发动机缸套、制动盘等。

2.4.2　设计基础

目前，国内外用于镁合金表面防护的铝系材料主要包括纯 Al、Al-Zn、Al-Si[144-146]等。应用实践表明，上述材料均能在一定程度上提高镁合金的耐蚀性与耐磨性，尤其是铝硅(Al-Si)系合金材料的应用最为广泛，研究也最为深入。

2.4.2.1　成分设计优化方面

为进一步提升铝硅系合金的综合性能，国内外学者主要从成分优化、稀土改性、变质处理等角度对其开展了深入研究。例如，范应光等[147]以传统 ZL101 铸造铝硅合金为基础，通过添加 Cu、Ni、Mn、V 等元素，制备出了改良铸造铝硅合金，该合金常温下在酸、碱、盐介质中的耐腐蚀性能均优于 ZL101 合金。尹卓湘和刘利[148]等研究了稀土对亚共晶铝硅合金性能的影响，结果表明稀土元素的添加促使合金共晶体与基体间形成了一种新的过渡相，该新相大幅提高了合金的伸长率，但对抗拉强度的改善效果有限。杨启杰等[149]的研究表明，改良 ZL101 经复合变质处理后，呈现为 α-Al＋共晶 Si 组织，独立的 α-Al 相较少，短共晶 Si 聚集长大为长共晶 Si 且数量较多，强化了 α-Al 基体，提高了合金力学性能。孟宪状等[150]研究了不同变质剂对共晶铝硅合金微观组织的影响，RE 可球化共晶硅；P 可使铝硅合金在共晶成分时出现初晶硅；P＋RE 联合变质时，P 有毒化 RE 变质共晶硅的作用，使合金组织中的共晶硅没有单独 RE 变质时球化效果好。刘贵昌等[151]研究了不同 Si 含量的铝基合金在烟气冷凝液中的腐蚀行为，当 Si 含量为 13％（质量分数）时，合金中形成了较多的纤维状共晶体，其均匀分布于铝基体中，从而使合金的耐孔蚀能力增强。

2.4.2.2　制备方法研究方面

为进一步控制铝硅系合金的组织缺陷，国内外学者主要从外加磁场、熔体处理、热压处理、热处理等角度开展了深入研究。例如，段红萍[152]的研究表明，随着磁场强度的增加，共晶铝硅合金显微组织中初晶 Si 的数量减少、尺寸变小、外形圆润化，且共晶相间距增大。张微微和李廷顺[153]开展了对电磁振荡条件下亚共晶铝硅合金微观组织变化的试验研究，结果表明随着电磁振荡强度的增大，共晶硅形貌由粗大的针片状逐渐转变为细化的颗粒状和纤维状。王小丽等[154]研究了高低温熔体混合处理对 Al-20Si 过共晶铝硅合金凝固组织的影响，处理后，过共晶铝硅合金具有了过共晶与亚共晶铝硅合金的组织特点，初晶硅和 α-Al 固溶体同时得到细化。徐荣政[155]采用喷射成形法及热压处理工艺制备了 Al-13Si-2Cu-0.5Y 铝硅合金，热压处理后，合金无明显空隙、孔洞缺陷，组织更为致密均匀。赵润娴和王志奇[156]研究了等通道转角挤压对铝硅合金组织的影响，验证了该工艺在晶粒细化方面的有效性。常芳娥等[157]研究了热处理对无凝固收缩铝硅合金组织与性能的影响，结果表明随着固溶温度的升高，合金中化合物相减少，共晶硅和初生硅球化，显微硬度呈现出先增大后减小的变化规律。

2.4.3　设计思路

本研究面向大气环境与常规耐磨工况，基于工业应用实践经验，首先在亚共晶铝硅合金、共晶铝硅合金和过共晶铝硅合金三个类别中，分别选择代表性成分的典型牌号进行熔炼，获得铸锭，进而通过组织、成分及耐腐蚀性能分析，优选确定合金成分；然后，利用优选确定成分的铝硅合金铸锭，采用气体雾化法制备粉体材料，通过调整雾化压力、雾化温度等工艺参数获得一定形状的铝硅合金粉体材料，并对粉体进行筛分，以分析粉体的形状及尺寸分布，得出雾化工艺对粉体特性的影响规律；最后，利用制备的气雾化粉体，采用低温超音速喷涂技术进行涂层制备，通过涂层的组织表征、结合强度、耐磨性与耐蚀性测试，评价铝硅系合金材料的综合性能，并揭示 Si 元素的作用机制，同时逆向反馈指导材料成分设计，合金设计的总体思路如图 2-42 所示。

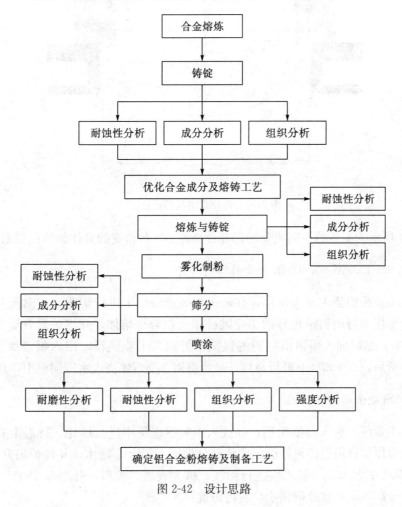

图 2-42　设计思路

2.4.4　材料制备

本研究基于相关文献检索，同时结合课题组前期实验数据，优选了成分为 Al-1.9Si-1.32Mg-0.40Mn 的低硅铝合金、成分为 Al-13Si 的中硅铝合金和成分为 Al-18Si-0.01P 的高硅铝合金进行合金熔炼，以获得铸锭。

合金熔炼的原材料主要采用工业纯铝(99.7%，质量分数)、工业纯硅(99.2%，质量分数)、工业纯镁(99.9%，质量分数)、锰剂(75%，锰含量)及铝磷中间合金(Al-4.5P)。

采用 DC 铸造方式进行几种铝合金的熔铸实验。采用先进的热顶式结晶器(图 2-43)，该结晶器内套由锻铝加工而成，内嵌石墨环。铸造过程中熔体在石墨环上开始凝固并凝成一个固态坯壳，然后将凝固的坯壳牵引出铸模，在坯壳上直接喷水进行冷却，最终得到所需形状和尺寸的锭坯。

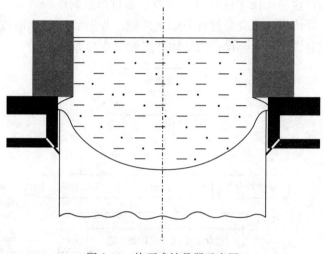

图 2-43　热顶式结晶器示意图

图 2-44 所示为制备的不同成分的铝硅合金铸锭，各铸锭的具体熔炼过程如下：

1）Al-1.9Si-1.32Mg-0.40Mn 合金的熔铸工艺

首先将工业纯铝装入石墨坩埚，并放入中频感应炉中进行熔化，待温度升至 850℃时，用钛合金压罩将用铝箔包好的工业纯硅压入铝合金熔体，并将炉温升至 920℃，再降温至 760℃；然后加入用铝箔包裹的锰剂，再加入工业纯镁，用六氯乙烷进行除气，扒去表面浮渣后，在 730℃下进行浇铸；最后将铝合金熔体浇入水冷铜模中，获得铸锭。

2）Al-13Si 合金的熔铸工艺

首先将工业纯铝装入石墨坩埚，并放入中频感应炉中进行熔化，待温度升至 850℃时，用钛合金压罩将用铝箔包好的工业纯硅分批压入铝合金熔体，并将炉温升至 920℃，再降温至 750℃；然后用六氯乙烷进行除气，扒去表面浮渣后，升温至 780℃进行浇铸；最后将铝合金熔体浇入水冷铜模中，获得铸锭。

3）Al-18Si-0.01P 合金的熔铸工艺

首先将工业纯铝装入石墨坩埚，并放入中频感应炉中进行熔化，待温度升至 850℃时，用钛合金压罩将用铝箔包好的工业纯硅分批压入铝合金熔体，并将炉温升至 920℃，再降温至 750℃；然后用六氯乙烷进行除气，扒去表面浮渣后，将温度升至 820℃，用压罩压入 Al-4.5P 合金，在 820℃下保温 20min 后，在 800℃下进行浇铸；最后将铝合金熔体浇入水冷铜模中，获得铸锭。

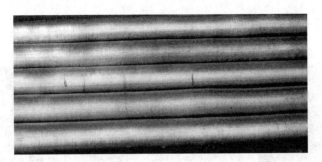

图 2-44　制备的不同成分的铝硅合金铸锭

2.4.5　铸态铝硅系合金的基本特性

2.4.5.1　微观组织

图 2-45 所示为不同倍率下 Al-1.9Si-1.32Mg-0.40Mn 铸锭的微观组织。可见，当 Si 含量较低时，其微观组织为树枝状枝晶组织，晶粒近蔷薇状，晶粒尺寸约为 200μm，二次枝晶臂间距较小且存在着一定数量的条状中间相；组织中大部分面积为铝基体。

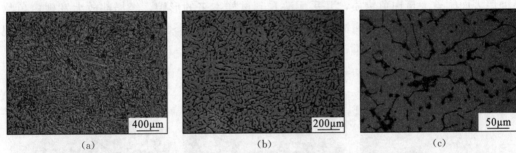

| (a) | (b) | (c) |

图 2-45　不同倍率下 Al-1.9Si-1.32Mg-0.40Mn 合金的微观组织

图 2-46 所示为不同倍率下 Al-13Si 合金的微观组织。可见，当 Si 含量处于共晶成分点附近时，其微观组织由较粗大的白色树枝状 α-Al 相、黑色片状共晶硅相和灰色块状初晶硅相互交织组成，块状初晶硅及片层状共晶硅分布在树枝状 α-Al 周围；组织中铝基体的面积减小。

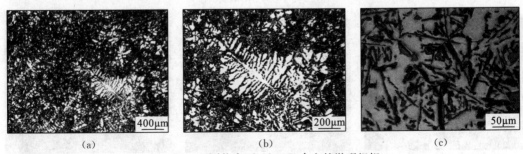

| (a) | (b) | (c) |

图 2-46　不同倍率下 Al-13Si 合金的微观组织

图 2-47 所示为不同倍率下 Al-18Si-0.01P 合金的微观组织。可见，当 Si 含量较高时，其微观组织中出现了大量的块状初晶硅，呈灰色，尺寸约为 20μm，几何形状不规则，分

布比较均匀；同时，组织中还有白色的 α-Al 及片层状共晶硅；白色铝基体的面积进一步减小。

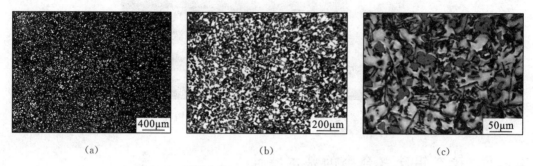

(a)　　　　　　　　　(b)　　　　　　　　　(c)

图 2-47　不同倍率下 Al-18Si-0.01P 合金的微观组织

2.4.5.2　耐蚀性能

图 2-48～图 2-50 所示为不同铝硅合金试样经盐雾腐蚀后的表面形貌。可见，不同硅含量的铝硅合金表现出的耐盐雾腐蚀性能差别较大。当 Si 含量为 1.9% 时，铝硅合金表面出现了较深的腐蚀坑，表面附着很多白色晶体颗粒。当 Si 含量为 13% 时，试样经盐雾腐蚀后表面附着大量白色物质，几乎无法看到试样本来的形貌，经局部放大发现白色物为晶体状盐皮，而涂层基体腐蚀较为轻微。当 Si 含量为 18% 时，铝硅合金只在局部出现盐雾腐蚀白点，表面破坏最小，耐盐雾腐蚀性能良好。

(a)　　　　　　　　　(b)　　　　　　　　　(c)

图 2-48　Al-1.9Si-1.32Mg-0.40Mn 合金的盐雾腐蚀形貌

(a)6 倍；(b)24 倍；(c)40 倍

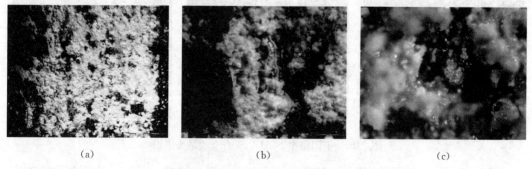

(a)　　　　　　　　　(b)　　　　　　　　　(c)

图 2-49　Al-13Si 合金的盐雾腐蚀形貌

(a)6 倍；(b)24 倍；(c)40 倍

(a)　　　　　　　　　　　　(b)　　　　　　　　　　　　(c)

图 2-50　Al-18Si-0.01P 合金的盐雾腐蚀形貌

(a)6 倍；(b)24 倍；(c)40 倍

综合上述研究，采用水冷铜模浇铸法制备了成分为 Al-1.9Si-1.32Mg-0.40Mn 的亚共晶铝硅合金、成分为 Al-13Si 的共晶铝硅合金和成分为 Al-18Si-0.01P 的过共晶铝硅合金铸锭。随着 Si 元素含量的升高，试样微观组织发生了较大变化。Al-1.9Si-1.32Mg-0.40Mn 合金主要为树状枝晶组织，Al-13Si 合金由枝状 α-Al 相、片状共晶硅相和初晶硅相组成，Al-18Si-0.01P 合金包含大量均匀分布的初晶硅相、部分共晶硅相和少量的 α-Al相。Si 元素含量对铝硅系合金的耐腐蚀性能影响较大，在实验研究范围内，随着硅含量的增加，试样耐腐蚀性能逐渐增强；当 Si 元素含量在 13%~18%范围内时，铝硅系合金均具有较为优异的耐腐蚀特性，满足大气服役环境与常规耐磨工况下作为镁合金表面防护材料的基本要求。

2.4.6　铝硅系合金粉体的基本特性

基于上述研究，以成分为 Al-15Si 的铸锭作为母合金，采用气雾化法进行粉体制备。该方法具有冷却速率大等优点，可有效抑制原子扩散及再分配，减少成分偏析，提高固溶度，使制备的粉体材料组织与成分更加均匀。

具体制粉工艺如下：将 Al-15Si 母合金用感应线圈加热至熔化，通过环形喷嘴通入氮气(气流压力大于 0.3MPa，气流速度大于 280m/s)。采用高纯氮气作为雾化介质，避免了雾化过程中金属液滴的氧化，使制备的铝硅合金粉体材料更加纯净，同时避免了环境污染，且可通过调整氮气压力与流速来控制粉体粒度，提高收粉率。

图 2-51 所示为铝硅合金粉体的表面形貌。粉材颗粒呈球形或类球形，表面光洁，无明显不规则凸起或凹陷；粒度在 37.5~75μm 范围内的粉体的质量分数达 90%以上；采用 TC-436 氧氮测定仪测得粉体的氧含量为 0.075%，氮含量为 0.0044%，满足使用要求。

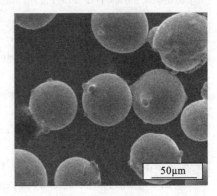

图 2-51　铝硅合金粉体的表面形貌

参 考 文 献

[1]曹楚南. 中国材料的自然环境腐蚀[M]. 北京：化学工业出版社，2005：221-237.

[2]霍宏伟，李瑛，王赫男，等. 镁合金的腐性与防护[J]. 材料导报，2001，15(7)：25-27.

[3]郝献超，周婉秋，郑志国. AZ31 镁合金在 NaCl 溶液中的电化学腐蚀行为研究[J]. 沈阳师范大学学报，2004，22(2)：117.

[4]Inoue A. The effect of aluminum on mechanical properties and thermal stability of（Fe，Co，Ni)-Al-B ternary amorphous alloys[J]. Journal of Materials Science，1981，16(7)：1895-1908.

[5]Tsai A P, Inoue A, Masumoto T. Formation of metal-metal type aluminum based amorphous alloys[J]. Metallurgical Transactions A：Physical Metallurgy and Materials Processing Science，1988，19 (5)：1369-1371.

[6]Inoue A. Development of compositional short-range ordering in $Al_{50}Ge_{40}Mn_{10}$ amorphous alloy upon annealing[J]. Journal of Materials Science Letters，1987，6(7)：811-814.

[7]He Y, Poon S J, Shiflet G J. Synthesis and properties of metallic glasses that contain aluminum[J]. Science，1988，241 (4873)：1640-1642.

[8]Guo F Q, Poon S J. Glass formability in Al-based multinary alloys[J]. Materials Science Forum，2000，331-337(31)：31-42.

[9]李传福，张传江. Al-Zn-Ce 合金的非晶形成能力及其晶化行为研究[J]. 金属功能材料，2010，8(4)：11-14.

[10]Inoue A, Zhang T. Glass-forming ability of alloys[J]. Journal of Non-Crystalline Solids，1993，156-158(2)：473-480.

[11] Greer A L. Heregulin induces tyrosine phosphorylation of $HER_4/p180erbB_4$ [J]. Nature，1993，366 (6453)：303-304.

[12]Turnbull. Under what conditions can a glass be formed[J]. Contemporary Physics，1969，10(5)：473-488.

[13]Miracle D B. A structural model for metallic glasses[J]. Nature Materials，2004，3(10)：697-702.

[14]V. Louzguine，A. Inoue，W. J. Botta. Reduced electronegativity difference as a factor leading to the formation of Al-based glassy alloys with a large supercooled liquid region of 50K[J]. Applied Physics Letters，2006，88：011911.

[15]Louzguine D V, Inoue A. Strong influence of supercooled liquid on crystallization of the $Al_{85}Ni_5Y_4Nd_4Co_2$ metallic glass[J]. Applied Physics Letters，2001，78(20)：3061-3063.

[16]Poon S J, Shiflet G J, Guo F Q. Glass formability of ferrous- and aluminum-based structural metallic alloys[J]. Journal of Non-Crystalline Solids，2003，317(1-2)：1-9.

[17]Senkov N, Miracle D B. Effect of the atomic size distribution on glass forming ability of amorphous metallic alloys [J]. Materials Research Bulletin，2001，36(12)：2183-2198.

[18]Lu Z P. A new glass forming ability criterion for bulk metallic glasses[J]. Acta Materialia，2002，1：1.

[19]Ma S, Zhang J, Chang X C, et al. Electronegativity difference as a factor for evaluating the thermal stability of Al-rich metallic glasses[J]. Philosophical Magazine Letters，2008，88(12)：917-924.

[20] Yang B J. Developing aluminum based bulk metallic glasses [J]. Philosophical Magazine，2010，90(23)：3215-3231.

[21]Sheng H W, Luo W K. Atomic packing and short-to-medium-range order in metallic glasses[J]. Nature，2006，439 (7075)：419-425.

[22]Inoue A, Kawamura Y. Novel hexagonal structure and ultrahigh strength of Magnesium solid solution in the Mg-Zn-Y system[J]. Journal of Metals，2001，16(7)：1894-1900.

[23]Kim H S, Hong S I. A model of the ductile-brittle transition of partially crystallized amorphous Al-Ni-Y alloys[J]. Acta Materialia，1999，47 (7)：2059-2066.

[24]Greer A L. Partially or fully devitrified alloys for mechanical properties[J]. Materials Science, 2001, 304: 68-72.

[25]Calin M, Grahl H, Adam M, et al. Synthesis and thermal stability of ball-milled and melt-quenched amorphous and nanostructured Al-Ni-Nd-Co alloys[J]. Journal of Materials Science, 2004(39): 5295-5298.

[26]Foley J C, Allen D R, Perepezko J H. Analysis of nanocrystal development in Al-Y-Fe and Al-Sm glasses [J]. Scripta Mater, 1996, 35(5): 655-660.

[27]Cotton J D, Kaufman M J. Microstructural evolution in rapidly solidi-fied Al-Fe alloys: an alternativeexplaination [J]. Metallurgical Transactions A, 1991, 22(3): 927-934.

[28]张传江, 李传福. Al-Fe-Ce 非晶合金中的二十面体短程序[J]. 中国稀土学报, 2009, 27(2): 258-260.

[29]许爱华. Al-TM-Ce 合金微结构演化及影响因素的研究[D]. 山东: 山东大学, 2004.

[30]李传福, 张川江. Al-Fe-Ce 合金的非晶形成能力及晶化行为研究[J]. 金属功能材料, 2010, 17(4): 10-12.

[31]Zhang L, Chen L. The influence of compound-forming tendency on Al-based-glass formability[J]. Journal of Physics: Condensed Matter, 2001, 13(26): 5947-5955.

[32]赵芳, 吴佑实, 张川江, 等. Ni, Fe 对 $Al_{90}TM_5Ce_5$ 非晶合金稳定性的影响[J]. 材料科学与工程, 2002, 20(2): 235-237.

[33]Kim Y H, Choi G S, Kim I G, et al. High change in amorphous Al-Ni-Fe-Nd alloys[J]. Material Transact ions, JIM, 1996, 37(9): 1471-1478.

[34]Inoue A, Kimura H. Fabrications and mechanical properties of bulk amorphous, nanocrystalline, nanoquasicrystalline alloys in aluminum-based [J]. Journal of Light Metals, 2001, 1: 31-41.

[35]Kim T S, Hong S J. Structural change of the melt spun Al-10Ni-5Y by the addition of 1%Sr [J]. Materials Science and Engineering, 2001, 311: 226-231.

[36]Yang B J, Yao J H, Yang H W, et al. Al-rich bulk metallic glasses with plasticity and ultrahigh specific strength [J]. Scripta Materialia, 2009, 61(4): 423-426.

[37]Ohtera K, Inoue A, Terabayashi T. Mechanical properties of an Al88.5Ni8Mm3.5 (Mm=misch metal) plus fcc-Al phase powders[J]. Material Transactions, 1992, 33(8): 775-781.

[38]Chen Z H, Jiang X Y, Wang Y. Super high pressure consolidation of Al-based alloyquasicrystalline Powders[J]. Scripta Material, 1991, 25(1): 159-163.

[39]增本健, 顾景诚. 高强度铝基非晶形合金的开发[J]. 轻合金加工技术, 1989, 10: 43-46.

[40]Wang L M, Ma L Q, Inoue A. Amorphous forming ability and mechanical properties of rapidly solidified Al−Zr-LTM (LTM: Fe, Co, Ni and Cu) alloys[J]. Materials Letters, 2002, 52(1): 47-52.

[41]Inoue A, Kimura H, Sasamori K. High strength Al-V-M (M=Fe, Co or Ni) alloys containing high volume fraction of nano scale amorphous precipitates[J]. Material Transactions, 1995, 36(10): 1219-1228.

[42]Carlo K R, Escoriala G, Lieblich M. Amorphous and nano-structured Al-Fe-Nd powders obtained by gas atomization[J]. Materials Science and Engineering A, 2001, 315(2): 89-97.

[43]范洪波, 曹福洋, 蒋祖龄. 铝基非晶合金的制备方法及性能[J]. 材料导报, 1997, 11(2): 13-15.

[44]Alves H, Ferreira M G S. Corrosion behavior of nanocrystalline($Ni_{70}Mo_{30}$)$_{90}$B$_{10}$ alloys in 0.8M KOH soluation [J]. Corrosion Science, 2003, 45(8): 1833-1845.

[45]Inoue A. Amorphous, nanoquasicrystalline and nanocrystalline alloys in Al-based systems [J]. Progress in Materials Science, 1998, 43(5): 365-520.

[46]Creus J, Billard A, Sanchette F. Corrosion behavior of amorphous Al-Cr and Al-Cr-(N) coatings deposited by dc magnetron sputtering on mild steel substrate[J]. Thin Solid Films, 2004, 466(1-2): 1-9.

[47]Sweitzer J E, Shiflet G J. Localized corrosion of $Al_{90}Fe_5Gd_5$ and $Al_{87}Ni_{8.7}Y_{4.3}$ alloys in amorphous, nanocrystalline and crystalline states resistance to micrometer-scale pit formation [J]. Electrochimica Acta, 2003, 48(9): 1223-1234.

[48]Jakab M A, Scully J R. On-demand release of corrosion-inhibiting ions from amorphous Al-Co-Ce alloys[J]. Nature Materials, 2005, 4(9): 667-670.

[49] Johnson W C, Zhou P, Lucente A M, et al. Composition profiles around solute lean, spherical nanocrystalline precipitates in an amorphous matrix——implications for corrosion resistance. Metallurgical and Materials Transactions, 2009(40A): 757-767.

[50] 褚维, 陈国钧. 大块非晶合金的研究进展[J]. 磁性材料及器件, 1999, 30(1): 7-11.

[51] 吴学庆, 马蓉, 檀朝桂, 等. $Al_{88}Ni_6La_6$ 非晶及非晶化薄带的腐蚀行为研究[J]. 稀有金属材料与工程, 2007, 36(9): 1668-1671.

[52] 张宏闻, 王建强, 胡壮麒. 铝基非晶合金的研究与发展[J]. 材料导报, 2001, 15(12): 7-9.

[53] Yang H, Wang J Q, Li Y. Glass formation and microstructure evolution in Al-Ni-RE ternary systems[J]. Philosophical Magazine, 2007, 87(21): 4211-4228.

[54] Lucente A M, Scully J R. Pitting of Al-based amorphous-nanocrystalline alloys with solute-lean nanocrystals[J]. Electrochemical and Solid-state Letters, 2007, 10(5): 39-43.

[55] Lucen A M, Scully J R. Localized corrosion of Al-based amorphous-nanocrystalline alloys with solute-lean nanocrystals: pit stabilization[J]. Electrochemical Society Interface, 2008(155): 234-243.

[56] Roy A, Sahoo K L, Chattoraj I. Electrochemical response of AlNiLa amorphous and devitrified alloys[J]. Corrosion Science, 2007(49): 2486-2496.

[57] Inoue A, Kawamura Y, Kimure H M, et al. Nanocrystalline Al-based alloys with high strength above 1000MPa [J]. Materials Science Forum, 2001, 360(2): 129-136.

[58] Rizzi P, Baricco M, Borace S. Phase selection in Al-TM-RE alloys: nanocrystalline Al versus intermetallics[J]. Materials Science & Engineering A, 2001, 304(2): 574-578.

[59] Tsaip A P, Kamiyama T, Kawamura Y, et al. Formation and precipitation on mechanism of nanoscale Al particles in Al-Ni base amorphous alloys[J]. Acta Metallurgica, 1997, 45(4): 1477-1487.

[60] 杨冠军, 张涛, 井上明久. Ta, Nb 和 Mo 对 $Ti_{50}Ni_{20}Cu_{25}Sn_5$ 非晶合金玻璃形成能力的影响[J]. 稀有金属材料与工程, 2003, 32(11): 880-884.

[61] 卢柯. 非晶态合金的晶化及微观机制[D]. 沈阳: 中国科学院金属研究所, 1987: 42-43.

[62] 李传福, 张川江, 辛学祥. 铝基非晶合金的研究与发展[J]. 山东轻工业学院学报, 2008, 22(4): 15-17.

[63] 许爱华, 吴佑实, 张川江, 等. Al-Zn-Ce 非晶合金的相选择与组织结构演化[J]. 材料科学与工程学报, 2003, 21(5): 688-689.

[64] 段成银, 黄光杰. 铝基非晶合金的研究进展[J]. 轻合金加工技术, 2007, 35(8): 12-13.

[65] 张宏闻, 王建强. 非晶态铝合金晶化过程的形核与长大行为研究[J]. 金属学报, 2002, 38(6): 609-612.

[66] 田娜. 铝基非晶态合金的玻璃转化及初晶化行为[D]. 西安: 西安理工大学, 2007: 56-57.

[67] Senkov O N, Scott J M, Senkova S V, et al. ECAE consolidation of amorphous aluminum alloy powders[C]. International Symposium on Processing and Fabrication of Advanced Materials XII, 2004: 346-357.

[68] Inoue A, Kita K, Masumoto T. Al-Y-Ni amorphous powders prepared by high-pressure gas atomization[J]. Journal of Materials Science Letters, 1988, 11(7): 1287-1290.

[69] Nagahama H, Higashi K. Mechanical properties of rapidly solidified aluminium alloys extruded from amorphous or nanocrystalline powders[J]. Philosophical Magazine Letters, 1993, 67(4): 225-230.

[70] Hong S J, Kim T S, Suryanarayana C, et al. Mechanical milling of gas-atomized Al-Ni-Mm (Mm = misch metal) alloy powders[J]. Metallurgical and Materials Transactions A, 2001, 32 (3A): 821-829.

[71] 陈欣, 欧阳鸿武, 黄伯云, 等. 紧耦合气雾化制备铝基非晶合金粉末[J]. 北京科技大学学报, 2008, 30(1): 35-39.

[72] Chattopadhyay P P, Gannabattular N R. Development of amorphous $Al_{65}Cu_{35-x}Ti_x$ alloys by mechanical alloying [J]. Scripta Materials, 2001, 45(10): 1191-1196.

[73] Fadeeva V I, Leonov A V. Amorphlization and crystallization of Al-Fe alloys by mechanical alloying mater[J]. Science and Engineering, 1996, 206: 90-94.

[74] Zou Y. Effect of Ni addition on formation of amorphous and nanocrystalline phase during mechanical alloying of

Al-25at. % Fe-(5，10)at. % Ni powders[J]. Materials Research Bulletin，2002，37：1307-1313.

[75]Kawamura Y，Inoue A，Sasamori K. High strength powder metallurgy aluminum alloys in glass forming Al_2Ni_2Ce (Ti or Zr) system[J]. Scripta Metallurgica et Materialia，1993，29(2)：275-280.

[76] Inoue A，Kimura H. Fabrication and mechanical properties of bulk amorphous，nanocrystalline，nano-quasicrystalline alloys in aluminum-based system[J]. Journal of Light Metals，2001，1(1)：31-41.

[77]Kawamura Y，Inoue A，Sasamori K. Consolidation mechanism of aluminum based amorphous alloy powders during warm extrusion[J]. Materials Science and Engineering A-Structural Materials Properties Microst，1994，182：1174-1178.

[78]Senkov O N，Miracle D B. Equal channel angular extrusion compaction of semi-amorphous $Al_{85}Ni_{10}Y_{2.5}La_{2.5}$ alloy powder[J]. Journal of Alloys and Compounds，2004，365 (1-2)：126-133.

[79]何世文，刘咏，刘祖明，等. 温挤压法制备铝基非晶合金的研究进展[J]. 粉末冶金材料科学与工程，2006，11(2)：70-73.

[80]张志彬，梁秀兵，徐滨士，等. 高速电弧喷涂铝基非晶纳米晶复合涂层的组织及性能[J]. 稀有金属材料与工程，2012，41(5)：873-875.

[81]杨柏俊. 铝基块体金属玻璃及其纳米复合材料的制备[D]. 沈阳：东北大学，2010：49-51.

[82]石德珂. 材料科学基础[M]. 北京：机械工业出版社，2000：187-193.

[83]杨柏俊. 铝基块体金属玻璃及其纳米复合材料的制备[D]. 沈阳：东北大学：2010：59-63.

[84]曾劲. NiZrXNbAl(X=Ti，Cu)合金的非晶晶化法制备及其力学行为[D]. 广州：华南理工大学：2014：18.

[85]Yeh J W. High entropy multi-element alloys[P]：US，24838739. 2002.4.29.

[86]Yeh J W，Chen S K，Lin S J. Nanostructured high entropy alloys with multiple principal elements：novel alloy design concepts and outcomes[J]. Advanced Engineering Materials，2004，6(5)：299.

[87]叶均蔚，陈瑞凯，刘树均. 高熵合金的发展概况[J]. 工业材料杂志，2005，22(4)：71-75.

[88]Senkov O N，Wilks G B，Miracle D B，et al. Refractory high entropy alloys[J]. Intermetallics，2010，18(9)：1758-1765.

[89]Senkov O N，Scott J M，Senkova S V，et al. Microstructure and room temperature properties of a high-entropy TaNbHfZrTi alloy[J]. Journal of Alloys and Compounds，2011，509(20)：6043-6048.

[90]刘源，陈敏，李言祥，等. Al_xCoCrCuFeNi 多主元高熵合金的微观结构和力学性能[J]. 稀有金属材料与工程，2009，38(9)：1602-1607.

[91]Singh S，Wanderka N，Murty B S，et al. Decomposition in multi-component AlCoCrCuFeNi high-entropy alloy[J]. Acta Materialia，2011，59：182-190.

[92]Tung C C，Yeh J W，Shun T T，et al. On the elemental effect of AlCoCrCuFeNi high-entropy alloy system[J]. Materials Letters，2007，61：1-5.

[93]Senkov O N，Wilks G B，Scott J M，et al. Mechanical properties of $Nb_{25}Mo_{25}Ta_{25}W_{25}$ and $V_{20}Nb_{20}Mo_{20}Ta_{20}W_{20}$ refractory high entropy alloys[J]. Intermetallics，2011，19(5)：698-706.

[94]张勇. 非晶和高熵合金[M]. 北京：科学出版社，2012.

[95]Zhang Y，Zuo T T，Tang Z. Microstructures and properties of high-entropy alloys[J]. Progress in Materials Science，2014，61(8)：74.

[96]Ma D C，Grabowski B，Fritz K，et al. Ab initio thermodynamics of the CoCrFeMnNi high entropy alloy：importance of entropy contributions beyond the configurational one[J]. Acta Materialia，2015，100：90-97.

[97]Gao M C，Alman D E. Searching for next single-phase high-entropy alloy compositions[J]. Entropy，2013，15(10)：4504-4519.

[98]Guo S，Ng C，Lu J，et al. Effect of valence electron concentration on stability of fcc or bcc phase in high entropy alloys[J]. Journal of Applied Physics，2011，109(10)：1035-1045.

[99]Zhang C，Zhang F，Chen S，et al. Computational thermodynamics aided high-entropy alloy design[J]. JOM，2012，64(7)：839-845.

[100]王艳苹. AlCrFeCoNiCu 系多主元合金及其复合材料的组织与性能[D]. 哈尔滨：哈尔滨工业大学，2009：109-118.

[101]Dong Y，Lu Y P，Li T J，et al. A multi-component AlCrFe$_2$Ni$_2$ alloy with excellent mechanical properties[J]. Materials Letters，2016，169：62-64.

[102]Li Z M，Konda G P，Dierk R，et al. Metastable high-entropy dual-phase alloys overcome the strength-ductility trade-off[J]. Nature，2016，534(7606)：227-230.

[103]洪丽华，张华，唐群华，等. Al$_{0.5}$CrCoFeNi 高熵合金高温氧化的研究[J]. 稀有金属材料与工程，2015，44(2)：424-428.

[104]张华，王乾廷，唐群华，等. Al$_{0.5}$FeCoCrNi(Si$_{0.2}$，Ti$_{0.5}$)高熵合金的高温氧化性能[J]. 腐蚀与防护，2013，34(7)：561-565.

[105]谢红波，刘贵仲，郭景杰. Mn、V、Mo、Ti、Zr 元素对 AlFeCrCoCu-X 高熵合金组织与高温氧化性能的影响[J]. 中国有色金属学报，2015，25(1)：103-110.

[106]李伟，刘贵仲，郭景杰. AlFeCuCoNiCrTi$_x$ 高熵合金的组织结构及电化学性能[J]. 特种铸造及有色合金，2009，29(10)：941-944.

[107]洪丽华，张华，王乾廷，等. Al$_{0.5}$CrCoFeNi 高熵合金腐蚀行为研究[J]. 热加工工艺，2013，42(8)：56-58.

[108]戴义，甘章华，周欢华，等. AlMgZnSnCuMnNi$_x$ 高熵合金的微观结构和电化学性能[J]. 腐蚀与防护，2014，35(9)：871-875.

[109]刘亮. 合金元素对高熵合金组织与性能的影响[D]. 长春：吉林大学，2012：51-55.

[110]Liu W H，Wu Y，He J Y，et al. Grain growth and the Hall-Petch relationship in a high-entropy FeCrNiCoMn alloy[J]. Scripta Materialia，2013(68)：526-529.

[111]Otto F，Yang Y，Bei H，et al. Relative effects of enthalpy and entropy on the phase stability of equiatomic high-entropy alloys[J]. Acta Materialia，2013，61(7)：2628-2638.

[112]Dolique V，Thomanna A L，Braulta P. Complex structure/composition relationship in thin films of AlCoCrCuFeNi high entropy alloy[J]. Materials Chemistry and Physics，2009，117(1)：142-147.

[113]计玉珍，郑贽，鲍素. 高真空电弧炉设备与熔炼技术的发展[J]. 铸造技术，2008，29(6)：827-829.

[114]沈元勋，肖志瑜，温利平. 粉末冶金高速压制技术的原理、特点及其研究进展[J]. 粉末冶金工业，2006，16(3)：19-23.

[115]邱星武，张云鹏. 粉末冶金法制备 CrFeNiCuMoCo 高熵合金的组织与性能[J]. 粉末冶金材料科学与工程，2012，17(3)：377-382.

[116]陈振华，陈鼎. 机械合金化与固液反应球磨[M]. 北京：化学工业出版社，2006：1-10.

[117]Varalakshmi S，Kamaraj M，Murty B S. Processing and properties of nanocrystalline CuNiCoZnAlTi high entropy alloys by mechanical alloying[J]. Materials Science and Engineering A，2010，527(4)：1027-1030.

[118]Varalakshmi S，Kamaraj M，Murty B S. Synthesis and characterization of nanocrystalline AlFeTiCrZnCu high entropy solid solution by mechanical alloying[J]. Journal of Alloys and Compounds，2008，460(1-2)：253-257.

[119]魏婷，陈建，王兆强，等. AlFeCrCoNi 高熵合金的机械合金化法制备及退火行为研究[J]. 西安工业大学学报，2014，34(9)：162-166.

[120]邱星武，张云鹏，刘春阁. 激光熔覆法制备 Al$_2$CrFeCo$_x$CuNiTi 高熵合金涂层的组织与性能[J]. 粉末冶金材料科学与工程，2013，18(5)：735-740.

[121]Liang X B，Guo W，Chen Y X. Microstructure and mechanical properties of FeCrNiCoCu(B) high-entropy alloy coatings[J]. Materials Science Forum，2011，694：502-507.

[122]朱胜，杜文博，王晓明，等. 基于高熵合金的镁合金表面防护技术研究[J]. 装甲兵工程学院学报，2013，27(6)：79-84.

[123]Dolique V，Thomann A L，Brault P，et al. Thermal stability of AlCoCrCuFeNi high entropy alloy thin films studied by in-situ XRD analysis[J]. Surface & Coatings Technology，2010，204(12)：1989-1992.

[124]冯兴国. ZrTaNbTiWN 多主元薄膜组织结构与性能研究[D]. 哈尔滨：哈尔滨工业大学，2013：49-72.

[125]姚陈忠，马会宣，童叶翔. 非晶纳米高熵合金薄膜 Nd-Fe-Co-Ni-Mn 的电化学制备及磁学性能[J]. 应用化学，2011，28(10)：1189-1193.

[126]徐锦锋，郭嘉宝，田健，等. 基于焊缝金属高熵化的钛/钢焊材设计与制备[J]. 铸造技术，2014，35(11)：2674-2676.

[127]卢素华. 原位自生高熵合金基复合材料组织及性能研究[D]. 哈尔滨：哈尔滨工业大学，2007：12.

[128]Zhang Y，ZhouY J，Hui X D，et al. Minor alloying behavior in bulk metallic glasses and high-entropy alloys[J]. Science China Physics，Mechanics and Astronomy，2008，51(4)：427-437.

[129]Greer A L. Confusion by design[J]. Nature，1993，366：303-304.

[130]Cantor B，Chang I T H，Knight P，et al. Microstructural development in equiatomic multicomponent alloys[J]. Materials Science & Engineering A，2004，375-377：213-218.

[131]阳隽舰，周云军，张勇 等. 无基元高混合熵合金形成固溶体结构三原则[J]. 中国材料科技与设备，2007(5)：61-63.

[132]Zhang Y，ZhouY J. Solid solution formation criteria for high entropy alloys[J]. Materials Science Froum，2007，561-565：1337-1339.

[133]Zhang Y，ZhouY J，Lin J P，et al. Solid-solution phase formation rules for multi-component alloys[J]. Advanced Engineering Materials，2008，10(6)：534-538.

[134]Guo S，Ng C，Lu J，et al. Effect of valence electron concentration on stability of fcc or bcc phase in high entropy alloys[J]. Journal of Applied Physics，2011，109(103505)：1-5.

[135]Guo S，Liu C T. Phase stability in high entropy alloys：formation of solid-solution phase or amorphous phase[J]. Progress in Natural Science：Materials International，2011，21：433-446.

[136]Zhang C，Zhang F，Chen S L，et al. Computational thermodynamics aided high-entropy alloy design[J]. JOM，2012，64(7)：839-845.

[137]Zhang C H，Lin M H，Wu B，et al. Explore the possibility of forming fcc high entropy alloys in equal-atomic systems CoFeMnNiM and CoFeMnNiSmM[J]. Journal of Shanghai Jiaotong University (Science)，2011，16(2)：173-179.

[138]张邦维，胡望宇，舒小林. 嵌入原子方法理论机及其在材料科学中的应用[M]. 湖南：湖南大学出版社，2003.

[139]Wang Y P，Li B S，Ren M X，et al. Microstructure and compressive properties of AlCrFeCoNi high entropy alloy[J]. Materials Science and Engineering A，2008，491：154-158.

[140]韩凤麟，马福康，曹勇家. 中国材料工程大典第 14 卷：粉末冶金材料工程[M]. 北京：化学工业出版社，2005.

[141]李斯. 粉末冶金材料及其制品生产新技术新工艺及质量检验新标准实用手册[M]. 安徽：安徽文化音像出版社，2004.

[142]陈欣，欧阳鸿武，黄誓成，等. 紧耦合气雾化制备铝基非晶合金粉末[J]. 北京科技大学学报，2008，30(1)：35-39.

[143]Zhang H，He Y Z，Pan Y，et al. Phase selection，microstructure and properties of laser rapidly solidified FeCoNiCrAl$_2$Si coating[J]. Intermetallics，2011，19：1130-1135.

[144]张津，孙智富. AZ91D 镁合金表面热喷铝涂层研究[J]. 中国机械工程，2002，13(23)：2057-2058.

[145]黄伟九，李兆峰，刘明，等. 热扩散对镁合金锌铝涂层界面组织和性能的影响[J]. 材料热处理学报，2007，28(2)：106-109.

[146]袁晓光，刘彦学，王怡嵩，等. 镁合金表面冷喷涂铝合金的界面扩散行为[J]. 焊接学报，2007，28(11)：10-14.

[147]范应光，陈汝霞，杨启杰，等. 改良铸造铝硅合金常温耐腐蚀性能的研究[J]. 铸造，2013，62(2)：148-155.

[148]尹卓湘，刘利. 稀土对亚共晶铝硅合金性能的影响[J]. 贵州工业大学学报，2004，33(1)：65-68.

[149]杨启杰，苏广才，王文超. 金属铸锻焊技术[J]. 热加工工艺，2010，39(11)：41-43.

[150]孟宪状，王杰芳，宋杨阳，等. 不同变质剂对细晶铝锭共晶铝硅合金微观组织的影响[J]. 铸造技术，2008，29(5)：650-653.

[151]刘贵昌,鲁强,王立达,等. 不同硅含量的铝硅合金在烟气冷凝液中的腐蚀行为[J]. 材料保护,2012,
　　　45(9):32-35.

[152]段红萍. 电磁搅拌对共晶铝硅合金微观组织的影响[J]. 铸造,2014,24(3):5-9.

[153]张微微,李廷顺. 电磁振荡条件下亚共晶铝硅合金微观组织变化的试验研究[J]. 铸造技术,2014,
　　　35(4):760-763.

[154]王小丽,魏晓伟,罗松. 高低温熔体混合处理对过共晶铝硅合金凝固组织的影响[J]. 热加工工艺,2014,
　　　43(7):31-33.

[155]徐荣政. 汽车用铝硅合金的喷射成型法制备研究[J]. 铸造技术,2014,35(7):1508-1509.

[156]赵润娴,王志奇. 等通道转角挤压铝硅合金的组织[J]. 天津冶金,2001,5:38-40.

[157]常芳娥,坚增运,程萍. 热处理对无凝固收缩铝硅合金组织和性能的影响[J]. 西安工业学院学报,2005,
　　　25(4):377-380.

第3章 镁合金修复强化层沉积成形基础

3.1 引　言

修复强化材料在工件表面喷涂沉积成层都要经历高温热流裹携拖带和与基体碰撞堆积成形两个过程，粉体与拖带热流之间、粉体与工件基体之间以及粉体/粉体之间都会产生强烈的热力交互作用。拖带热流的合理选择是控制修复材料性能劣化（氧化、晶化、相变、分解等）的前提，沉积行为的准确认知是最大限度原态移植修复材料优良特性的关键。因此，本章围绕"镁合金修复强化层沉积成形基础"这一基础问题，以铝基金属玻璃粉体为例，通过定量计算丙烷-空气、煤油-氧气、高温空气三种热源的温度状态，对不同热流作用下粉体的加速温升效应进行数值模拟并实际测试验证，来考察拖带热流特性对修复粉体性态演化的影响；以铝硅系合金粉体为例，通过进行单粒子、基底层及三维连续成层过程的数值模拟，为优选确定适宜的喷涂拖带介质，制备出高质量的修复强化层提供理论依据。

3.2 拖带热流特性对修复粉体性态演化的影响分析

3.2.1 拖带热流温度的计算

喷涂是采用某种热流裹携拖带特定材料高速运动撞击基板而沉积形成具有独特功能覆层的工艺过程。热源是喷涂工艺的物质条件基础，与喷涂颗粒之间产生剧烈的热力交互作用，对喷涂颗粒性态演化产生重要影响。本节采用解析法定量计算丙烷-空气、煤油-氧气两种热源的绝热等压燃烧温度，分析高温气流的温度状态。

3.2.1.1 丙烷-空气瞬态绝热等压燃烧温度计算

丙烷属烷类碳氢化合物，其燃烧化学反应主要包括氢氧化学反应、C1/C2 化学和 CO 氧化三个主要过程。其中，氢氧化学反应产生大量的 H、O 及 OH，加速燃烧进程；C1/C2化学是 CH 链式燃料快速热解断裂而生成链分支的过程，属热中性反应，释热量较小；CO 化学氧化成 CO_2 是主要的放热步骤，对燃烧热焓起决定性作用。

对于丙烷的燃烧，国内外学者主要采用简化的多步复杂反应机制进行描述，主要分为 Jones 机制和 Kiehene 机制两类[1]。

Jones 等提出的丙烷燃烧四步反应机制为

$$C_3H_8 + (3/2)O_2 \longrightarrow 3CO + 4H_2 \tag{3-1}$$

$$C_3H_8 + 3H_2O \longrightarrow 3CO + 7H_2 \tag{3-2}$$

$$H_2 + (1/2)O_2 \longrightarrow H_2O \tag{3-3}$$

$$CO + H_2O \longrightarrow CO_2 + H_2 \tag{3-4}$$

Kiehne 等提出的丙烷燃烧四步反应机制为

$$C_3H_8 \rightleftharpoons (3/2)C_2H_4 + H_2 \tag{3-5}$$

$$C_2H_4 + O_2 \rightleftharpoons 2CO + 2H_2 \tag{3-6}$$

$$CO + (1/2)O_2 \rightleftharpoons CO_2 \tag{3-7}$$

$$H_2 + (1/2)O_2 \rightleftharpoons H_2O \tag{3-8}$$

Kiehne 机制充分考虑了丙烷燃料的热解，中间产物有乙烯生成；Jones 机制的燃烧产物中有较多的氢气。依据上述两种机制，在理想状态下，丙烷在氧气中完全燃烧的化学方程可合并简化归纳为

$$C_3H_8 + 5O_2 \longrightarrow 3CO_2 + 4H_2O \tag{3-9}$$

工业实际中，通常采用空气作为助燃气体，因其中氧气的体积分数为 21%，氮气的体积分数为 79%，即二者以 1：3.76 的摩尔比存在，而氮气不参与燃烧过程。在瞬态、绝热、等压的理想假设条件下，丙烷发生完全燃烧反应，燃烧产物只包括生成的 CO_2、H_2O 以及初始的 N_2，故丙烷在空气中燃烧的化学方程式可简化归纳为

$$C_3H_8 + 5(O_2 + 3.76N_2) \longrightarrow 3CO_2 + 4H_2O + 5 \times 3.76N_2 \tag{3-10}$$

依据喷涂工艺的实际实施经验，通常将丙烷预热至 T_i，因此，丙烷完全燃烧的焓变值由三个部分组成：一是丙烷与空气等燃料由预热温度 T_i 冷却至参考温度 T_0 的焓变值，记为 $\Delta H_r(T_i, T_0)$；二是丙烷与空气在温度 T_0 依据方程式(3-10)发生化学反应过程的焓变值，记为 $\Delta H_r(T_0)$；三是化学反应产物从 T_0 温升至 T_f 过程中产生的焓变值，记为 $\Delta H_r(T_0, T_f)$。

依据瞬态、绝热、等压的理想假设，由燃烧能量平衡方程可得[2]

$$\Delta H_r(T_0) + \Delta H_r(T_i, T_0) + \Delta H_r(T_0, T_f) + Q = 0 \tag{3-11}$$

由于是绝热过程，故 $Q=0$；因此，式(3-11)属非线性方程。

同时，式(3-11)可进一步做如下解析：

$$\Delta H_r(T_0) = 3 \times \Delta H_f[CO_2](T_0) + 4 \times \Delta H_f[H_2O](T_0) - \Delta H_f[C_3H_8](T_0) \tag{3-12}$$

$$\Delta H_r(T_i, T_0) = (79/21) \times 5 \times \{H[N_2](T_0) - H[N_2](T_i)\} + 5 \times \{H[O_2](T_0) - H[O_2](T_i)\} + \{H[C_3H_8](T_0) - H[C_3H_8](T_i)\} \tag{3-13}$$

$$\Delta H_r(T_0, T_f) = (79/21) \times 5 \times \{H[N_2](T_0) - H[N_2](T_f)\} + 4 \times \{H[H_2O](T_0) - H[H_2O](T_f)\} + 3 \times \{H[CO_2](T_f) - H[CO_2](T_0)\} \tag{3-14}$$

碳氢化合物燃烧反应物与生成物的热焓计算参数如表 3-1 所示[3]。综合上述计算分析可得，丙烷-空气瞬态绝热等压燃烧的温度值 $T_f = 2017K$。

表 3-1　碳氢化合物燃烧反应物与生成物的热焓计算参数[3]

类别	a_1	a_2	a_3	a_4	a_5
氮气(N_2) (300~1000K)	0.03298677×10^2	$0.14082404 \times 10^{-2}$	$-0.03963222 \times 10^{-4}$	$0.05641515 \times 10^{-7}$	$-0.02444854 \times 10^{-10}$
氮气(N_2) (1000~5000K)	0.02926640×10^2	$0.14879768 \times 10^{-2}$	$-0.05684760 \times 10^{-5}$	$0.10097038 \times 10^{-9}$	$-0.06753351 \times 10^{-13}$
氧气(O_2) (300~1000K)	0.03212936×10^2	$0.11274864 \times 10^{-2}$	$-0.05756150 \times 10^{-5}$	$0.13138773 \times 10^{-8}$	$-0.08768554 \times 10^{-11}$
二氧化碳(CO_2) (1000~5000K)	0.04453623×10^2	$0.03140168 \times 10^{-1}$	$-0.12784105 \times 10^{-5}$	$0.02393996 \times 10^{-8}$	$-0.16690333 \times 10^{-13}$
气态水(H_2O) (1000~5000K)	0.02672145×10^2	$0.03056293 \times 10^{-1}$	$-0.08730260 \times 10^{-5}$	$0.12009964 \times 10^{-9}$	$-0.06391618 \times 10^{-13}$

$$C_p = 8.314(a_1 + a_2 T + a_3 T^2 + a_4 T^3 + a_5 T^4)$$

类别	a_1	a_2	a_3	a_4	a_5
丙烷(C_3H_8) (300~1000K)	-1.4867	74.339	-39.065	8.0543	0.1219

对于丙烷：$C_p = 4.184(a_1 + a_2\theta + a_3\theta^2 + a_4\theta^3 + a_5\theta^{-2})$，其中，$\theta \equiv T/1000$

3.2.1.2　煤油-氧气瞬态绝热等压燃烧温度计算

正癸烷 $C_{10}H_{22}$ 是煤油最主要的组分，化学反应中通常采用单一组分的正癸烷代替实际煤油。Westbrook 和 Dryer 提出并验证了多种碳氢化合物的单步、两步和多步反应机理[4]，如式(3-15)所示：

$$C_x H_y + (x + y/4)O_2 \longrightarrow xCO_2 + (y/2)H_2O \tag{3-15}$$

对于正癸烷瞬态、绝热、等压燃烧温度的计算，作如下假设：

理想假设一：正癸烷在氧气中燃烧反应完全，只生成 CO_2 和 H_2O，化学反应式可写成

$$C_{10}H_{22} + 15.5O_2 \rightarrow 10CO_2 + 11H_2O \tag{3-16}$$

理想假设二：燃烧过程绝热、等压，即与外界热交换 $Q=0$。

实际喷涂作业中，采用煤油-氧气作为热源时，通常无须预热，故煤油-氧气燃烧化学反应的焓变由燃料在 T_0 温度下依据式(3-16)实现化学反应的焓变 $\Delta H_r(T_0)$ 和燃烧产物从 T_0 升温至 T_f 产生的焓变 $\Delta H_r(T_0, T_f)$ 两个部分组成。

根据燃烧的能量平衡方程，可得公式(3-17)[5]：

$$\Delta H_r(T_0) + \Delta H_r(T_0, T_f) + Q = 0 \tag{3-17}$$

同时，式(3-17)可进一步分解为如下两个部分，即

$$\Delta H_r(T_0) = 10 \times \Delta H_f[CO_2](T_0) + 11 \times \Delta H_f[H_2O](T_0) - \Delta H_f[C_{10}H_{22}](T_0) \tag{3-18}$$

$$\Delta H_r(T_0, T_f) = 11 \times \{H[H_2O](T_f) - H[H_2O](T_0)\} + 10 \times \{H[CO_2](T_f) - H[CO_2](T_0)\} \tag{3-19}$$

综上计算可得，煤油-氧气瞬态绝热等压燃烧的温度值 $T_f = 3026K$。

3.2.1.3　高温空气热流的温度状态分析

高温高压气流是喷涂的拖带介质之一，主要包含氮气(N_2)、氦气(He)、空气及各种

气体构成的混合气体。气流种类对喷涂粉体束流径向速度梯度、撞击基板速度等参数有重要影响,小分子量气体在同等压力下的拖带特性更为优异,尤其对于较小粒径粉体的拖带效果更为明显。

工业实际中,采用氮气作为拖带气体实施喷涂作业,存在着喷涂粉体速度相对较低、制备的涂层孔隙率较高等问题。采用氦气作为拖带气体时,喷涂粉体的速度较高,制备的涂层较为致密,但成本过高。在氮气中加入适量的氦气,会使载气及粉体明显加速,在撞击基板前获得更高的速度,能实现高致密、高结合强度涂层的制备。采用高压空气作为拖带气体时,喷涂颗粒的加速效果较好,成本低,应用广泛。无论采用何种拖带气体,喷涂拖带气流的最高加热温度一般不会超过600℃。

3.2.2 拖带热流作用下粉体加速温升效应的数值模拟

3.2.2.1 问题分析及几何建模

喷涂是高温高压热流裹携拖带粉体颗粒高速运动的过程。在流体和弥散相组成的气固两相流体系中,将流体视为连续介质,假定为一维、绝热、等熵流动,通过直接求解时均化 N-S 方程获得运算结果[6]。将分散相视作离散介质,假设为球形、密度相同、表面光滑,仅考虑稳态气动阻力,粉体在整个体系中所占比例较小,忽略其对气流的影响,通过对大量质点运动方程的积分运算得到其运动轨迹等状态参数。

本节采用遵循拉格朗日方法的 Fluent 软件,数值模拟铝基金属玻璃粉体与丙烷-空气、煤油-氧气及高温空气三种热流的交互作用过程。计算几何模型根据超音速喷枪喷管几何参数构建,通过 CATIA 软件得到喷管二维尺寸。喷管为圆形轴对称空心结构,故超音速热流流场的有限元计算和分析划归为二维轴对称问题。在直角坐标系中以 x 轴为对称轴,取其一半进行流场的分布研究。

计算求解过程中,综合考虑求解区域对计算精度及效率的影响,主要分析管流区和冲击射流区的流场状态和喷涂颗粒速度、温度等。气固两相流流场分布的计算模型及坐标系的选取如图 3-1 所示。

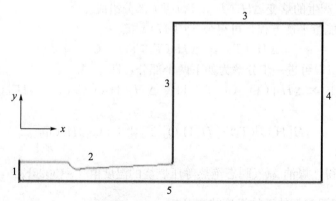

图 3-1　气固两相流流场分布的计算模型及坐标系的选取

1—温度入口;2—固壁边界;3—压力出口;4—压力出口或者固壁边界;5—轴线

3.2.2.2　控制方程

对于气流连续相，理想假设条件下其流场状态的连续方程、动量方程及能量方程分别如式(3-20)~(3-22)所示[7]。

连续方程：

$$\rho_1 V_1 A_1 = \rho_2 V_2 A_2 \tag{3-20}$$

式中，ρ_1、V_1分别为t_1时刻流体的密度与速度；A_1为t_1时刻流体流经截面的面积；ρ_2、V_2分别为t_2时刻流体的密度与速度；A_2为t_2时刻流体流经截面的面积。

动量方程：

$$p_1 A_1 + \rho_1 V_1^2 A_1 + \int_{A_1}^{A_2} p\,\mathrm{d}A = p_2 A_2 + \rho_2 V_2^2 A_2 \tag{3-21}$$

式中，p_1为t_1时刻流体的压强；p为t_1时刻与t_2时刻流体的压强差；p_2为t_2时刻流体的压强。

能量方程：

$$h_1 + \frac{V_1^2}{2} = h_2 + \frac{V_2^2}{2} \tag{3-22}$$

式中，h_1为t_1时刻流体的混合焓；h_2为t_2时刻流体的混合焓。

湍流属高度复杂的三维非稳态不规则流动，其运动状态采用 N-S 方程来描述。在不考虑重力、热辐射及化学反应影响的条件下，守恒形式的 N-S 方程表示为

$$\frac{\partial W}{\partial t} + \frac{\partial F}{\partial x} + \frac{\partial G}{\partial y} = \frac{\partial Q}{\partial x} + \frac{\partial R}{\partial y} \tag{3-23}$$

式中，W为求解变量；F为t_1时刻的无黏通量；G为t_1时刻的黏性通量；Q为t_2时刻的无黏通量；R为t_2时刻的黏性通量。

压强p和总能量E的关系可用理想气体状态方程表示如下：

$$p = (k-1)\left[E - \frac{1}{2}\rho(u^2 + v^2)\right] \tag{3-24}$$

式中，$k=1.4$；p为流体压强；E为流体总能量；ρ为流体密度；u、v分别为流体在x、y方向上的速度分量。

湍流流场数值模拟即是对 N-S 方程的求解过程，依据超音速射流特性，采用雷诺平均法中的涡黏模型进行计算。该模型是将非稳态 N-S 方程作时间平均，将其转换为时间平均流动和瞬时脉动流动的叠加。具体的 Fluent 软件计算时，选择对管流与冲击射流具有良好适应性的 Realizable k-ε 模型，以提高运算精度和效率。

3.2.2.3　边界及入口条件

对于气流连续相，其边界条件如图 3-1 所示。对于颗粒分散相，设定颗粒的起始位置、速度及温度，以确定其起始轨道。本节中设定壁面为"reflect"边界条件，颗粒在此处终止轨道计算。设定温度入口、压力出口为"escape"边界条件。模拟边界条件参数如表 3-2 所示。

表 3-2　模拟边界条件参数

参数	射流温度/K	入口压力/MPa	颗粒初始速度/(m/s)	颗粒初始温度/K	起始位置
State 1	873	0.65	67	297	轴线
State 2	2017	0.65	67	297	轴线
State 3	3026	0.65	67	297	轴线

3.2.2.4　两相流数值模拟结果

图 3-2 所示为不同入口温度(T_{int})射流拖带下喷涂颗粒的运动轨迹、温度及速度变化。可见，各种热流裹携拖带下的喷涂颗粒均形成了较为均匀平直的粒子束流。喷涂粒子温度在管流区随飞行距离的延长急速增大，在冲击射流区随飞行距离的增加基本保持不变，不同颗粒的温度虽然有所不同，但变化趋势基本一致。喷涂粒子速度在管流区急剧增大后趋于某一稳定数值，飞出喷管后均出现了不同程度的振动。

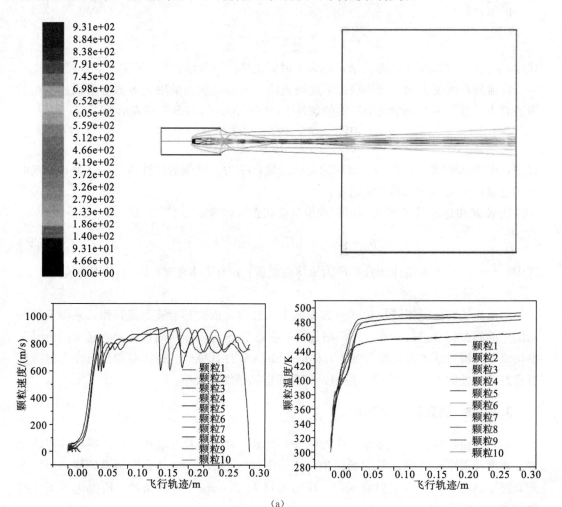

(a)

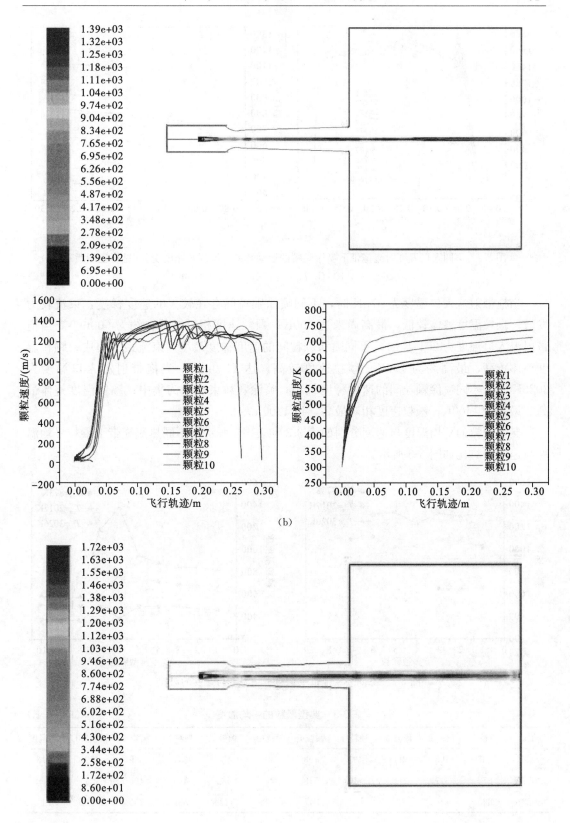

(b)

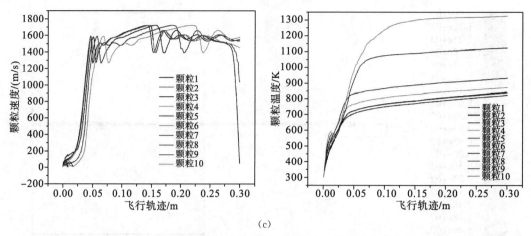

(c)

图 3-2　不同入口温度射流拖带下喷涂颗粒的运动轨迹、温度及速度变化(见彩色图版)

(a)T_{int}＝873K；(b)T_{int}＝2017K；(c)T_{int}＝3026K

当拖带射流入口温度为 873K 时，不同喷涂颗粒间存在较大的速度梯度，束流较为发散；颗粒温度整体较低，最高尚未达 500K；颗粒速度相对较低，约为 600m/s。当拖带射流入口温度为 2017K 时，不同喷涂颗粒间的速度梯度最小，束流最为集中；颗粒温度整体较高，最高约为 770K；颗粒速度较高，达 1100m/s。当拖带射流入口温度为 3026K 时，不同喷涂颗粒间的速度梯度较小，喷涂颗粒束流较为集中；颗粒温度整体最高，最高近 1400K；颗粒速度相对最高，达 1300m/s。

典型颗粒的平均温度与速度分别如表 3-3 和表 3-4 所示，不同热流拖带下颗粒平均温度与速度的对比如图 3-3 所示。

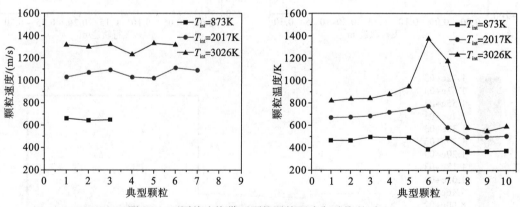

图 3-3　不同热流拖带下颗粒平均温度与速度的对比

表 3-3　典型颗粒的平均温度　　　　　　　　　　　　(单位：K)

T_{int}	颗粒 1	颗粒 2	颗粒 3	颗粒 4	颗粒 5	颗粒 6	颗粒 7	颗粒 8	颗粒 9	颗粒 10	平均温度
873K	467	466	496	491	493	386	486	367	369	372	439.3
2017K	672	677	686	719	743	774	582	496	498	504	635
3026K	823	840	843	881	947	1380	1174	581	550	591	861

表 3-4　典型颗粒的速度　　　（单位：m/s）

T_{int}	颗粒1	颗粒2	颗粒3	颗粒4	颗粒5	颗粒6	颗粒7	颗粒8	颗粒9	颗粒10	平均速度
873K	660	642	647	—	—	—	—	—	—	—	650
2017K	1030	1070	1093	1028	1020	1111	1089	—	—	—	1063
3026K	1321	1301	1325	1233	1334	1320	—	—	—	—	1305

3.2.3　拖带热流作用下粉体加速温升效应的试验测试

涂层的成形是大量喷涂粉体分散堆积、逐层叠加的过程，涂层性能的优劣归根结底取决于单个颗粒的温度状态和速度状态。

采用 Spray Watch 4 型状态监测仪测试不同热流拖带下的喷涂颗粒速度与温度，并与数值模拟结果对比。相较于通用 Spray Watch 监控仪器，该型仪器配置了更高敏感度的 CCD[①] 相机和新型高温滤波模块，对喷涂粒子和高密度束流具有更好的适应性。不同热流拖带下的颗粒速度与温度的测试值及分布分别如表 3-5 和图 3-4 所示。

表 3-5　不同热流拖带下的颗粒速度与温度的测试值

拖带热流	速度/(m/s)		温度/K	
	速度范围	平均速度	温度范围	平均温度
高温空气	551~825	719	—	—
丙烷-空气	924~1198	1156	772~1012	852
煤油-氧气	1178~1329	1219	1255~1532	1496

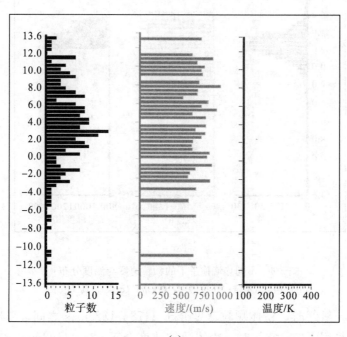

(a)

①　CCD 为电荷耦合器件(charge coupled device)。

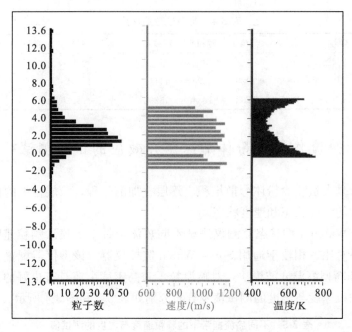

(b)

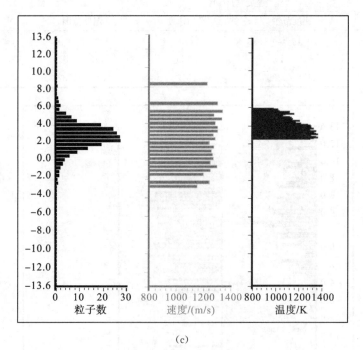

(c)

图 3-4　不同热流拖带下的颗粒速度与温度分布
(a)高温空气拖带；(b)丙烷-空气拖带；(c)煤油-氧气拖带

当采用煤油-氧气时，粉体颗粒速度介于 1178~1329m/s 之间，温度介于 1255~1532K 之间。当采用丙烷-空气时，粉体颗粒速度介于 924~1198m/s 之间，温度介于 772~1012K 之间。当采用高温空气时，粉体颗粒速度介于 551~825m/s 之间，温度数值没有检测到，说明颗粒温度低于仪器的最低量程 550K，没有被捕捉到。

图 3-5 所示为粉体颗粒温度、速度的数值模拟结果与测试结果对比。可见，高温空气、丙烷-空气、煤油-氧气拖带下颗粒速度的模拟值与测试值的相对误差分别为 10.6％、8.7％和 6.6％，丙烷-空气、煤油-氧气拖带下颗粒温度的模拟值与测试值的相对误差分别为 10.1％和 8.4％。这表明数值模拟结果与测试结果总体差别不大，基本能够反映各拖带热流对铝基金属玻璃粉体加速与温升效应的影响。对于粉体颗粒温度，数值模拟获得的是颗粒的平均温度，而 Spray Watch 方法测试的是束流中最高温度颗粒表面的温度，故喷涂颗粒温度的测试值均高于模拟值。

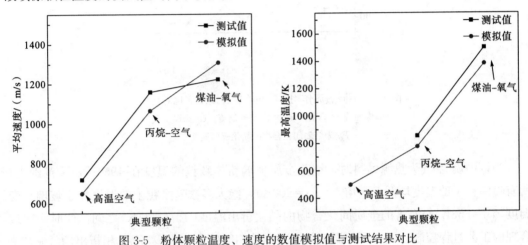

图 3-5　粉体颗粒温度、速度的数值模拟值与测试结果对比

3.2.4　拖带热流特性对铝基金属玻璃粉体晶化行为的影响

图 3-6 所示为不同热流作用下的喷涂颗粒温度变化对比图。

当以煤油-氧气为热源燃料时，铝基金属玻璃粉体颗粒的温度在 550～1380K 范围内，绝大多数喷涂粒子温度远高于其 Al_2Y 等金属间化合物的晶化析出温度（$T_{p3}=741K$），部分喷涂粒子的温度高于其熔点（$T_m=900K$），甚至高于其液相线温度（$T_1=1197K$）。此时，绝大部分颗粒在热流裹携拖带过程中便可能发生析出 Al_2Y、$AlNiY$ 等有害相的晶化转变，部分颗粒出现了熔化甚至气化现象。

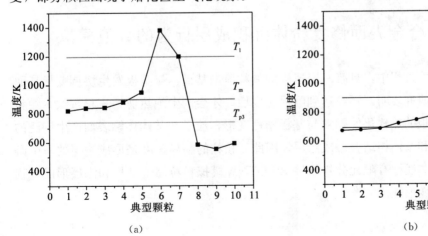

(a)　　　　　　　　　　　　　　(b)

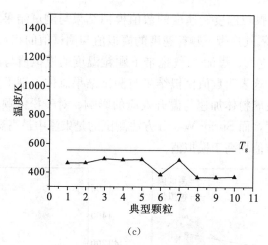

图 3-6　不同热流作用下的喷涂颗粒温度变化对比图

(a)煤油-氧气焰流；(b)丙烷-空气焰流；(c)高温空气

T_{p3} 为金属间化合物的晶化析出温度

当以丙烷-空气为热源燃料时，铝基金属玻璃粉体颗粒的温度在 496～774K 范围内，所有喷涂粒子的温度均低于其熔点(T_m=900K)，绝大多数喷涂粒子的温度介于玻璃转变温度(T_g=558K)与有害的金属间化合物的晶化析出温度(T_{p3}=741K)之间。此时，通过合理的工艺过程控制，可使颗粒温度处于过冷液相区(T_g～T_{x1})、α-Al 相析出(T_{x1}～T_{p1})及长大(T_{x2}～T_{p2})温度区间，充分利用金属玻璃在该温度区间黏性降低、超塑性增强的特性，可实现高非晶含量铝基金属玻璃涂层的制备。

当以高温空气作为热源时，铝基金属玻璃粉体颗粒的温度在 367～496K 范围内，均低于其玻璃转变温度(T_g=558K)，此状态的喷涂颗粒具有极高的脆性，塑性变形能力很差，在与基体金属碰撞过程中难以产生高塑性畸变而沉积形成涂层。

综上分析可知，基于丙烷-空气热源的低温超音速喷涂方法是保证铝基金属玻璃粉体颗粒在热塑固态下撞击金属基体表面，既能获得良好的沉积效率又可实现最大限度原态沉积的最佳选择。

3.3　镁合金表面修复粉体沉积成层行为的数值模拟

低温超音速喷涂过程中，具有一定速度的颗粒撞击基板，与基板发生协调变形从而成功沉积为涂层。研究表明，颗粒达到临界速度后，才会产生绝热剪切失稳现象，颗粒产生绝热失稳及基板的热软化使颗粒与基板塑性变形，粒子和基体接触表面产生广泛的黏附，从而使粒子和基体相结合形成涂层。因此，颗粒的临界速度是形成涂层的一个必要条件。本节采用非线性有限元分析软件 LS-DYNA 模拟颗粒撞击基板和涂层形成过程以及颗粒和基体的变形规律。

3.3.1　几何模型的建立

通过 ANSYS 建立二维模型，其中颗粒为球体，基体采用圆柱体结构。基体相对于颗粒可以看作无限大厚靶。根据实际喷涂过程，建立简化的几何模型。图 3-7(a)所示为实际喷涂过程，图 3-7(b)所示为建立的几何模型。

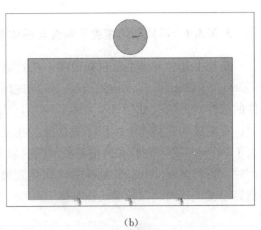

(a)　　　　　　　　　　　　　　　(b)

图 3-7　喷涂过程及碰撞几何模型的建立(见彩色图版)

(a)喷涂过程；(b)几何模型

3.3.2　有限元模型的建立及边界条件

考虑涂层沉积过程高速、大应变的特点，颗粒和基体的材料模型考虑相关方程及材料失效方程，选取 Johnson-Cook 本构塑性材料模型，其状态方程为 Gruneisen 状态方程。

对模型进行网格划分。模型采用单点积分的四节点二维薄壳单元划分网格，并对碰撞区域进行网格加密处理，以满足计算精度，网格划分结果如图 3-8 所示。

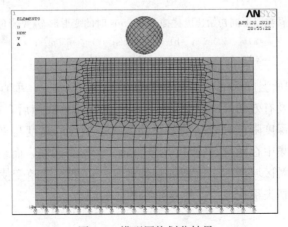

图 3-8　模型网格划分结果

　　对于颗粒和基体碰撞的二维有限元模型，约束基体底面 x、y 方向的位移自由度，其他面设为自由面。为了得到颗粒/基体碰撞体系的临界速度，需要设计不同的颗粒碰撞初始速度进行研究。因此，设颗粒初始速度分别为 500m/s、600m/s、650m/s、700m/s、750m/s、800m/s，进行颗粒/基体的碰撞及变形的模拟分析。

3.3.3　单颗粒碰撞过程的数值模拟结果及分析

3.3.3.1　不同初始速度下颗粒与基体变形规律

　　采用上述单元类型及材料模型，初始温度设为 27℃，颗粒分别以 500m/s、600m/s、650m/s、700m/s、750m/s、800m/s 的碰撞初始速度垂直撞击基板，在 35ns 时颗粒及基体的塑性变形情况如图 3-9 所示。可见，当颗粒速度在 700m/s 以下时，颗粒未产生溅射，不能成功在基体上沉积，只是撞击在基板上，对基体形成冲蚀效果。而当颗粒速度大于 700m/s 时，颗粒在撞击基板的同时发生了塑性变形，颗粒与基体均产生金属射流。此时，颗粒温度的升高使颗粒的热软化效果超过加工硬化效果，此时的颗粒速度达到了临界速度，从而使颗粒成功在基体上沉积。

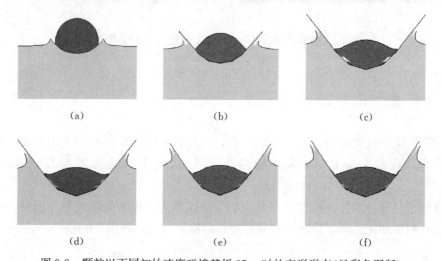

图 3-9　颗粒以不同初始速度碰撞基板 35ns 时的变形形态(见彩色图版)
(a)v_p=500m/s；(b)v_p=600m/s；(c)v_p=650m/s；
(d)v_p=700m/s；(e)v_p=750m/s；(f)v_p=800m/s

　　图 3-10 所示为初始温度为 27℃，颗粒初始速度为 700m/s，垂直撞击基板过程中不同时刻颗粒的变形图及有效塑性应变图。可见，颗粒与基体碰撞后，在基体上产生凹坑。基体上凹坑的直径和深度随接触时间的延长而增大，颗粒的高度与直径则相应减小。颗粒和基体的塑性变形集中在颗粒/基板接触表面的一个狭小区域，而在此区域内发生了金属溅射现象，表明接触区域产生了剧烈的塑性畸变。剧烈塑性畸变使接触区域温度和应力累积，材料发生剪切失稳现象，促使颗粒和基体的结合。

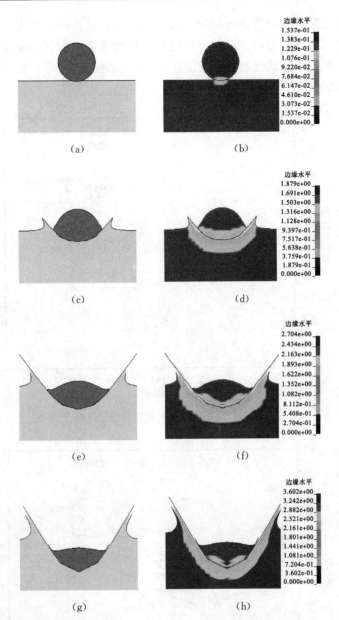

图 3-10　颗粒/基体在不同时刻的变形图[(a)、(c)、(e)、(g)]及有效塑性应变图[(b)、(d)、(f)、(h)]
(a)、(b) 2ns；(c)、(d)15ns；(e)、(f)30ns；(g)、(h)50ns(见彩色图版)

　　对颗粒和基体接触面上的单元进行分析，研究塑性应变最大单元的有效塑性应变、温度和应力随时间的变化规律，如图 3-11～图 3-13 所示。

　　图 3-11 表明，对于颗粒速度小于 700m/s 的碰撞过程，其有效塑性应变随着时间单调变化；当颗粒速度大于 750m/s 时，有效塑性应变在 15ns 左右经历一个突然的增加，表明颗粒此时发生了强烈的塑性变形，发生剪切失稳现象。

　　图 3-12 表明，在颗粒速度小于 650m/s 时，温度逐渐增加，但温度梯度减小，最终趋于稳定，保持在 300℃ 左右，温度升高表明颗粒的动能转化为颗粒和基体的内能。当颗粒速度为 700m/s 和 750m/s 时，碰撞 5ns 时间内，温度急剧升高；而在 5～10ns 范围

内，颗粒温度梯度急剧减小并随时间趋于稳定。在此颗粒碰撞速度下，温度的异常变化表明颗粒速度达到临界速度以上，此时碰撞后颗粒和基体中由颗粒动能转化的内能导致材料绝热温升，颗粒的热软化效果会导致颗粒/基体接触区域产生广泛的黏附，从而促进了颗粒和基体牢固结合。

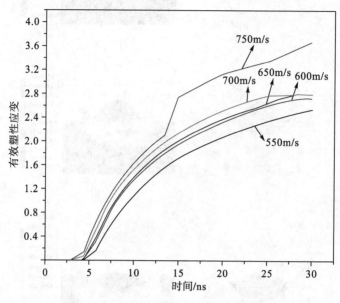

图 3-11　有效塑性应变随时间的变化曲线

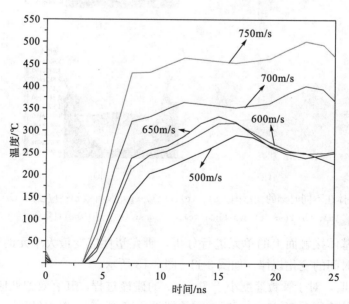

图 3-12　温度随时间的变化曲线

图 3-13 表明，碰撞过程中变形最大单元应力在碰撞初期急剧增加 10^9 Pa 量级，瞬时应力的最大值能达到 9×10^9 Pa，表明碰撞初期材料发生高压流变，接触界面薄层发生剪切失稳。当颗粒速度小于临界速度(700~750m/s)时，碰撞初期最大应力剧增，随时间增

加而缓慢下降至 $2\times10^9\,\mathrm{Pa}$；而当颗粒速度大于临界速度时，最大应力随时间增加快速下降至零。这表明随时间增加，粒子速度不断消耗，应力降低至低于材料强度，此时界面剪切失稳停止，颗粒形变趋于稳定，而当颗粒速度过大时，应力降低至零导致颗粒弹性应变，从而导致颗粒的反弹。

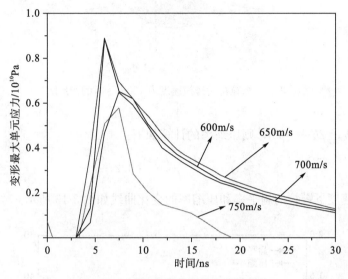

图 3-13　应力随时间的变化曲线

3.3.3.2　颗粒扁平率及变形量计算

颗粒和基板碰撞的变形程度用扁平率来表征，可表示为

$$f_{\mathrm{r}} = \frac{d_1}{d_2},(V_1 = V_2) \tag{3-25}$$

式中，d_1、V_1 为碰撞后颗粒的直径和体积；d_2、V_2 为碰撞前球形颗粒的直径和体积。

假设颗粒碰撞前为球形，粒径为 $50\,\mu\mathrm{m}$，则碰撞前的体积为

$$V_2 = \frac{4\pi r^3}{3} \approx 6.5412 \times 10^4\,\mu\mathrm{m}^3 \tag{3-26}$$

碰撞后颗粒可视为椭球，假设 $V_1 = V_2$，则椭球的三个半轴长分别为 $a=34\,\mu\mathrm{m}$，$b=20\,\mu\mathrm{m}$，$c=23\,\mu\mathrm{m}$，颗粒碰撞后的体积可表示为

$$V_1 = \frac{4\pi(abc)}{3} \approx 6.5479 \times 10^4\,\mu\mathrm{m} \tag{3-27}$$

由此得到碰撞后椭球形颗粒的最大轴长为 $a=68\,\mu\mathrm{m}$，即 $d_1=68\,\mu\mathrm{m}$，则颗粒的扁平率 f_{r} 为

$$f_{\mathrm{r}} = \frac{d_1}{d_2} = 1.36 \tag{3-28}$$

分析超音速喷涂过程中颗粒和基体的碰撞过程，压缩率 f_{c} 更能反映颗粒的变形状态，且压缩率不受计算机模拟中网格大小的影响。压缩率 f_{c} 可表示为

$$f_{\mathrm{c}} = \frac{d_2 - h_{\mathrm{p}}}{d_2} \tag{3-29}$$

式中，h_p 为扁平颗粒在撞击方向上的高度，如图 3-14 所示。

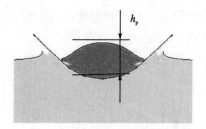

图 3-14　颗粒初始碰撞速度为 700m/s 时的变形图

计算可知 $h_p = 2b = 40\,\mu m$，则压缩率的计算如下：

$$f_c = \frac{d_2 - h_p}{d_2} = 0.2 \qquad (3\text{-}30)$$

不同初始速度下颗粒的扁平率和压缩率的变化曲线如图 3-15 所示。

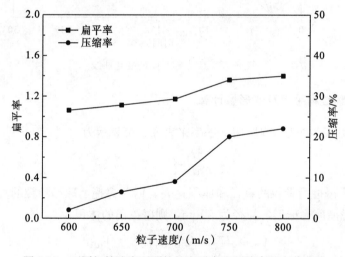

图 3-15　不同初始速度下颗粒的扁平率和压缩率的变化曲线

由图 3-15 可以看出，在颗粒速度为 700～750m/s 时，颗粒的扁平率和压缩率对速度的变化梯度较大，表明速度为 700～750m/s 的颗粒撞击基体，颗粒发生较大的变形，即颗粒在临界速度时，更容易塑性变形。

对于不同的颗粒速度，颗粒变形程度不同，则颗粒对基体的冲击程度也不同，颗粒与基体的接触面积和基体的凹坑体积能更好地反映颗粒/基体的整体变形状态。图 3-16 所示为不同速度下颗粒和基体的接触面积及基体凹坑体积的变化曲线。

由图 3-16 可以看出，颗粒和基体的接触面积及基体凹坑体积随着颗粒初始速度的增大而增大。对于基体上的凹坑体积，当颗粒速度达到 800m/s 时，凹坑体积是 600m/s 时的 2 倍，而颗粒在临界速度(700m/s)时，颗粒和基体均产生了剧烈塑性变形，从而有效避免了颗粒的反弹现象。

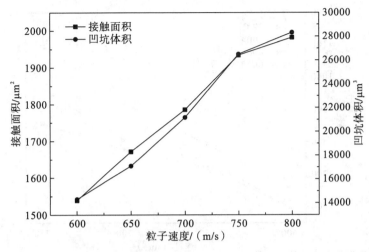

图 3-16　不同速度下颗粒和基体的接触面积及基体凹坑体积的变化曲线

3.3.3.3　初始温度对颗粒变形的影响

通过模拟得到在不同初始速度和温度下颗粒碰撞之后的局部最高温度，并得到了不同温度下颗粒的临界速度值，如表 3-6 所示。可见，随着速度的增大，颗粒的局部最高温度逐渐增大。当温度为 27℃时，临界速度为 750m/s，其局部最高温度为 775K；当颗粒温度为 200℃时，在速度为 650~700m/s 时，颗粒撞击基板的最高温度为 741~792K，颗粒已经发生了剪切失稳，产生了塑性流变，此时颗粒速度为 680m/s，表明当温度为 200℃时，颗粒的临界速度由 750m/s 降低为 680m/s 左右。通过表 3-6 中不同温度下的临界速度值可得到，随着温度的升高，临界速度的值明显降低。而当温度从室温升高到 200℃时，颗粒的临界速度降低最多。

表 3-6　不同初始速度和温度下颗粒撞击基体界面颗粒温度变化及临界速度

温度	600m/s	650m/s	700m/s	750m/s	V_c
27℃	598K	599K	658K	775K	<750m/s
200℃	719K	741K	792K	846K	680 m/s
400℃	776K	806K	919K	937K	630m/s
600℃	855K	965K	1024K	1095K	590 m/s

图 3-17 所示为不同速度和初始温度下接触区域的最高温度曲线，图 3-18 所示为不同温度下颗粒成功沉积的临界速度变化曲线。可见，随着颗粒初始温度的升高，颗粒的变形增大，颗粒和基体接触局部最高温度升高，颗粒产生绝热剪切失稳的临界速度降低。当颗粒速度达到临界速度以上时，局部最高温度接近颗粒的熔点，使颗粒发生局部熔化。升高颗粒的初始温度可降低颗粒的临界速度，从而可以通过升高颗粒温度参数，降低颗粒的临界速度，减轻颗粒成功沉积对高速喷涂设备的依赖。

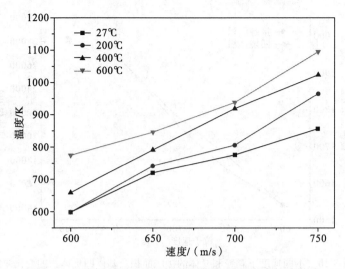

图 3-17　不同速度和初始温度下接触区域的最高温度曲线

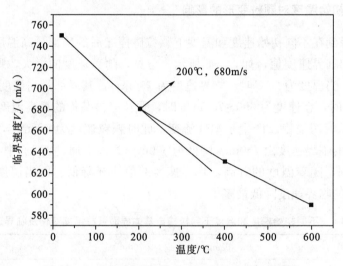

图 3-18　不同温度下颗粒成功沉积的临界速度曲线

3.3.4　基底层成形过程的数值模拟结果及分析

3.3.4.1　单层颗粒碰撞基体模拟结果及分析

研究喷涂过程中颗粒对相邻颗粒及基体变形的影响，材料模型为 Johnson-Cook 模型，网格划分结果如图 3-19 所示。

当颗粒速度为 700m/s，初始温度为 27℃时，颗粒垂直撞击基体，颗粒与基体碰撞过程的变形及有效塑性应变图如图 3-20 所示。可见，基体在碰撞后发生塑性应变从而形成金属射流，后续颗粒限制了先沉积颗粒的铺展，与先沉积颗粒发生交互作用，产生了机械互锁现象。由塑性应变图可知，先沉积颗粒受到后续冲击，塑性应变加剧。由图 3-20（b）可知，在碰撞 18ns 时，后续颗粒在基体表面平行的方向上铺展，并在先沉积颗粒上产生射流，如黑色箭头所示。同时对先沉积颗粒产生挤压，防止了先沉积颗粒的回弹，有利于涂层的结合，但同时由于先沉积颗粒扁平化程度较低，容易在其周围形成孔隙。由图 3-20(c) 可知，颗粒在基板上产生射流，如黑色箭头和图框所示，并且随着时间的延长，颗粒扁平化程度加剧。塑性应变在颗粒/颗粒、颗粒/基板接触界面上最大。由上述分析可知，在沉积过程中，随着后续颗粒的撞击，颗粒扁平化程度进一步加强，动能产生的热量以及塑性应变产生的热量在下层颗粒内积累，造成下层颗粒的局部熔化。由此可知，涂层结合机制以机械嵌合为主，并在局部微区出现熔化现象。

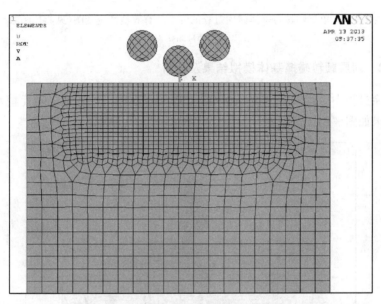

图 3-19 单层颗粒沉积过程有限元模型

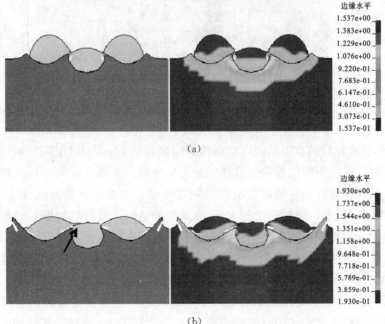

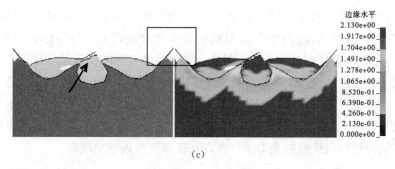

图 3-20　单层颗粒与基体碰撞过程的变形及有效塑性应变图(见彩色图版)

(a)13ns；(b)18ns；(c)24ns

3.3.4.2　两层颗粒碰撞基体模拟结果及分析

研究喷涂过程中后续颗粒对先沉积颗粒变形的影响，再次对有限元模型进行修改，网格划分结果如图 3-21 所示。

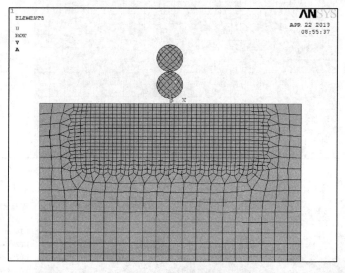

图 3-21　两层颗粒碰撞有限元模型

当颗粒速度为 700m/s，初始温度为 27℃时，颗粒垂直撞击基体，颗粒在不同时刻的变形图如图 3-22 所示。

为了观察后续颗粒的变形情况，将碰撞时间延长至 40ns。从图 3-22(a)可以看出，当时间为 10ns 时，先沉积颗粒首先与基体接触发生变形，变形程度大于后续颗粒；当时间为 20ns 时，后续颗粒开始变形，先沉积颗粒发生更大的变形；当时间为 30ns 时，先沉积颗粒发生明显的溅射，溅射程度远大于 20ns 时的情形，此时后续颗粒开始扁平化；当时间为 40ns 时，后续颗粒的夯实作用使先沉积颗粒的变形更大，则扁平化程度变大。

图 3-23 所示为在有无后续颗粒时，先沉积颗粒压缩率和扁平率随时间的变化曲线(有后续颗粒时称为起到夯实作用，无后续颗粒时称为无夯实作用)。可见，夯实作用对颗粒扁平率影响不大，但对压缩率有较大影响，压缩率更能反映颗粒的变形程度。在时间为 30ns 时，颗粒无夯实作用时的压缩率为 20%，而有后续颗粒夯实作用时的压缩率达

到了 68%。在多层颗粒的模拟中，后续颗粒对先沉积颗粒的夯实作用有利于颗粒的变形和铺展。

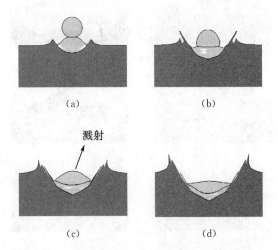

图 3-22　后续颗粒对先沉积颗粒碰撞的变形图

(a)10ns；(b)20ns；(c) 30ns；(d)40ns

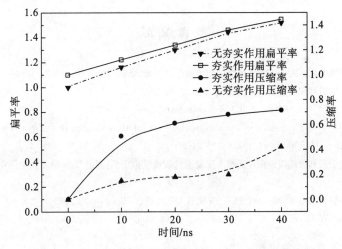

图 3-23　夯实作用对先沉积颗粒压缩率和扁平率的影响

3.3.5　多层连续成形过程的数值模拟结果及分析

对沉积过程有限元模型进一步修改，得到速度为 750m/s 时多层颗粒不同时刻的变形和有效塑性应变图，如图 3-24 所示。可知，当时间为 10ns 时，每个颗粒的变形形貌都与单个颗粒碰撞后的变形形貌相似，先与基体接触的最下层颗粒的有效塑性应变较大；当时间为 20ns 时，颗粒的变形量明显增大，最上层颗粒的变形和单颗粒撞击的变形形貌相似，下层颗粒由于后续颗粒的撞击，呈现出明显的扁平化，颗粒之间接触区域的有效塑性应变也明显增强，表明颗粒之间结合良好；当时间为 30ns 时，颗粒的扁平化程度进一步加强，由于后续颗粒的撞击，塑性应变产生的热量在下层颗粒内积累，造成下层颗粒产生局部熔化。

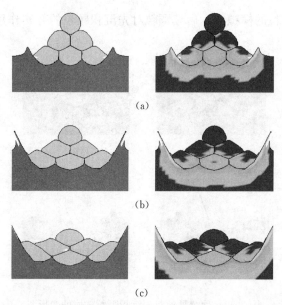

图 3-24　速度为 750m/s 时多层颗粒不同时刻的变形和有效塑性应变图（见彩色图版）

(a)10ns；(b)20ns；(c)30ns

参 考 文 献

[1]杨炜平，张健. 旋流燃烧室内丙烷湍流燃烧的数值模拟[J]. 燃烧科学与技术，2007，13(6)：503-509.

[2]高志崇. 烃燃烧反应机理探讨[J]. 辽宁大学学报，2002，29(3)：266-271.

[3]严传俊，范玮. 燃烧学[M]. 陕西：西北工业大学出版社，2005：391-398.

[4]Westbrook C K, Dryer F L. Simplified reaction mechanisms for the oxidation of hydrocarbon fuels in flames[J]. Combustion Science and Technology，1981(27)：24-27.

[5]邢建文. 化学平衡假设和火焰面模型在超燃冲压发动机数值模拟中的应用[D]. 绵阳：中国空气动力研究与发展中心，2007：64-69.

[6]郭烈锦. 两相与多相流动力学[M]. 西安：西安交通大学出版社，2002：590-600.

[7]Jackson C R, Lear W E, Sherif S A. Generalized wave analysis of two-phase flow [J]. Mechanics Research Commmunications，1998，25：613-622.

第4章 镁合金修复强化层制备过程控制

4.1 引　言

针对工况环境要求，镁合金修复强化层需具有高的有益相含量、低的孔隙率和高的结合强度。拖带介质及喷涂设备确定后，涂层特性主要取决于工艺设计及其过程控制。因此，本章围绕"镁合金修复强化层制备过程控制"这一关键问题，以铝基金属玻璃粉体为例，基于多指标正交试验设计，建立沉积距离、线扫描速度、空气压力等工艺参数与铝基金属玻璃涂层非晶相含量、孔隙率及结合强度等特征参数间的关联函数模型；以铝硅系合金粉体为例，阐释工艺特性对涂层特征参数变化的影响规律。

4.2 工艺参数与修复强化层特征参数间的关联关系建模

4.2.1 试验设计

喷涂材料为 $Al_{86}Ni_6Y_{4.5}Co_2La_{1.5}$ 气雾化金属玻璃粉末，呈球形或类球形，粒径为 $25\mu m$ 的粉末约占 70%，粒径为 $25\sim50\mu m$ 的粉末约占 30%，粉末的总体非晶相含量为 82.2%，流动性好。

基体材料为 ZM5 镁合金，试样规格分为 $20mm\times20mm\times10mm$、$\phi25.4mm\times10mm$ 两种。在丙酮溶液中超声波清洗 30min 去除表面油污，采用棕刚玉喷砂提高表面粗糙度。

涂层制备采用基于丙烷-空气的低温超音速喷涂系统，以沉积距离、线扫描速度等为考察因素，以涂层非晶相含量等为试验指标，进行正交优化试验，如表 4-1 所示。

表 4-1　正交试验因素水平表

水平	沉积距离/cm	线扫描速度/(mm/s)	空气压力/psi	送粉速率/(g/min)
1	12	2800	78	11
2	16	3200	82	21
3	20	3600	86	31
4	24	4000	90	41

注：1psi=6.895kPa。

采用 Rigaku D/max2400 型 X 射线衍射仪测试涂层的相组成，以 $\lambda=0.1542nm$ 的 Cu Kα 为射线源，功率为 12kW，管电压为 50kV，电流为 100mA，步进 0.02°。采用

Verdon 方法对 XRD 图谱进行 Pseudo-Voigt 函数拟合，并结合 DSC 试验测试，判定涂层的非晶相含量。采用 X 射线三维成像仪(图 4-1)测试涂层的孔隙率。依据国家航空标准 HB 7751—2004《爆炸喷涂涂层结合强度试验方法》测试涂层的结合强度，原理如图 4-2 所示。

图 4-1　X 射线三维成像仪

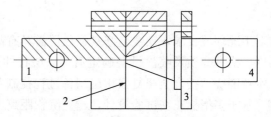

图 4-2　结合强度测试原理图
1—拉杆；2—涂层；3—固定盘；4—拉杆

　　每项试验选取五组同一工艺制备的涂层进行测量，取五次测量结果的平均值作为测试量的试验值，试验结果如表 4-2 所示。

表 4-2　正交试验结果

序号	沉积距离 /cm	线扫描速度 /(mm/s)	空气压力 /psi	送粉速率 /(g/min)	结合强度 /MPa	孔隙率 M-CT/%	非晶相含量 /%
1	12	2800	78	11	36.17	0.90	66
2	12	3200	82	21	40.08	0.86	69
3	12	3600	86	31	39.90	0.99	73
4	12	4000	90	41	36.80	1.12	71
5	16	2800	82	31	35.50	0.44	53
6	16	3200	78	41	31.56	0.55	60
7	16	3600	90	11	41.08	1.29	72
8	16	4000	86	21	40.42	1.12	71
9	20	2800	86	41	34.78	0.39	39
10	20	3200	90	31	35.21	0.58	47
11	20	3600	78	21	35.15	0.75	70
12	20	4000	82	11	37.57	0.81	64
13	24	2800	90	21	36.34	0.77	48
14	24	3200	86	11	35.10	0.85	51
15	24	3600	82	41	29.60	0.52	59
16	24	4000	78	31	27.80	0.47	65

4.2.2　方差分析

采用方差法分析各工艺参数对涂层非晶相含量、孔隙率及结合强度的影响及其显著性，构造 F 统计量，通过计算各要素 F 值和显著性水平 F_α 值，可判定各工艺参数对各试验指标影响的主次顺序及显著水平，如表 4-3～表 4-5 所示。

表 4-3　工艺参数对涂层非晶相含量影响的方差分析

工艺参数	偏差平方和 S	自由度 f	F	F_α(3, 3)	显著水平	贡献率
沉积距离	596.250	3	795.000		＊＊＊	35.6%
线扫描速度	840.250	3	1120.333	$F_{0.01}$(3, 3)=29.5	＊＊＊	50.1%
空气压力	106.250	3	141.667	$F_{0.025}$(3, 3)=15.4	＊＊＊	6.3%
送粉速率	134.250	3	179.000	$F_{0.05}$(3, 3)=9.28	＊＊＊	8.0%
误差	0.750	3				

注：$F>F_{0.01}$ 表示影响特别显著，标注为 ＊＊＊；$F_{0.01}>F>F_{0.025}$ 表示影响显著，标注为 ＊＊；$F_{0.025}>F>F_{0.05}$ 表示一般显著，标注为 ＊；$F<F_{0.05}$ 表示无影响，不标注。

表 4-4　工艺参数对涂层孔隙率影响的方差分析

工艺参数	偏差平方和 S	自由度 f	F	F_α(3, 3)	显著水平	贡献率
沉积距离	0.312	3	104.000		＊＊＊	28.8%
线扫描速度	0.202	3	67.333	$F_{0.01}$(3, 3)=29.5	＊＊＊	18.7%
空气压力	0.226	3	75.333	$F_{0.025}$(3, 3)=15.4	＊＊＊	20.8%
送粉速率	0.344	3	114.667	$F_{0.05}$(3, 3)=9.28	＊＊＊	31.7%
误差	0.001	3				

注：$F>F_{0.01}$ 表示影响特别显著，标注为 ＊＊＊；$F_{0.01}>F>F_{0.025}$ 表示影响显著，标注为 ＊＊；$F_{0.025}>F>F_{0.05}$ 表示一般显著，标注为 ＊；$F<F_{0.05}$ 表示无影响，不标注。

表 4-5　工艺参数对涂层结合强度(镁合金基体)影响的方差分析

工艺参数	偏差平方和 S	自由度 f	F	F_α(3, 3)	显著水平	贡献率
沉积距离	82.556	3	38.185		＊＊＊	39.4%
线扫描速度	2.122	3	0.981	$F_{0.01}$(3, 3)=29.5		1.0%
空气压力	61.187	3	28.301	$F_{0.025}$(3, 3)=15.4	＊＊	29.2%
送粉速率	63.690	3	29.459	$F_{0.05}$(3, 3)=9.28	＊＊	30.4%
误差	2.160	3				

注：$F>F_{0.01}$ 表示影响特别显著，标注为 ＊＊＊；$F_{0.01}>F>F_{0.025}$ 表示影响显著，标注为 ＊＊；$F_{0.025}>F>F_{0.05}$ 表示一般显著，标注为 ＊；$F<F_{0.05}$ 表示无影响，不标注。

在表 4-3 中，各因素的 F 值均远大于 $F_{0.01}$(3, 3)的值 29.5，对涂层非晶相含量的影响均特别显著。线扫描速度的 F 值为 1120.333，贡献率达 50.1%，是影响涂层非晶相含量最主要的因素。沉积距离的 F 值为 795.000，贡献率达 35.6%，是影响涂层非晶相含量的主要因素。送粉速率和空气压力的 F 值分别为 179.000 和 141.667，贡献率分别为 8.0% 和 6.3%，是影响涂层非晶相含量的重要因素。综上，对比各因素的 F 值可知，各工艺参数对涂层非晶相含量影响的主次顺序依次为线扫描速度、沉积距离、送粉速率和空气压力。

在表 4-4 中，各因素的 F 值均大于 $F_{0.01}(3，3)$ 的值 29.5，对涂层孔隙率的影响均特别显著。对比可知，各工艺参数对涂层孔隙率影响的主次顺序依次为送粉速率、沉积距离、空气压力和线扫描速度。

在表 4-5 中，沉积距离的 F 值为 38.185，大于 $F_{0.01}(3，3)$ 的值 29.5，对涂层结合强度的影响特别显著，贡献率达 39.4%。送粉速率和空气压力的 F 值分别为 29.459 和 28.301，介于 $F_{0.01}(3，3)$ 的值 29.5 和 $F_{0.025}$ 的值 15.4 之间，表明对涂层结合强度的影响显著，贡献率分别为 30.4% 和 29.2%。线扫描速度的 F 值为 0.981，远小于 $F_{0.05}$ 的值 9.28，对涂层结合强度无影响，贡献率仅为 1.0%。综上，对比各因素的 F 值可知，各工艺参数对涂层结合强度影响的主次顺序依次为沉积距离、送粉速率、空气压力和线扫描速度。

4.2.3　工艺参数对涂层特性的影响

依据正交试验结果，进行各因素对涂层非晶相含量、孔隙率及结合强度影响的多指标分析，结果如表 4-6 所示。

表 4-6　正交试验结果分析

指标	指标参量	沉积距离 (A)	线扫描速度 (B)	空气压力 (C)	送粉速率 (D)
非晶相含量	K_1	279.00	206.00	261.00	253.00
	K_2	256.00	227.00	245.00	258.00
	K_3	220.00	274.00	234.00	238.00
	K_4	223.00	273.00	238.00	229.00
	k_1	69.75	51.50	65.25	63.25
	k_2	64.00	56.75	61.25	64.50
	k_3	55.00	68.50	58.50	59.50
	k_4	55.75	68.25	59.50	57.25
	极差 R	14.75	17.00	6.75	7.25
	因素主次	BADC			
	优水平	A_1	B_3	C_1	D_2
	优组合	$A_1 B_3 C_1 D_2$			

指标	指标参量	沉积距离 (A)	线扫描速度 (B)	空气压力 (C)	送粉速率 (D)
孔隙率	K_1	3.37	2.50	2.67	3.85
	K_2	3.40	2.84	2.63	3.50
	K_3	2.53	3.55	3.35	2.48
	K_4	2.61	3.52	3.76	2.58
	k_1	0.97	0.63	0.67	0.96
	k_2	0.85	0.71	0.66	0.88
	k_3	0.63	0.89	0.84	0.62
	k_4	0.65	0.88	0.94	0.65
	极差 R	0.34	0.26	0.28	0.34
	因素主次	$DACB$			
	优水平	A_3	B_1	C_2	D_3
	优组合	$A_3 B_1 C_2 D_3$			
结合 强度	K_1	152.95	142.79	130.68	149.92
	K_2	148.56	141.95	142.75	151.99
	K_3	140.71	145.73	150.20	138.41
	K_4	128.84	142.59	149.43	132.74
	k_1	38.24	35.69	32.67	37.48
	k_2	37.14	35.49	35.69	37.99
	k_3	35.18	36.43	37.55	34.60
	k_4	32.21	35.65	37.36	33.09
	极差 R	6.03	0.94	4.88	4.90
	因素主次	$ADCB$			
	优水平	A_1	B_3	C_3	D_2
	优组合	$A_1 B_3 C_3 D_2$			

4.2.3.1　工艺参数对非晶相含量的影响

分别以沉积距离、线扫描速度、空气压力和送粉速率四个因素的水平数为横坐标，以涂层非晶相含量为纵坐标，绘制各工艺参数与非晶相含量的关系图，考察各工艺参数对涂层非晶相含量的影响，如图 4-3 所示。

由图 4-3(a)可见，铝基金属玻璃涂层的非晶相含量随沉积距离的增大总体上呈逐渐减小的变化趋势。在低温超音速喷涂动态喷射过程中，高温高压焰流裹挟拖带喷涂粒子高速运动，与喷涂粒子之间产生剧烈的力、热交互作用，实现喷涂粒子的加速与加热。

对于确定材质、粒径等理化属性的特定喷涂材料，在设定载气压力、送粉速率等工艺参数及沉积路径的条件下，喷涂粒子会以特定的拖带速度运动，沉积距离主要影响高温焰流对其热作用的时间，从而使喷涂粒子处于不同的温度状态。对于铝基金属玻璃粉体颗粒而言，当沉积距离较小时，高温焰流对喷涂粒子的热作用时间较短，粒子温度较低，基本以初始非晶的状态与金属基板碰撞而沉积形成涂层，故涂层中的非晶相含量较高。随着沉积距离的增大，粉体受热时间延长，粒子温度升高，使部分粉体颗粒内部出现短程有序"预存核"，其与金属基板碰撞沉积成层过程中的界面温升作用使发生部分晶化转变，故涂层中的非晶相含量逐步降低。

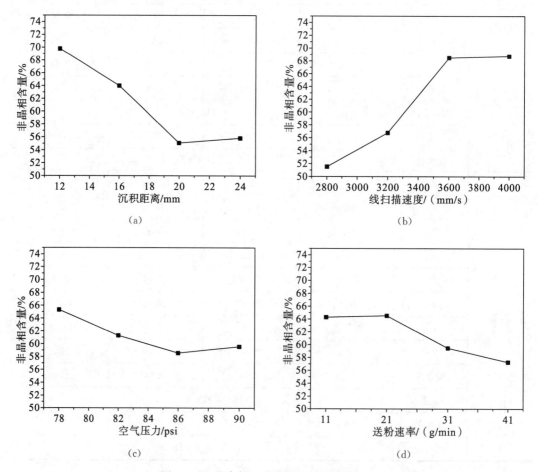

图 4-3　工艺参数对涂层非晶相含量的影响

(a)沉积距离的影响；(b) 线扫描速度的影响；(c)空气压力的影响；(d) 送粉速率的影响

由图 4-3(b)可见，铝基金属玻璃涂层的非晶相含量随线扫描速度的增大总体上呈逐渐增大的变化趋势。低温超音速喷涂属于典型的多层多道堆积成形工艺，高温高压焰流会对基体及先期沉积层产生剧烈的循环热作用。在特定焰流及沉积距离等工艺参数不变的条件下，喷枪线扫描速度主要影响高温焰流在基体及先期沉积层表面的滞止时间，而使其产生不同的温升状态，进而诱发不同的组织演化。当喷枪线扫描速度较小时，高温焰流在基板同一位置的滞止时间较长，导致其局部温度较高，反馈作用于沉积层，诱发其发生晶化转变；同时，在后续喷涂沉积过程中，高温焰流在先期沉积层同一位置的滞止时间也较长，会对其产生较大的热输入，造成先期沉积层发生晶化现象，故涂层的非晶相含量较低。随着喷枪线扫描速度的增大，高温焰流在基板及先期沉积层同一位置的滞止时间逐步缩短，对基体及先期沉积层的热输入减少，诱发先期沉积层晶化转变的程度降低，故涂层的非晶相含量逐步增大。

由图 4-3(c)可见，铝基金属玻璃涂层的非晶相含量随空气压力的增大总体上呈逐渐减小的变化趋势。在低温超音速喷涂工艺中，高压空气和丙烷是其主燃料，在某一给定的空气压力下，要维持持续燃烧并形成稳定的高温高压焰流，需存在某一对应的特定流量的丙烷，而丙烷流量则决定了整个燃流的热值。当空气压力较小时，形成稳定焰流所需的丙烷流量较小，整个焰流的燃烧热值较低，在沉积距离、送粉速率等工艺参数及沉积路径确定的条件下，焰流对喷涂粒子的热传输较小，基本不会造成喷涂颗粒内部有序"预存核"的出现，$Al_{86}Ni_6Y_{4.5}Co_2La_{1.5}$ 喷涂粉体粒子基本以初始非晶的状态撞击基板表面而沉积形成涂层，故涂层中的非晶相含量较高。当空气压力逐步增大时，形成稳定焰流所需的丙烷流量逐步增大，焰流的热值提高，造成 $Al_{86}Ni_6Y_{4.5}Co_2La_{1.5}$ 非晶粉体颗粒内部的"预存核"逐步增多，在与金属基板高速碰撞沉积成层过程中发生晶化转变，故涂层的非晶相含量逐步降低。

由图 4-3(d)可见，铝基金属玻璃涂层的非晶相含量随送粉速率的增大总体上呈逐渐减小的变化趋势。在低温超音速喷涂动态喷射过程中，送粉速率的变化直接表现为高温高压焰流裹携的粉体粒子质量的变化。当送粉速率较低时，高温高压焰流中裹携的粉体粒子总质量较小，单个喷涂粒子会获得更大的拖带力，产生更大的运动速度，减少与高温焰流的热交互作用时间，能够较好地维持其本身特性，故制备的铝基金属玻璃涂层的非晶相含量较高。随着送粉速率的增大，高温高压焰流裹携的粉体粒子总质量增大，单个粒子的拖带力逐步减小，运动速度逐步降低，与高温焰流的热交互作用时间延长，导致 $Al_{86}Ni_6Y_{4.5}Co_2La_{1.5}$ 粉体颗粒中"预存核"的数量有所增多，故制备的涂层中的非晶相含量也逐步降低。

4.2.3.2　工艺参数对孔隙率的影响

分别以沉积距离、线扫描速度、空气压力和送粉速率四个因素的水平数为横坐标，以涂层孔隙率为纵坐标，绘制各工艺参数与涂层孔隙率的关系图，考察各工艺参数对涂层孔隙率的影响，如图 4-4 所示。

低温超音速喷涂层是由大量的变形粒子堆积叠加形成的，不同沉积粒子之间相互镶嵌支撑导致孔隙的产生。沉积粒子间的镶嵌状态决定了孔隙的多少，而颗粒间的镶嵌状态主要取决于颗粒的变形程度。

由图 4-4(a)可见，铝基金属玻璃涂层的孔隙率随沉积距离的增大总体上呈逐渐减小的变化趋势。当沉积距离较小时，高温高压焰流对喷涂粒子的加热时间较短，粒子温度较低，与基体碰撞时变形不够充分；同时，冲击射流发展不够充分，拖带速度较低，导致喷涂粒子碰撞基板时的速度较低，对先期沉积层的冲击夯实作用有限，对提高涂层致密性的作用不明显；再者，由于沉积距离较短，冲击射流会在基板前产生强烈的板激波，其对喷涂粒子尤其是粒径较小的喷涂粒子产生涡旋回流作用，也会降低喷涂粒子与基板的碰撞速度，故涂层孔隙率较高。随着沉积距离的增大，高温高压焰流对喷涂粒子的加热时间延长，粒子温度逐步升高，与基体碰撞时会发生较为充分的变形；同时，冲击射流也会得到充分发展，拖带速度增大，导致喷涂粒子碰撞基板时的速度增大，对先期沉积层的冲击夯实作用增强，对提高沉积层致密性的作用明显；再者，由于沉积距离增大，冲击射流在基板前的板激波减弱，涡旋回流作用减弱，利于小粒径颗粒的沉积，故涂层的孔隙率降低。

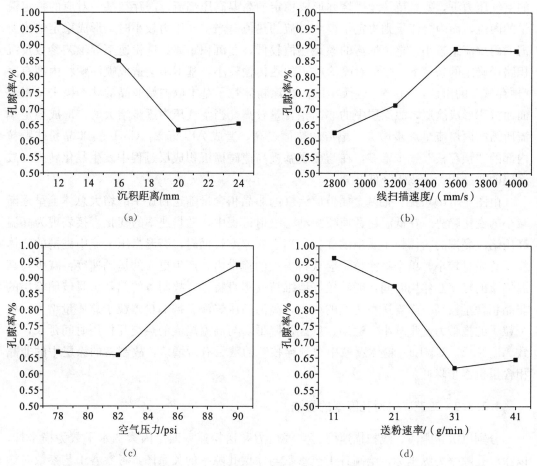

图 4-4　工艺参数对涂层孔隙率的影响

(a)沉积距离的影响；(b) 线扫描速度的影响；(c)空气压力的影响；(d) 送粉速率的影响

由图 4-4(b)可见，铝基金属玻璃涂层的孔隙率随线扫描速度的增大总体上呈逐渐增大的变化趋势。当喷枪线扫描速度较小时，高温焰流在同一位置的滞止时间较长，导致基体及先期沉积层局部温度较高而软化，易于喷涂粒子与其高速碰撞时产生协调变形而沉积形成致密度较高的涂层，故涂层孔隙率较低。随着喷枪线扫描速度的逐步增大，高温焰流在基板及先期沉积层同一位置的滞止时间逐步减少，对其热软化作用减弱，使喷涂粒子与其高速碰撞时的变形程度降低，相互镶嵌支撑形成涂层，故涂层的孔隙率逐渐增大。

由图 4-4(c)可见，铝基金属玻璃涂层的孔隙率随空气压力的增大总体上呈逐渐增大的变化趋势。在低温超音速喷涂工艺中，为维持稳定的冷模式燃烧状态，对于某一给定的空气压力，需存在一相应的丙烷压力值。当空气压力较低时，相应的丙烷流量较小，焰流维持于低热值燃烧状态，喷涂粒子在热塑态下与基板碰撞时会发生较为充分的变形；同时，由于形成的焰流压力适中，对喷涂粒子的拖带力也较大，后续喷涂粒子对先期沉积层产生明显的冲击夯实作用，故涂层孔隙率较低。随着空气压力的增大，相应的丙烷流量也逐步增大，焰流的热值逐步提高，当达到某一临界值时，导致部分喷涂粒子发生熔融，与金属基板碰撞进而通过快速凝固的方式形成涂层，涂层会因熔融喷涂粒子的飞溅及凝固收缩产生新的孔隙，产生类似于传统热喷涂的效果，故涂层的孔隙率急剧增大。

由图 4-4(d)可见，铝基金属玻璃涂层的孔隙率随送粉速率的增大总体上呈逐渐减小的变化趋势。当送粉速率较低时，高温高压焰流裹携的粉体粒子数量较少，单个喷涂粒子获得极大的运动速度，但与高温焰流的热作用时间短，基本保持原来的硬质固态特性，即喷涂颗粒以"高速＋硬质"的状态撞击基板表面，塑性变形程度较低；同时，由于过低的送粉速率极易出现单遍喷涂不能完全覆盖扫描区域的情况，故涂层的孔隙率较高。随着送粉速率的增大，高温高压焰流裹携的粉体粒子数量适当，单个喷涂粒子获得较高的运动速度，且与高温焰流的热作用时间适中，变化为热塑态，即喷涂粒子以"高速＋热塑"的状态撞击基板表面，塑性变形程度提高，故涂层孔隙率逐步降低。

4.2.3.3 工艺参数对结合强度的影响

以沉积距离、线扫描速度、空气压力和送粉速率四个因素的水平数为横坐标，以镁合金表面铝基金属玻璃涂层的结合强度为纵坐标，绘制各工艺参数与涂层结合强度的关系图，考察各工艺参数对涂层结合强度的影响，如图 4-5 所示。

由图 4-5(a)可见，镁合金表面铝基金属玻璃涂层的结合强度随沉积距离的增大总体上呈逐渐减小的变化趋势。低温超音速喷涂是高温高压焰流携带固态颗粒高速撞击金属基板发生高塑性畸变，与基体协调变形沉积成层的工艺过程。涂层的结合强度主要取决于颗粒及基板的变形状态等。当沉积距离较为适当时，冲击射流得到充分发展，使喷涂粒子得到充分加速，高速撞击金属基板后产生高塑性流变，与基体实现高强度结合；同时，由于焰流裹携时间相对较长，部分粒子温度相对较高，与基板碰撞时更易于发生动能向热能的转化而实现局部熔融冶金，与基体实现"机械镶嵌＋微冶金"结合，故涂层的结合强度较高。随着沉积距离的增大，冲击射流速度逐步降低，对喷涂粒子起迟滞阻碍作用，颗粒速度降低，撞击金属基板后变形不够充分，主要是以机械镶嵌的方式堆垛叠加形成涂层，与基体产生以机械镶嵌为主的结合，故涂层结合强度逐步降低。

由图 4-5(b)可见，镁合金表面铝基金属玻璃涂层的结合强度随线扫描速度的增大总体上呈在一定幅度范围内连续波动的变化趋势。涂层的结合强度主要取决于第一层沉积层与基体的结合状态，而线扫描速度主要影响高温焰流对基体的热输入，使其在喷涂粒子碰撞时出现不同的温度状态。当线扫描速度较小时，焰流在基体同一位置的滞止时间较长，对基体产生相对较大的热输入，导致其发生软化，由固态颗粒高速碰撞而诱发严重的边界射流，与变形粒子间形成强烈的机械互锁，故涂层的结合强度较高。当喷枪线扫描速度较大时,高温焰流在基板同一位置的滞止时间减少,对基体的热软化作用降低,由固态颗粒高速碰撞诱发的边界射流较少,其与变形粒子间的互锁作用减弱,故涂层的结合强度有所降低。但在试验研究范围内,焰流的温度变化不大,其对基体的热输入总体维持稳定,故涂层结合强度整体上也变化不大。

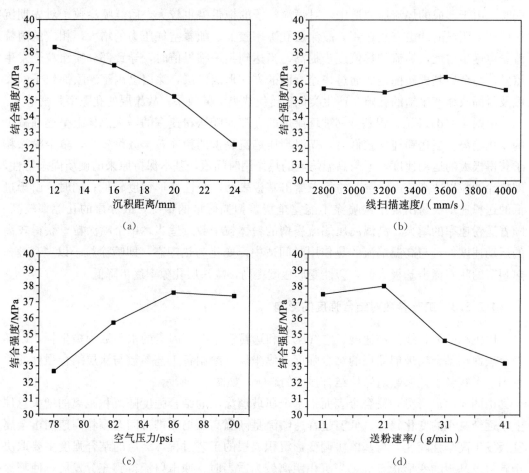

图 4-5　工艺参数对涂层结合强度(镁合金基体)的影响

(a)沉积距离的影响;(b)线扫描速度的影响;(c)空气压力的影响;(d)送粉速率的影响

由图 4-5(c)可见,铝基金属玻璃涂层的结合强度随空气压力的增大总体上呈逐步增大的变化趋势。在低温超音速喷涂工艺中,空气压力主要影响喷涂粒子的温度及速度,进而影响粒子撞击基板时的状态。当空气压力较小时,维持稳定燃烧所需的丙烷流量较小,产生较低温度的焰流,温度较低的喷涂粒子在硬质固态下撞击金属基板,产生有限的塑性变形,与由同样变形程度较低的基板产生的边界射流以部分包裹的形式实现结合,故涂层结合强度较低。随着空气压力的增大,维持稳定燃烧所需的丙烷流量逐步增大,焰流温度逐步升高,喷涂粒子温度也有所升高,其在热塑态下撞击金属基板而产生严重的塑性变形,基板也由于严重的塑性变形而产生大面积的塑性流变,二者之间实现互锁并形成机械挤压,故涂层的结合强度逐步增大。

由图 4-5(d)可见,镁合金表面铝基金属玻璃涂层的结合强度随送粉速率的增大总体上呈逐步减小的变化趋势。当送粉速率较低时,高温高压焰流裹携的粉体粒子数量较少,单个喷涂粒子获得更多的热作用和更大的拖带力,温度更高、运动速度更大,与基板碰撞时变形充分,故涂层的结合强度较高。随着送粉速率的增大,高温高压焰流裹携的粉体粒子数量逐步增多,单个喷涂粒子获得的热作用逐步减少、拖带力逐步减小,粒子温度降低、运动速度减小,与基板碰撞时变形程度减弱,故涂层的结合强度逐步减小。

4.2.4　工艺参数与涂层特性间的关联关系建模

上一节中,针对"工艺参数对涂层特性的影响"的阐述,将工艺参数的适用范围限定在了特定的数值区间,它是对典型工艺参数与涂层特征参数关系的定性描述,适用范畴有限。因此,为全面准确预测涂层特性并逆向指导工艺设计,需建立低温超音速喷涂工艺参数与铝基金属玻璃涂层的非晶相含量、孔隙率及结合强度等特征参数间的定量关系模型。

4.2.4.1　工艺参数与涂层非晶相含量的关联关系建模

1)工艺参数与非晶相含量关联模型的建立

铝基金属玻璃的电极电位、点蚀电位等理化特性随其非晶相含量的变化而变化,其综合使役性能也会受到非晶相含量的重要影响。在低温超音速喷涂动态沉积铝基金属玻璃粉体的过程中,沉积距离、线扫描速度、空气压力和送粉速率等工艺参数均对涂层非晶相含量有重要影响,因此建立工艺参数与涂层非晶相含量间的关系模型对于涂层制备工艺设计、调整优化及特性预判均具有重要意义。

当前,国内外学者建立关联函数模型的方法主要包括神经网络法和多元线性回归法。神经网络法的优点是预测精度高,缺点是模型参数对应性差;多元线性回归法的优点是模型参数的对应性好,但预测精度和稳定性一般[1]。低温超音速喷涂工艺中影响涂层非晶相含量的参数较多,且具有较强的相关性。

综合上述分析,本节基于表 4-2 的正交试验结果,采用指数函数构建非晶相含量与各工艺参数间的关系式:

$$\Phi = K_1 D^{b_1} V_s^{b_2} P_a^{b_3} V_f^{b_4} \qquad (4\text{-}1)$$

式中,Φ 为非晶相含量;K_1 为修正系数;D 为沉积距离;V_s 为线扫描速度;P_a 为空气压力;V_f 为送粉速率;b_1、b_2、b_3、b_4 为指数项。

对式(4-1)等号两边同时取对数,将非线性方程转化为线性方程,得如下公式:

$$\lg\Phi = \lg K_1 + b_1\lg D + b_2\lg V_s + b_3\lg P_a + b_4\lg V_f \qquad (4\text{-}2)$$

令 $y=\lg\Phi$,$x_1=\lg D$,$x_2=\lg V_s$,$x_3=\lg P_a$,$x_4=\lg V_f$,$b_0=\lg K_1$,将其代入式(4-2)得

$$y = b_0 + b_1 x_1 + b_2 x_2 + b_3 x_3 + b_4 x_4 \qquad (4\text{-}3)$$

建立多元线性回归方程

$$\begin{cases} y_1 = \beta_0 + \beta_1 x_{11} + \beta_2 x_{12} + \beta_3 x_{13} + \beta_4 x_{14} + \varepsilon_1 \\ y_2 = \beta_0 + \beta_1 x_{21} + \beta_2 x_{22} + \beta_3 x_{23} + \beta_4 x_{24} + \varepsilon_2 \\ y_3 = \beta_0 + \beta_1 x_{31} + \beta_2 x_{32} + \beta_3 x_{33} + \beta_4 x_{34} + \varepsilon_3 \\ \vdots \\ y_{16} = \beta_0 + \beta_1 x_{161} + \beta_2 x_{162} + \beta_3 x_{163} + \beta_4 x_{164} + \varepsilon_{16} \end{cases} \tag{4-4}$$

式中，ε_i 为随机变量误差。

式(4-4)的矩阵表示形式如下：

$$Y = X\beta + \varepsilon \tag{4-5}$$

$$Y = \begin{bmatrix} y_1 \\ y_2 \\ y_3 \\ \vdots \\ y_{16} \end{bmatrix}, X = \begin{bmatrix} 1 & x_{11} & x_{12} & x_{13} & x_{14} \\ 1 & x_{21} & x_{22} & x_{23} & x_{24} \\ 1 & x_{31} & x_{32} & x_{33} & x_{34} \\ & & \vdots \\ 1 & x_{161} & x_{162} & x_{163} & x_{164} \end{bmatrix}, \beta = \begin{bmatrix} \beta_0 \\ \beta_1 \\ \beta_2 \\ \beta_3 \\ \beta_4 \end{bmatrix}, \varepsilon = \begin{bmatrix} \varepsilon_1 \\ \varepsilon_2 \\ \varepsilon_3 \\ \vdots \\ \varepsilon_{16} \end{bmatrix}$$

运用最小二乘法计算 β 值，设定 b_0、b_1、b_2、b_3、b_4 分别是 β_0、β_1、β_2、β_3、β_4 的最小二乘估值，得到回归方程表达式：

$$y'' = b_0 + b_1 x_1 + b_2 x_2 + b_3 x_3 + b_4 x_4 \tag{4-6}$$

式中，y'' 为统计变量；b_0、b_1、b_2、b_3、b_4 为回归系数，则得

$$b = (X'X)^{-1}X'Y \tag{4-7}$$

将各因素水平及试验值分别代入式(4-7)，运用 Matlab 软件运算，求得 $K_1 = 9.6721$，$b_1 = -0.3904$，$b_2 = 0.8913$，$b_3 = -0.9036$，$b_4 = -0.0929$。

所以，工艺参数与铝基金属玻璃涂层非晶相含量间的关联关系模型为

$$\Phi = 9.6721 D^{-0.3904} V_s^{0.8913} P_a^{-0.9036} V_f^{-0.0929} \tag{4-8}$$

式中，Φ 为非晶相含量；D 为沉积距离；V_s 为线扫描速度；P_a 为空气压力；V_f 为送粉速率。

2) 模型及系数的显著性检验

对涂层非晶相含量与各工艺参数间的关系进行显著性检验，以判断关联模型的拟合度，对构造的统计量进行 F 检验[2]：

$$F = \frac{SS_E/k}{SS_R/(n-k-1)}, F(k, n-k-1) \tag{4-9}$$

式中，n 为实验组数；k 为变量个数；SS_E 为残差平方和；SS_R 为回归平方和；$F(k, n-k-1)$ 为 F 分布自由度的取值范围。

模型的复相关系数为[2]

$$R^2 = SS_R/SS_T \tag{4-10}$$

式中，R^2 为复相关系数；SS_R 为回归平方和；SS_T 为总平方和。在给定的显著性水平下，若 $F > F(k, n-k-1)$，即认为回归模型可信。

在表4-7中，显著性水平0.01下，关联模型的 F 值为17.248，明显大于 $F_{0.01}(4, 11)$ 的值5.67，表明涂层非晶相含量与 D、V_s、P_a 及 V_f 之间均存在高度显著的回归关系。

R^2 是关系模型的复相关系数，定义为回归平方和与总平方和之比，用于表征关联模型的拟合度，取值范围为 0~1，取值越大说明关联模型的拟合度越高，即模型计算值与试验测量值吻合越好。式(4-10)的 R^2 为 0.9625，R^2 调整值为 0.9489，说明关联模型与试验数值间的良好拟合，模型构建正确。

表 4-7　工艺参数与涂层非晶含量关联模型的显著性检验

统计参量	平方和	自由度	F	$F_{0.01}(4, 11)$	R^2	R^2 调整值
回归	0.09590	4				
残差	0.00374	11	17.248	5.67	0.9625	0.9489
总计	0.09964	15				

在多元回归分析中，回归方程显著并不意味着每个自变量对因变量的影响都是重要的，还需考察每个自变量对因变量作用的显著程度。采用单边 t 检验判定关联模型回归系数的显著水平。在 t 检验结果中，其显著性概率 P 值可以判定对应的回归系数是否虚无假设，当 $P<0.05$ 时可以放弃此回归系数为 0 的虚无假设，当 $P>0.05$ 时将对应的回归系数赋值为 0。在给定的显著性水平下，若 t 的计算值大于临界值，则认为该系数是显著的。

在表 4-8 中，D、V_s、P_a 及 V_f 各参数回归系数的 t 值均大于 $t_{0.05}(11)$，因此，各回归系数均需给予保留。同时，显著性概率 P 值均小于 0.05，表明上述各回归系数对工艺参数与涂层非晶相含量间的关联关系均有显著影响。

表 4-8　工艺参数与涂层非晶相含量关联模型回归系数的显著性检验

参数	系数	显著性概率 P 值	t 值	$t_{0.05}(11)$
D	−0.3904	0.0005	−4.8626	
V_s	0.8913	0.0001	5.9413	
P_a	−0.9036	0.0445	−2.2677	2.201
V_f	−0.0929	0.0488	−2.2148	

4.2.4.2　工艺参数与涂层孔隙率的关联关系建模

孔隙率是指材料内部孔隙体积占其总体积的百分比，用于表征涂层的密实程度，是影响涂层性能尤其是抗腐蚀性能的重要参数。涂层孔隙率取决于其内部组成颗粒的形状、结构及排列，因此建立沉积距离、线扫描速度、空气压力及送粉速率等工艺参数与涂层孔隙率间的定量关系模型可为高致密涂层制备提供理论参考。

1)工艺参数与孔隙率关联模型的建立

基于上述分析，对涂层孔隙率数据进行多元回归建模，获得了工艺参数与铝基金属玻璃涂层孔隙率关联关系的指数函数模型：

$$\Psi = 0.00000001807 D^{-0.6376} V_s^{1.1061} P_a^{2.6089} V_f^{-0.3840} \tag{4-11}$$

式中，Ψ 为涂层孔隙率；D 为沉积距离；V_s 为线扫描速度；P_a 为空气压力；V_f 为送粉速率。

2)模型及系数的显著性检验

运用 F 检验法对工艺参数与涂层孔隙率关联模型进行显著性检验,结果如表 4-9 所示。可见,关联模型的 F 值明显大于 $F_{0.01}(4, 11)$ 的值,说明涂层孔隙率与 D、V_s、P_a 及 V_f 间存在高度显著的回归关系。R^2 为 0.9585,R^2 调整值为 0.9434,说明关联模型与试验数据间构成了较好的拟合关系。

表 4-9　工艺参数与涂层孔隙率关联模型的显著性检验

统计参量	平方和	自由度	F	$F_{0.01}(4, 11)$	R^2	R^2 调整值
回归	0.35849	4				
残差	0.01552	11	16.682	5.67	0.9585	0.9434
总计	0.37401	15				

运用 t 检验对工艺参数与涂层孔隙率关联模型系数的显著性进行检验,结果如表 4-10 所示。可见,D、V_s、P_a 及 V_f 各参数回归系数的 t 值均大于 $t_{0.01}(11)$,故均不可省略。同时,显著性概率 P 值均远小于 0.05,说明各回归系数对工艺参数与涂层孔隙率关联关系的影响显著。

表 4-10　工艺参数与涂层孔隙率关联模型回归系数的显著性检验

参数	系数	显著性概率 P 值	t 值	$t_{0.01}(11)$
D	-0.6376	0.0012171	-4.3188	
V_s	1.1061	0.0049409	3.5034	
P_a	2.6089	0.0069748	3.3083	3.106
V_f	-0.3840	0.00041155	-4.986	

4.2.4.3　工艺参数与涂层结合强度的关联关系建模

结合强度是反映涂层/基体间抵抗分离能力的参数,是确定涂层使役工况的重要评判指标之一。对于确定的沉积材料/基体组合,结合强度主要取决于沉积工艺,因此建立沉积距离、线扫描速度、空气压力及送粉速率等工艺参数与结合强度间的定量关系模型是高结合强度涂层制备的理论依据。

1)工艺参数与结合强度关联模型的建立

利用多元线性回归方法,对镁合金表面铝基金属玻璃涂层的结合强度数据进行多元回归建模,建立的指数函数模型如下:

$$B = 3.9307D^{-0.2834}V_s^{-0.0069}P_a^{0.7711}V_f^{-0.1248} \tag{4-12}$$

式中,B 为结合强度;D 为沉积距离;V_s 为线扫描速度;P_a 为空气压力;V_f 为送粉速率。

2)模型及系数的显著性检验

应用 F 检验方法对工艺参数与涂层结合强度关联模型进行显著性检验,结果如表

4-11 所示。可见，模型的 F 值远大于 $F_{0.01}(4,11)$，说明结合强度与四个工艺参数间存在显著的回归关系。R^2 为 0.9559，R^2 调整值为 0.9399，说明回归模型对实验数据的拟合程度较好。

表 4-11 工艺参数与涂层结合强度(镁合金基体)关联模型的显著性检验

统计参量	平方和	自由度	F	$F_{0.01}(4,11)$	R^2	R^2调整值
回归	0.032294	4				
残差	0.001490	11	11.421	5.67	0.9559	0.9399
总计	0.033784	15				

应用 t 检验对工艺参数与涂层结合强度关联模型的系数进行显著性分析，结果如表 4-12 所示。可见，D、P_a、V_f 的回归系数 t 值大于 $t_{0.01}(11)$，且显著性概率 P 小于 0.05，因此 D、P_a、V_f 三个参数的回归系数不可省略。而线扫描速度 V_s 的 t 值小于 $t_{0.01}$(11)，显著性概率 P 大于 0.05，说明 V_s 对工艺参数与涂层结合强度关系的影响不显著。

表 4-12 工艺参数与涂层结合强度(镁合金基体)关联模型回归系数的显著性检验

参数	系数	显著性概率 P 值	t 值	$t_{0.01}(11)$
D	-0.2834	0.0011652	-4.3449	
V_s	-0.0069	0.94086	-0.075904	3.106
P_a	0.7711	0.0031922	3.7532	
V_f	-0.1248	0.0044293	-3.5656	

表 4-5 的方差分析结果和表 4-12 的回归方程系数显著性检验结果，都说明沉积距离、空气压力和送粉速率对结合强度影响显著，而线扫描速度对结合强度影响不显著，因此在回归方程中可将该因素项省略。

综合上述分析，在工艺参数与结合强度关系模型中删掉线扫描速度因素，重新利用沉积距离、空气压力和送粉速率的结合强度实验结果建立模型，获得的工艺参数与镁合金表面铝基金属玻璃涂层结合强度的关联模型如式(4-13)所示：

$$B = 3.9307D^{-0.2834}P_a^{0.7711}V_f^{-0.1248} \tag{4-13}$$

4.2.5 关联关系模型的试验验证

随机选取四组工艺参数，将其各水平值分别代入式(4-8)、式(4-11)、式(4-13)，获得铝基金属玻璃涂层非晶相含量、孔隙率及结合强度的预测值。采用低温超音速喷涂技术，在各工艺参数水平组合条件下，制备了铝基金属玻璃涂层，并测定其非晶相含量、孔隙率及结合强度，用以验证模型的合理性。涂层特征参数的预测值与验证值如表 4-13 所示。

表 4-13　涂层特征参数预测值与验证值

组序	工艺参数				非晶相含量		相对误差	孔隙率		相对误差	结合强度		相对误差
	D	V_s	P_a	V_f	预测值	验证值		预测值	验证值		预测值	验证值	
1	14	3000	80	15	64.32%	67.22%	4.32%	0.7684%	0.7849%	2.10%	38.94	39.34	1.03%
2	18	3400	84	25	59.49%	61.94%	3.96%	0.7018%	0.6882%	1.98%	35.32	34.83	1.42%
3	22	3800	88	35	55.84%	53.43%	4.51%	0.9629%	0.9417%	2.25%	33.17	33.49	0.98%
4	26	4200	92	45	54.26%	56.95%	4.73%	0.7095%	0.6965%	1.87%	31.73	31.35	1.21%

涂层各特征参数的预测值与验证值的对比如图 4-6 所示。可见，非晶相含量的预测值与验证值的相对误差均小于 4.80%，孔隙率的预测值与验证值的相对误差均小于 2.30%，结合强度的预测值与验证值的相对误差均小于 1.50%，涂层各特征参数的预测精度均在 5% 以内。综合上述分析，建立的关联关系模型能够较为准确地预测低温超音速喷涂工艺制备铝基金属玻璃涂层的非晶相含量、孔隙率及结合强度等特征参数，可为高质量涂层制备的工艺设计、调整优化及特性预测提供理论参考。

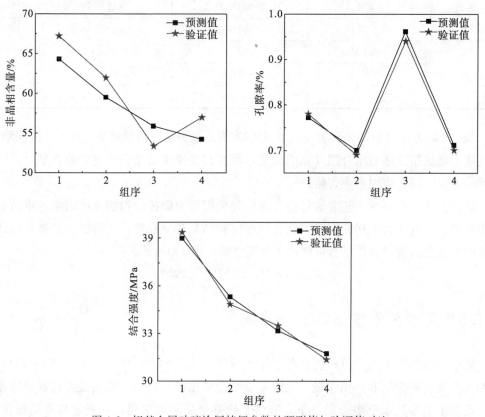

图 4-6　铝基金属玻璃涂层特征参数的预测值与验证值对比

4.3　工艺特性对修复强化层特征参数变化的影响规律

4.3.1　试验设计

利用自主研发的铝硅系合金粉体材料,采用低温超音速喷涂技术进行镁合金表面修复强化层的制备。基于喷涂作业实际经验,保持空气压力、丙烷压力、氢气压力和线扫描速度四个工艺参数不变(表 4-14),以结合强度、显微硬度等涂层本征特性为试验指标,以沉积距离、送粉速率、载气压力三个工艺参数为考察因素来设计试验(表 4-15),以判定工艺特性对铝硅系合金修复强化层特征参数变化的影响规律。

表 4-14　喷涂工艺参数

参数	空气压力/psi	丙烷压力/psi	氢气压力/psi	线扫描速度/(mm/s)
参数值	95	66.5	25	1000

表 4-15　试验条件

试样编号	1 号	2 号	3 号	4 号	5 号	6 号	7 号	8 号	9 号
沉积距离/cm	24	20	28	24	20	28	24	20	28
送粉速率/(g/s)	1.2	1.6	2.0	2.0	1.2	1.6	1.6	2.0	1.2
载气压力/MPa	0.40	0.60	0.80	0.60	0.80	0.40	0.80	0.40	0.60

4.3.2　工艺参数对涂层界面形貌的影响

基于以上九组工艺参数,在镁合金表面制备了铝硅系合金涂层试样。试样经切割、打磨、抛光处理后进行截面 SEM 观察,如图 4-7 所示。可见,1 号试样、2 号试样在界面处无缝隙存在,结合状态最好。其他试样界面均存在不同程度的孔隙与裂纹,尤其是3 号、5 号、7 号、8 号、9 号试样界面处的缝隙较大,孔隙和缺陷较多。

影响涂层界面结合的主要因素包括工件基体与喷涂颗粒的理化特性及表面状态、颗粒与基体撞击时的速度及温度等。在载气压力确定的情况下,颗粒与基体的撞击速度主要受沉积距离的影响,若沉积距离过小,气体对颗粒的加速时间过短,颗粒达不到最高速度;若沉积距离过大,颗粒会受到过度发展的气流的阻碍作用而减速,同样达不到理想速度。载气流量影响喷涂颗粒在燃烧室内的停留时间,载气流量越大,颗粒在燃烧室内停留的时间越短,颗粒的受热时间越短,到达基体表面的温度越低,反之亦然。送粉速率在一定程度上影响颗粒到达基体时的速度与温度,送粉量减小,气体对颗粒的加速与升温效应会提高,但送粉量过低,会影响涂层的沉积效率。此外,颗粒离开喷枪出口在冲击射流区飞行的过程中,加速气体依然会对喷涂颗粒有一定的加温作用。

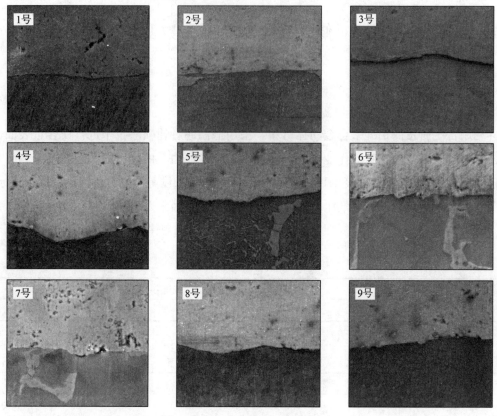

图 4-7　涂层与基体界面微观照片

在制备 3 号试样时，喷枪距离基材表面过远，喷涂颗粒到达工件基体表面时的速度与温度过低，是造成其界面结合不良的主要原因；在制备 7 号试样时，送粉速率大，载气流量处于过高状态，从而造成其结合界面较差；在制备 8 号试样时，送粉速率处于高水平，载气流量处于低水平，影响了拖带效果，使颗粒与基体撞击时的速度与温度较低，造成结合界面较差；在制备 9 号试样时，沉积距离处于过高水平，是造成其结合界面较差的主要原因。

综上，只有沉积距离、送粉速率、载气压力等工艺参数组合处于某一合理水平时，才会获得具有优良综合特性的修复强化涂层，如 1 号试样与 2 号试样。涂层界面结合状态评价如表 4-16 所示。

表 4-16　涂层界面结合状态评价

试样编号	1 号	2 号	3 号	4 号	5 号	6 号	7 号	8 号	9 号
评价	优	优	差	良	差	良	差	差	差

注：以涂层界面处的孔隙多少和裂纹大小作为评判标准。

4.3.3　工艺参数对涂层氧含量的影响

通过 SEM 自带的 EDS 分析不同工艺参数制备的涂层的氧含量，结果如表 4-17 所示。可见，1 号、6 号、8 号试样的氧含量过高，这与载气流量过小有关。分析可知，载气流量越小，喷涂颗粒在燃烧室内停留的时间越长，颗粒越容易于与空气中的氧发生反应而生成氧化物。此外，若喷枪与基体距离增加，颗粒的飞行距离也会增大，颗粒与氧的接触及反应时间延长，也会使涂层的氧含量增加，如 6 号、9 号试样。

表 4-17　涂层氧含量测试结果

试样编号	1 号	2 号	3 号	4 号	5 号	6 号	7 号	8 号	9 号
氧含量/%	4.5	1.8	2.1	3.0	2.7	4.3	1.5	5.2	4.8

4.3.4　工艺参数对涂层孔隙率的影响

采用 SEM 对抛光后的涂层表面进行微观观察，拍照后，运用孔隙率测试软件计算孔隙所占比例，结果如表 4-18 所示。可见，7 号、9 号试样的孔隙率过大，这可能是由于喷枪与基体距离、载气流量未能达到良好的配合。喷涂颗粒与基板及先期沉积层的碰撞速度越大、温度越高，则制备的涂层的孔隙率越低。沉积距离影响喷涂颗粒与已沉积涂层的撞击速度，在一定程度上也影响气体对喷涂颗粒的加温效应；载气流量影响颗粒在燃烧室停留的时间，从而影响颗粒的温度；可见，沉积距离、载气流量是影响涂层孔隙率的两个主要参数。另外，当送粉速率增大时，会有更多的颗粒不能沉积，使沉积效率下降，被反弹离开的颗粒比例增大，即对涂层起夯实作用的颗粒增多，在撞击过程中有利于消除涂层中的部分孔隙，提高涂层致密度。

表 4-18　涂层孔隙率测试结果

试样编号	1 号	2 号	3 号	4 号	5 号	6 号	7 号	8 号	9 号
孔隙率/%	0.79	0.87	2.06	1.73	0.96	2.43	7.12	3.89	6.32

4.3.5　工艺参数对涂层结合强度的影响

采用对偶拉伸法测试涂层的结合强度，结果如表 4-19 所示。结合图 4-7 可知，涂层与基体结合界面的孔隙、裂纹等缺陷越多，涂层的结合强度越低。当涂层与基体为冶金结合时，结合强度达到最大值。

表 4-19　涂层结合强度测试结果

试样编号	1 号	2 号	3 号	4 号	5 号	6 号	7 号	8 号	9 号
结合强度/MPa	36.3	34.5	29.8	30.9	28.3	31.2	27.4	27.0	24.2

4.3.6　工艺参数对涂层显微硬度的影响

采用显微硬度仪测试涂层硬度，结果如表 4-20 所示。可见，1 号、6 号、8 号试样的显微硬度较低，5 号、7 号试样的显微硬度最高。对比发现，其制备工艺参数中的主要区别在于载气流量不同。涂层显微硬度与喷涂颗粒撞击基板时的温度有关，温度过高会使喷涂颗粒发生熔化再结晶，从而导致涂层显微硬度降低。另外，载气流量越小，喷涂颗粒在燃烧室内停留的时间越长，被加热升温越高，发生熔化再结晶的可能性越大。

表 4-20　涂层显微硬度测试结果

试样编号	1号	2号	3号	4号	5号	6号	7号	8号	9号
显微硬度 （HV）	111.6	150.1	123.4	135.0	162.6	116.7	165.3	108.2	129.9

参 考 文 献

[1]杨宗辉，李晓泉，王泽民，等. 基于偏最小二乘回归的焊缝形状预测模型[J]. 焊接技术，2010，39(3)：6-9.
[2]李云雁，胡传荣. 试验设计与数据处理[M]. 北京：化学工业出版社，2012：85-91.

第5章 镁合金修复强化层微观结构表征

5.1 引　言

对于某一特定成分的材料，服役性能取决于其存在形态，即微观组织结构。由于受到修复材料自身的成形能力制约和喷涂工艺的本征特性限制，在镁合金表面制备的各类修复强化层中不可避免地存在晶界、相界、孔隙、夹杂等缺陷。因此，本章围绕"镁合金修复强化层微观结构表征"这一核心问题，综合运用 OM①、SEM、EDS、TEM、XRD、XPS 等方法，观察分析铝基金属玻璃涂层、高熵合金涂层和铝硅系合金涂层的微观形貌、显微组织、相组成、成分分布及孔隙、夹杂缺陷等，揭示各类修复强化材料在镁合金表面的沉积成层机理及微观组织演化规律，进而为修复强化层的成形行为控制和性能预判提供依据。

5.2 铝基金属玻璃涂层微观结构表征

5.2.1 表面形貌观察

图 5-1 所示为涂层表面形貌。可见，涂层表面整体凸凹起伏较大，颗粒交错堆积、相互镶嵌在一起，大颗粒边缘局部发生破碎，形成的细小颗粒在其周围聚集，如图 5-1(a)中白色箭头所示。原本光滑的球形或类球形粉体高速撞击基体或先期沉积层后发生了严重的扁平化，在部分变形颗粒边缘处出现了明显的边界金属射流，如图 5-1(b)中白色箭头所示。同时，在涂层内部还观察到了部分泼洒状重新熔融凝固组织的存在，如图 5-1(c)中白色箭头所示。

在本研究中，铝基金属玻璃粉体与 ZM5 镁合金属于"硬颗粒-软基体"组合，在粉体高速撞击金属基板时，软质的 ZM5 镁合金基体会产生大面积的边界金属射流，对硬质颗粒形成包裹作用；同时，硬质颗粒在后续喷涂粒子的冲击作用下，产生更大程度的塑性变形，变形粉体颗粒与金属射流间相互交叉，形成机械互锁结构；再者，热塑态的铝基金属玻璃粉体是在极高的速度下撞击镁合金基体的，两者之间会发生明显的热量传输和粉体动能向热能的转化，在局部出现闪瞬温升，导致微区熔化。综合上述分析可知，

---

① OM 为光学显微镜(optical microscope)。

铝基金属玻璃粉体在镁合金表面沉积成层过程中同时存在热致软化和加工硬化两种效应，机械嵌合与局部微区熔融冶金结合是涂层的主要成形机制。

(a)　　　　　　　　　　　　　(b)

(c)

图 5-1　铝基金属玻璃涂层的表面形貌

(a)破碎大颗粒；(b)金属射流；(c)熔融凝固组织

5.2.2　截面形貌观察

　　为考察涂层与基体的结合情况，判定涂层的可靠性，对涂层结合界面处的形貌与成分分布分别进行了 SEM 观察和 EDX 线扫描分析。图 5-2 所示为涂层截面形貌。可见，镁合金基体表面形成了一层均匀、致密的铝基金属玻璃涂层，沉积材料与基体间界面清晰、连贯，无裂纹、夹杂等缺陷，未出现传统热喷涂中由温度过高导致的熔化、烧蚀等问题。

　　图 5-3 所示为涂层与基体中各元素沿厚度方向的分布。可见，涂层中的 Al、

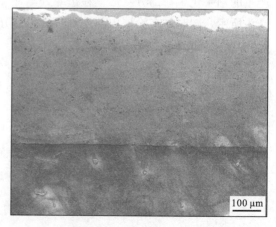

图 5-2　涂层截面形貌

Ni、Y、Co、La 五种元素含量沿深度方向变化不大，呈现出了明显的均匀分布特点，这一测试结果从化学的角度反映出涂层具有均匀而致密的结构。涂层截面线扫描表明，涂层中的 Al、Ni、Y、Co、La 元素与基体中的 Mg 元素在界面处发生了相互扩散。对比界面处 Al、Mg 等元素的变化情况可知，Mg 元素由基体向涂层的扩散深度大于 Al 等元素由涂层向基体的扩散深度，该现象可能由如下原因诱发：一是 Al 等原子在密排六方结构的镁合金基体中的扩散激活能比 Mg 原子在金属玻璃结构的涂层中扩散所需的激活能高，这是由材料的本征结构特征决定的[1]。二是相对于铸态组织的 ZM5 镁合金，由变形粒子堆积形成的铝基合金涂层具有较为疏松的组织和较多的微孔隙等缺陷，为 Mg 原子由基体向涂层扩散提供了更为广阔的通道。界面扩散现象发生的主要原因是高温热流的裹携拖带使喷涂粒子产生了明显的温升，喷涂粒子在与基体高速碰撞过程中发生了明显的热量传递与动能向热能的转化，导致基体与变形粒子界面处的温度迅速升高，为扩散的发生提供了热力学条件。但由于涂层表面散热较快，界面原子间的互扩散时间较短，界面扩散现象仅局限于接触界面处，对涂层与基体结合强度的提高有限，涂层仍然是以机械结合为主、冶金结合为辅的结合机制。

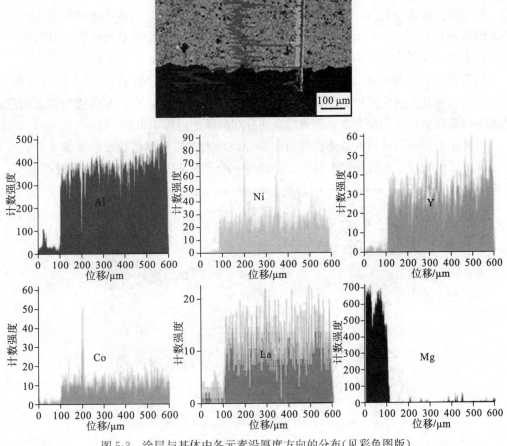

图 5-3 涂层与基体中各元素沿厚度方向的分布(见彩色图版)

5.2.3 孔隙率测试

与传统热喷涂的完全熔融液滴不同，低温超音速喷涂工艺中的喷涂粒子是以热塑、完全固体及微量熔融等多种不同状态撞击基体表面的，加之喷涂工艺固有的分散性特征和基体表面较大的粗糙度差异等因素，最终导致涂层中种类多样、形态各异的孔隙的产生。图 5-4 直观展示了低温超音速喷涂制备的铝基金属玻璃涂层的典型孔隙形貌。孔隙形貌总体上可分为四种类型，具体如下：

第一类为宏观型孔隙，如图 5-4 中 A 区域所示。该类孔隙的特点是形状不规则、所占比重大。其主要是由受粒子内应力分布、基体形貌等因素影响，喷涂粒子在撞击基体或先期沉积涂层后不能充分扁平化而相互支撑所致；也会因碰撞界面绝热温升不够，致使产生的边界射流不能将其表面的沟槽完全填充满而产生[2]。

第二类为层间型孔隙，如图 5-4 中 B 区域所示。该类孔隙的特点是在涂层厚度方向上的尺寸很小，而在另外两个方向上尺寸较大，主要出现在涂层/基体界面处或变形颗粒间的界面处。其主要由变形粒子间的不紧密堆积而产生，或由涂层/基体间的热膨胀系数较大在涂层冷却过程中相互剪切拉伸所致，还会因界面温升导致局部熔融并急速冷却而出现。

第三类为微球型孔隙，如图 5-4 中 C 区域所示。该类孔隙的特点是形状通常为球形或类球形，几何尺寸很小。其主要是由喷涂过程中的扰流效应导致气体卷入并溶于微量熔融粉末中，在凝固过程中被截留所致。

第四类为微细型孔隙，如图 5-4 中 D 区域所示。该类孔隙的特点是几何尺寸很小、形状不规则。其主要是因铝基金属玻璃颗粒自身的脆性较高，在与基体或先期沉积层高速撞击时破碎而产生，也会在局部微熔急速冷却凝固的过程中出现。

另外，当拖带热流温度整体较低时，会导致绝大多数粉体颗粒变形不够充分，大量的不充分变形颗粒互相叠加堆积通常会导致另一种严重缺陷——贯穿型孔隙的产生。

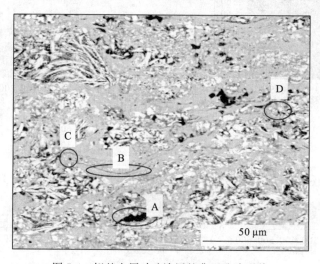

图 5-4　铝基金属玻璃涂层的典型孔隙形貌

对于孔隙率的测定，当前主要采用图像分析法、共聚焦激光扫描显微镜法和 X 射线三维成像法等。其中，图像分析法属于二维表征方法，是某一二维面上的孔隙率对涂层整体孔隙率的近似替代，难以提供孔隙在三维空间的全面数据信息[3]。共聚焦激光扫描显微镜法能准确探测到孔隙的前提是直线激光束能够直接照射到孔隙的全部表面，也就是说对表面露出部分较小、内部体积较大类型的孔隙的测试数据会有较大偏差，同时对试样表面平整度要求极高，不能存在除孔隙以外的任何起伏[4]。X 射线三维成像法属于无损检测范畴，是从三维角度对涂层孔隙进行的直接观察测量，能够准确获得涂层在三维尺度上的孔隙率、孔隙数目、各种尺寸孔隙比例、单个孔隙几何尺寸、形貌及分布等具体特征的数据信息[5]。

本研究采用 X 射线三维成像法测定了涂层的孔隙特性，不同工艺下的涂层孔隙率如表 5-1 所示。典型铝基金属玻璃涂层的整体轮廓、三维形貌、各尺寸孔隙数目及沿厚度方向的孔隙率如图 5-5 所示。可见，绝大多数孔隙直径都在 10 μm 以下，尤以 5 μm 附近的居多。沿涂层厚度方向上，孔隙率也基本呈均匀分布。孔隙基本呈近球形，在涂层内部分布均匀。同时可见，涂层/基体界面处的孔隙多呈不规则形状，且此处孔隙的大小和分布与涂层内部的较为一致，表明喷涂过程中喷涂粒子能够完全填满基体表面的沟槽，工艺较为合理。

表 5-1　不同工艺下的涂层孔隙率

试样编号	1号	2号	3号	4号	5号	6号	7号	8号	9号	10号	11号	12号	13号	14号	15号	16号
孔隙率/%	1.10	0.50	1.60	0.90	0.37	0.90	0.84	0.22	0.35	0.35	2.60	0.31	1.78	2.00	0.60	0.60
涂层厚度/μm	157	109	193	204	261	598	372	412	258	195	302	156	305	350	657	295

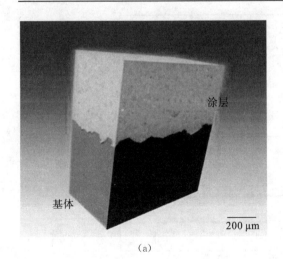

(a)　　　　　　　　　　　　　　　　(b)

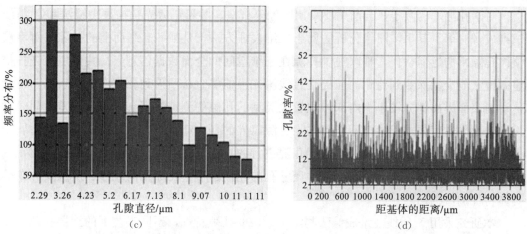

图 5-5　典型铝基金属玻璃涂层孔隙的三维形貌及其分布(见彩色图版)

(a)涂层与基体整体图；(b)涂层孔隙分布图；(c)不同直径孔隙占比图；(d)孔隙率随涂层厚度变化关系曲线

5.2.4　相组成测试

图 5-6 所示为 $Al_{86}Ni_6Y_{4.5}Co_2La_{1.5}$ 粉体、不同工艺制备的涂层(选取三组具有代表性的曲线)及同成分的完全金属玻璃条带的 XRD 图谱。可见，条带试样的 XRD 图谱在 $2\theta=35°\sim45°$ 范围内呈现漫散的衍射峰，表明其为完全金属玻璃结构。粉末试样的 XRD 图谱在漫散衍射峰上叠加了稀少的微弱尖锐峰，表明其中有晶体相存在，确定为 α-Al 相。涂层试样的 XRD 图谱随制备工艺的不同呈现出漫散衍射峰与不同强度晶化峰的叠加形状，表明制备的铝基金属玻璃涂层存在不同程度的晶化，甚至完全晶化；对晶化峰峰强及峰面积的分析表明，在晶化相构成中，α-Al 相占主体，并伴有少量 Al_4NiY 金属间化合物相及微量的氧化物。

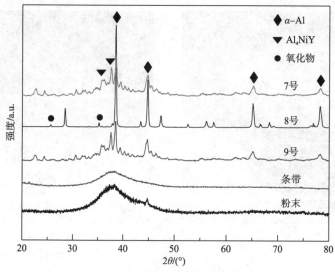

图 5-6　条带、原始粉末及典型涂层的 XRD 图谱

上述晶体相的形成主要有三方面的原因：一是在低温超音速喷涂动态沉积过程中，后续喷涂过程携带的热量会对先期沉积层产生局部加热效应，诱发了晶化转变的发生；这种局部循环热作用在涂层制备过程中不可避免，通常制备的涂层厚度越大，晶化现象越严重。二是低温超音速喷涂动态沉积过程中有微量粉末熔化，其在与基体高速碰撞过程中重新凝固成形，但由于冷却速率不够，导致部分晶化相的生成。三是原始粉末中的氧化夹杂及射流裹携过程中的氧化作用抑制了激冷薄片中非晶相的形成。上述三方面的原因导致最终制备的涂层由铝基金属玻璃组织和晶体相共同组成。

5.2.5　相结构分析

图 5-7 所示为涂层典型截面的 SEM 背散射图像。可见，涂层呈现三类典型的组织特征，即均匀带状结构（A 区域）、针状晶化析出相（B 区域）及不规则孔隙（C 区域）。其中，A 区域的均匀带状结构在 SEM 照片上未表现出明显的衬度差别，没有晶体析出或晶界等缺陷存在，表明该区域为均匀的非晶相结构。EDX 图谱（图 5-8）分析表明，该区域的成分组成为 $Al_{83}Ni_{6.92}Y_{5.55}Co_{2.71}La_{1.52}$，与具有最优玻璃形成能力的铝系合金成分接近。

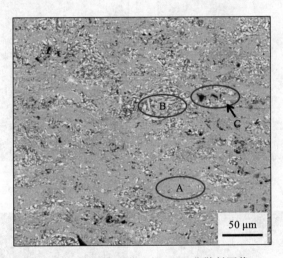

图 5-7　涂层典型截面的 SEM 背散射图像

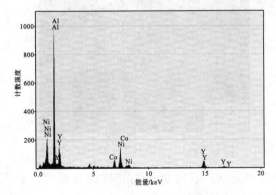

元素	质量分数/%	原子分数/%
Al K	63.86	83.2
Co K	4.54	2.71
Ni K	11.55	6.92
Y L	14.03	5.55
La L	6.02	1.52
总量	100	100

图 5-8　涂层截面中 A 区域的 EDX 图谱分析结果

为进一步确定涂层 A 区域的组织结构，对 A 区域进行 TEM 分析和 HRTEM 分析，图 5-9(a)所示为 A 区域组织的 TEM 明场像及相应的选区电子衍射图。可见，TEM 明场像中没有明显的晶体相析出，图像呈现均匀的衬度，且在微观尺度上结构一致，成分分布均匀。选区电子衍射花样表现为单一晕环，证实该区域为单一的非晶相结构。同时，在表征纳米尺度的 HRTEM 图像中未发现纳米尺度的有序结构，该组织整体结构呈现无序分布的状态，证明其中未含可分辨的纳米相，如图 5-9(b)所示。

对涂层 A 区域相邻位置的组织进行 TEM 观察，发现该区域相结构主体由非晶相构成，并存在三种不同类型的晶体，分别是衬度较低的点状晶体相 A、等轴状晶体相 B 和衬度较高的杆条状晶体相 C。图 5-10 所示为涂层 A 区域相邻位置 TEM 明场像及基体相应选区电子衍射花样。可见，基体组织不存在相结构变化，且在衬度上无明显的差别，应为非晶结构，但因其表征的尺度较低，还需进一步证明。而从其对应的选区衍射图谱上看，在代表非晶结构的单一晕环花样上存在有序的晶体衍射斑点，表明其结构中存在具有有序结构的晶体相，证明基体组织不是单一的非晶结构，应为非晶相和纳米晶体相共存的结构。

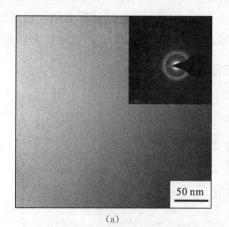
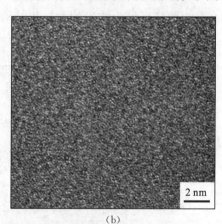

(a)　　　　　　　　　　　　　　　　(b)

图 5-9　涂层 A 区域的 TEM 明场像及 HRTEM 图像(见彩色图版)

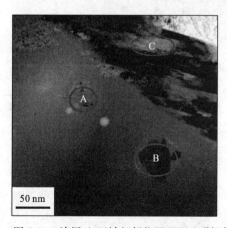
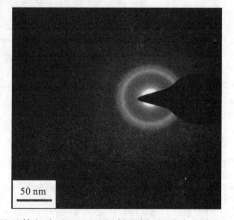

图 5-10　涂层 A 区域相邻位置 TEM 明场像及基体相应选区电子衍射花样(见彩色图版)

为确认基体上三种晶体相的结构和类型，分别对其选区衍射花样进行标定，如图 5-11 所示。分析表明，点状晶体相为面心立方结构的 Al 相，点阵常数 $a = 0.405\text{Å}$，

[110]方向的选区衍射花样进一步证明了其 FCC 结构特征[图 5-11(a)]。等轴状晶体相在 [210]晶带轴的选区衍射花样[图 5-11(b)]显示其为 Al_4NiY 金属间化合物相。杆条状晶体相在[110]方向选区衍射花样表明其为 $Al_{19}Ni_5Y_3$ 金属间化合物相，但相对应的能谱数据(表 5-2)显示其为 Ni 、Y 元素富集相，并含有一定量的性质相同的 Co、La 元素，所以综合分析该相应为 $Al_{19}(Ni，Co)_5(Y，La)_3$ 相。

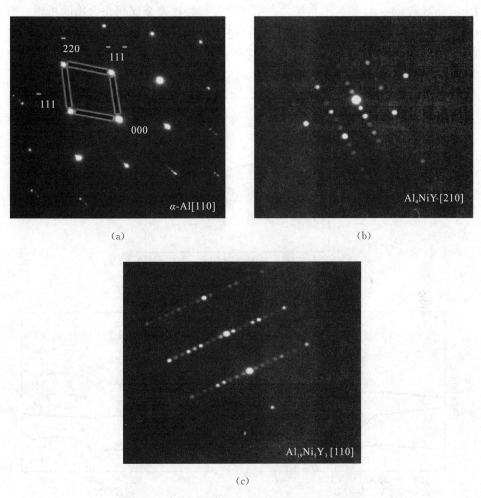

(a)　　　　　　　(b)

(c)

图 5-11　不同晶体相的选区衍射花样(见彩色图版)

表 5-2　杆条状 $Al_{19}Ni_5Y_3$ 相的 EDX 成分分析

元素	质量分数/%	原子分数/%
Al K	48.46	72.71
Co K	5.53	3.80
Ni K	18.16	12.52
Y K	17.40	7.92
La K	10.46	3.05
总量	100	100

5.2.6 非晶相测定

图 5-12 所示为九组工艺制备的涂层及原始喷涂粉末的 DSC 曲线。可见，完全非晶原始粉末样品的 DSC 曲线上存在三个明显的晶化放热峰，由杨柏俊[6]的研究可知，样本的前两个放热峰对应 α-Al 的析出与长大，第三个放热峰代表金属间化合物的析出。分别对原始喷涂粉末在加热过程中的三步晶化过程进行分析，可知第一步晶化起始温度 T_{x1} 为 222℃，晶化峰值温度 T_{p1} 为 230℃；第二步晶化起始温度 T_{x2} 为 320℃，晶化峰值温度 T_{p2} 为 331℃；第三步晶化起始温度 T_{x3} 为 361℃，晶化峰值温度 T_{p3} 为 370℃。

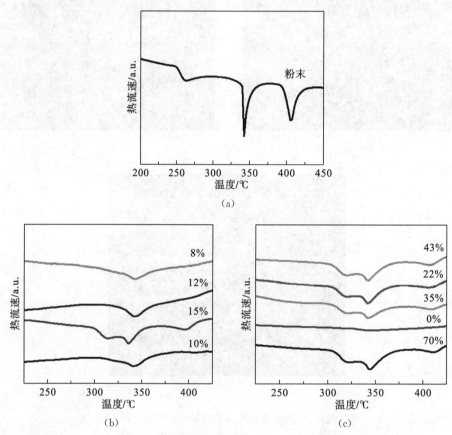

图 5-12　涂层及原始喷涂粉末的 DSC 曲线
(a)粉体的 DSC 曲线；(b)涂层 1~4 的 DSC 曲线；(c)涂层 5~9 的 DSC 曲线

从各涂层的 DSC 曲线上看，各涂层在加热过程中大多经历两步或一步晶化过程，放热峰峰强及面积较条带明显降低，表明涂层中至少存在 α-Al 相，甚至存在不同含量的金属间化合物析出相。

将涂层试样与完全非晶原始粉末的 DSC 放热熔进行比较，通过比较热熔值的积分面积可得不同工艺条件制备的涂层的非晶相体积分数(表 5-3)，具体计算公式见式(5-1)。

$$f_{am} = \frac{\Delta H_{amorph}}{\Delta H_{comp}} \tag{5-1}$$

式中，ΔH_{comp} 为完全非晶原始粉末的热焓值；ΔH_{amorph} 为部分晶化涂层样品的热焓值。

表 5-3　不同工艺条件制备的涂层的非晶相体积分数

试样编号	1号	2号	3号	4号	5号	6号	7号	8号	9号
非晶相体积分数/%	8	12	15	10	43	22	35	0	70

由图 5-12 可见，涂层样品 DSC 曲线上没有明显的玻璃转变温度 T_g 所对应的核化峰出现，表明在涂层制备过程中，高温热流与拖带颗粒间产生了热交互作用，诱发铝基金属玻璃粉体颗粒在局部小范围内产生了多元短程序畴，导致成形的涂层中"热致预存核"的出现，造成涂层直接发生晶核的长大过程，而没有表现出"形核团簇"所需要的吸热过程，因此在 DSC 曲线上没有明显的 T_g 出现。

铝基金属玻璃涂层中存在的"热致预存核"，会成为初始析出的 α-Al 相及其他化合物析出相的形核质点，更加有利于 α-Al 相和金属间化合物析出相的生成与长大，会导致涂层热稳定性的降低。这种核化峰不明显而只有晶化峰的现象会造成过冷液相区的消失，表明该涂层受热后不会发生热软化变形。同时，对比图 5-12 中涂层及原始喷涂粉末的 DSC 曲线可知，如涂层在 200～330℃ 区间长时间存在，则可能发生 α-Al 相的转变，其相含量也会逐步增多，但如果涂层的停留温度长时间超过 T_{p2}，则会析出金属间化合物相而影响涂层的性能，也就是说，在 α-Al 相的热反应区间(约 100℃)内，涂层的稳定性良好。

5.3　高熵合金涂层微观结构表征

5.3.1　显微组织分析

图 5-13 所示为涂层未经抛光处理的表面低倍 SEM 形貌。可见，涂层表面镶嵌有完整的粉末颗粒，粉末颗粒未发生塑性变形，而是包埋或附着在涂层表面，说明喷涂材料未发生熔化，靠较高动能冲击基体堆垛形成涂层。

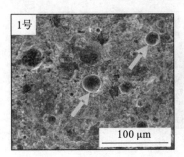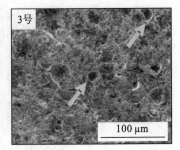

图 5-13　涂层未经抛光处理的表面低倍 SEM 形貌

图 5-14 所示为涂层表面高倍 SEM 形貌。可见，大部分粉末颗粒在撞击基体或先沉积颗粒后发生了塑性变形，扁平化堆垛逐层累积形成层状结构涂层。在相同气体压力下，较大粒径颗粒未达到临界速度，没有变形而附着在涂层表面，但受到后续粉末颗粒的冲

击作用，仍会镶嵌在涂层内部。

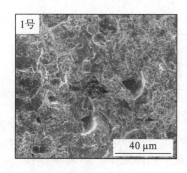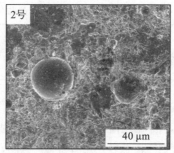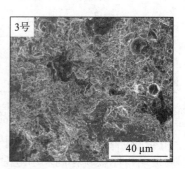

图 5-14　涂层表面高倍 SEM 形貌

　　图 5-15 所示为涂层经研磨、抛光并用王水腐蚀后的低倍截面形貌。可见，在放大 200 倍下观察，涂层致密，大量完整颗粒镶嵌在涂层内部，呈现为典型的低温超音速喷涂组织特征，与铸态合金显微组织呈现出明显的区别。

　　图 5-16 所示为涂层的高倍截面形貌。可见，在放大 1000 倍下观察，变形组织与未变形组织（圆圈标示处）区别明显，腐蚀主要发生在变形颗粒和未变形颗粒的界面周围。三种高熵合金涂层保留了气雾化粉末的组织特征，2 号涂层衬度与 1 号、3 号涂层不同，表明其含有纳米相甚至非晶相，说明低温超音速喷涂过程未发生严重晶粒长大和非晶晶化。

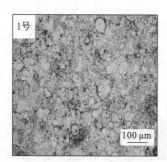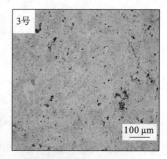

图 5-15　涂层经研磨、抛光并用王水腐蚀后的低倍截面形貌

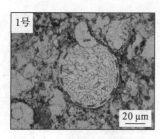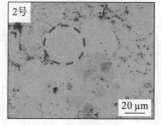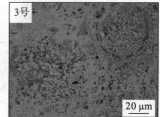

图 5-16　涂层的高倍截面形貌

　　对 2 号涂层进行 TEM 分析，图 5-17(a) 所示为非晶相暗场像。可见，衬度较为均匀，其中亮色区域为短程有序结构。涂层选区衍射花样为漫散射斑点和不连续晕环，为典型非晶相特征，说明低温超音速喷涂过程未发生晶化，将粉末材料显微结构原态移植到了工件基体表面。图 5-18 所示为涂层纳米相 TEM 形貌，衍射花样为明锐的同心圆环。

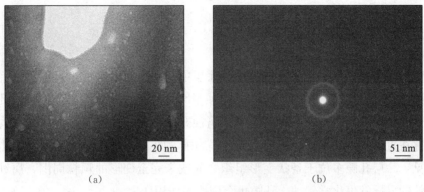

（a）　　　　　　　　　　　　　（b）

图 5-17　涂层非晶相暗场像及选区衍射花样（见彩色图版）

（a）暗场像；（b）选区衍射花样

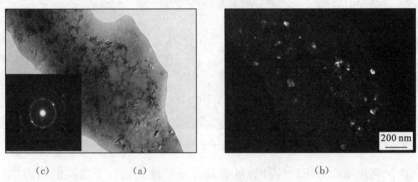

（c）　　　　　（a）　　　　　　　　　　（b）

图 5-18　涂层纳米相 TEM 形貌（见彩色图版）

（a）明场像；（b）暗场像；（c）衍射花样

　　图 5-19 所示为涂层内位错线 TEM 形貌。可见，高熵合金涂层显微组织中有大量位错存在（如箭头所示）。位错的产生源于合金中固溶了大量原子半径差异较大的元素，导致严重晶格畸变，使位错密度增大。此外，低温超音速喷涂过程中，颗粒高速撞击基体或已沉积颗粒发生高应变率、大塑性变形，在颗粒内部积聚压应力，位错萌生，变形时位错滑移并增殖，合金中大量的溶质原子与位错交互作用，引起溶质原子聚集，形成溶质原子气团。其有钉扎位错的作用，使相同位错源发出的同号位错塞积，位错密度增大。

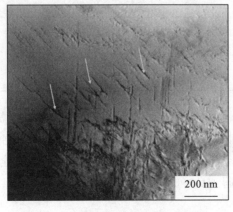

图 5-19　涂层内位错线 TEM 形貌

5.3.2　孔隙率测试

无论低温超音速喷涂还是传统热喷涂，涂层中都会因粉末颗粒结合不紧密产生一定数量的孔隙。孔隙的存在直接影响涂层的耐蚀耐磨性能。在润滑磨损条件下，孔隙可储存润滑剂，起到减摩作用；在腐蚀环境下，腐蚀介质首先侵蚀孔隙，导致涂层腐蚀速率加剧，若存在直达基体的通孔，则易造成电偶腐蚀。图 5-20 所示为涂层背散射电子显微形貌。可见，涂层孔隙多位于条状变形组织之间或未完全变形的颗粒周围，腐蚀剂易对各变形颗粒的界面发生化学侵蚀，孔隙也会因腐蚀作用变大。

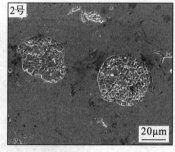

图 5-20　涂层背散射电子显微形貌（见彩色图版）

根据灰度法利用图像分析软件计算低温超音速喷涂高熵合金涂层的孔隙率，分别测量五次后对结果取平均值，结果如表 5-4 所示。可见，涂层孔隙率均小于 1%。与传统热喷涂涂层相比，低温超音速喷涂涂层由于无气体蒸发、元素挥发和烧蚀等，孔隙较少，且后续沉积粒子对已沉积涂层和颗粒的冲击夯实作用，进一步降低了孔隙率。本研究采用的喷涂材料粒径分布范围较大，较小颗粒会填充大颗粒之间的空隙，从而减小孔隙率。较大颗粒表面黏结的细小颗粒增加了填装密度，提高了涂层致密性，有利于减少孔隙。

表 5-4　低温超音速喷涂高熵合金涂层孔隙率

试样编号	孔隙率/%					平均值
	1	2	3	4	5	
1 号	0.99	0.97	0.97	0.98	0.99	0.98
2 号	0.77	0.83	0.79	0.73	0.68	0.76
3 号	0.81	0.94	0.88	0.77	0.75	0.83

图 5-21 所示为高熵合金涂层纵截面（平行于喷涂方向）的显微形貌。可见，涂层中的孔隙均为不相通的孤立孔隙，没有贯穿涂层到基体的通孔，腐蚀介质不会直接渗入侵蚀基体，表明低温超音速喷涂高熵合金涂层的致密性好，能够完全覆盖基体，使其与腐蚀介质和对偶摩擦副隔离，起到良好的保护作用。

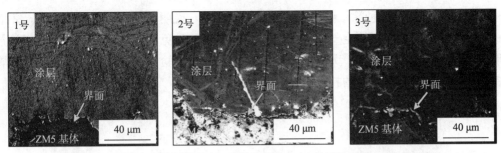

图 5-21 高熵合金涂层纵截面(平行于喷涂方向)的显微形貌(见彩色图版)

5.3.3 化学成分分析

图 5-22 所示为高熵合金涂层横截面(垂直于喷涂方向)微区的 EDX 分析。

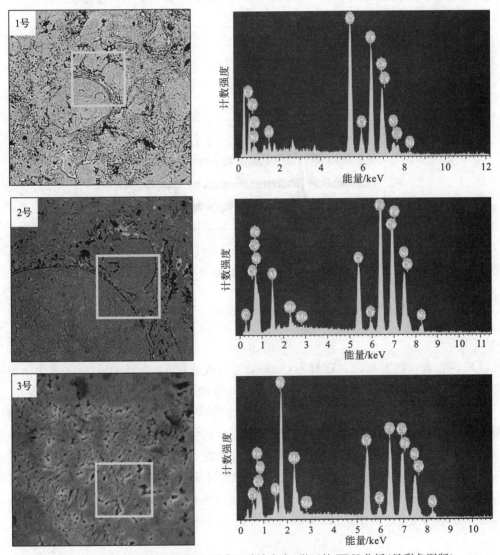

图 5-22 高熵合金涂层横截面(垂直于喷涂方向)微区的 EDX 分析(见彩色图版)

由图 5-22 可见，三种涂层中均未发现氧元素存在，说明涂层中氧含量较低甚至不含氧。尽管喷涂过程中有压缩空气存在，但材料未熔化，避免了氧化，据此可以判定涂层的形成仅为固态物理学过程，无化学反应发生。这一现象验证了低温超音速喷涂技术在制备氧化敏感材料涂层方面的技术优势。

5.3.4　相结构分析

图 5-23 所示为涂层的 XRD 图谱。可见，三种涂层均在(110)、(200)、(220)三个晶面形成 BCC 结构主衍射峰，由于晶格畸变效应，衍射峰会发生偏移，同时漫散射增强，衍射强度降低。所有衍射峰中未检索出氧化峰，结合 EDX 分析，进一步验证了喷涂过程中无氧化现象。其中，3 号高熵合金涂层由于对应的气雾化粉末显微组织中含有少量的金属间化合物相，在(100)、(111)晶面分别为 Cr_3Si 和 $Al_2Fe_3Si_4$ 相，但对应的衍射峰强度较弱。

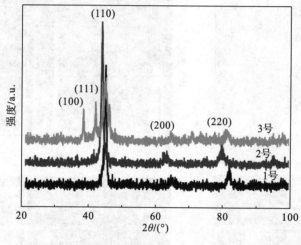

图 5-23　涂层的 XRD 图谱

根据 Scherrer 公式，计算涂层中平均晶粒大小：

$$d = \frac{K\lambda}{\beta\cos\theta} \tag{5-2}$$

式中，K 为常数，取为 0.89；靶材为 Cu-kα，X 射线波长 $\lambda = 0.1540562nm$；β 为衍射峰半高宽(弧度)；θ 为布拉格角。计算结果如表 5-5 所示。

图 5-24 所示为三种高熵合金涂层与对应喷涂粉末的 XRD 图谱。可见，相组成和衍射峰位置未发生明显变化，说明喷涂过程未发生相转变。涂层衍射峰均有宽化趋势，是由于粉末颗粒高速撞击发生塑性变形，导致晶粒碎裂二次细化。此外，涂层内部形成的压应力也会导致衍射峰宽化。表 5-5 中的晶粒尺寸计算结果偏小，是由于严重的晶格畸变和较大应力存在，促使大量亚晶形成。涂层衍射峰位置相对粉末有向左偏移的倾向，这是由于在塑性变形过程中晶格内部畸变能升高，晶格常数增大。

表 5-5　涂层主衍射峰晶粒尺寸

试样编号	$2\theta/(°)$	β/rad		d/nm
		左半高宽	右半高宽	
1 号	44.51799	0.2988906	0.2357367	16
	64.17656	0.3422109	1.232501	6
	82.0744	0.6525303	0.3286541	11
2 号	43.4482	0.2248422	0.3205004	16
	63.16195	1.142238	0.6892127	5
	79.50416	0.5831517	1.077835	6
3 号	37.89177	0.2381752	0.0812909	26
	41.44899	0.1683421	0.2028048	23
	44.49724	0.6952438	0.3155298	8
	64.61488	0.5854353	0.1908039	12
	81.86821	2.00191	0.2969828	5

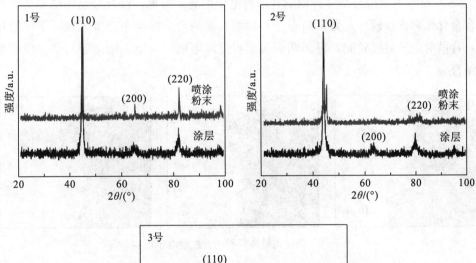

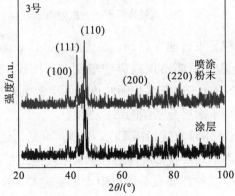

图 5-24　高熵合金涂层与对应喷涂粉末的 XRD 图谱

5.3.5　界面特征分析

为研究高熵合金涂层与镁合金基体的结合机制，在 OM 下观察界面处显微形貌。图 5-25 所示为涂层与基体界面的 OM 形貌。可见，结合界面无熔合区，表明涂层形成过程中与 ZM5 基体未发生冶金反应，结合机制为机械嵌合。涂层界面呈锯齿状，可增大涂层与基体的结合面积，提高结合强度。

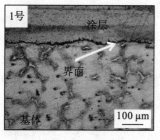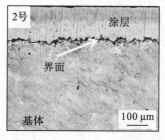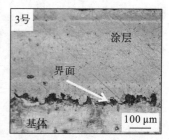

图 5-25　涂层与基体界面的 OM 形貌（见彩色图版）

图 5-26 所示为涂层与基体界面的背散射电子形貌。可见，镁合金基体中原子序数较大的合金化元素含量较少，背散射电子衬度暗；高熵合金涂层中合金元素原子序数相对较大，背散射电子衬度较亮，界面两侧元素衬度界限明显，也表明涂层与基体没有发生冶金结合。

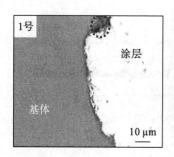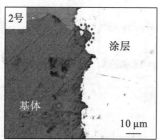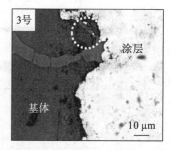

图 5-26　涂层与基体界面的背散射电子形貌

由于低温超音速喷涂粒子飞行速度较高，最先到达基体表面的高熵合金粉末粒子的高速撞击作用导致镁合金基体局部出现高应变塑性变形而碎裂（如图 5-26 中圆圈标示处），受后续喷涂粉末颗粒的冲击，已沉积颗粒也会发生较大变形，并与基体交叉互锁，同时使基体变形加剧，提高了涂层与基体的结合强度。

图 5-27 所示为涂层与基体界面线扫描 EDX 图谱。可见，元素分布界面明显，表明涂层沉积过程中完全以固态形式堆叠形成涂层，元素未发生互扩散。尽管以 N_2 作为加速气体，空气为助燃气体，但三种高熵合金涂层中均未发现 O、N 元素，由于喷涂材料未熔化，无化学反应发生，避免了因脆性膜的生成而给涂层性能带来不利影响。

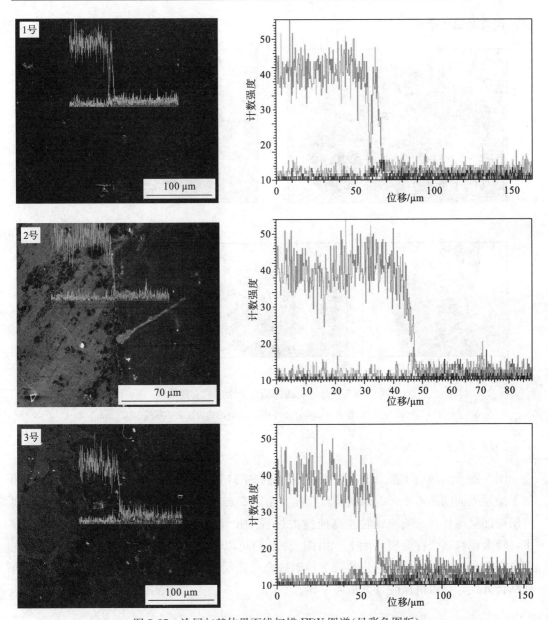

图 5-27　涂层与基体界面线扫描 EDX 图谱(见彩色图版)

5.4　铝硅系合金涂层微观结构表征

5.4.1　表面形貌观察

1)涂层表面宏观形貌

图 5-28 所示为镁合金表面铝基合金涂层的宏观形貌。可以看出，铝硅合金涂层整体呈银灰色，厚度均匀，无裂纹、孔隙等缺陷。涂层铣削后，铣削面较为致密，有金属光

泽，伴有金属屑产生。

(a)

(b)

图 5-28　镁合金表面铝基合金涂层的宏观形貌

(a)涂层表面宏观形貌(厚度 0.3mm)；(b)涂层铣削后的表面宏观形貌(厚度 3mm)

2)涂层表面微观形貌

图 5-29 所示为不同放大倍数下涂层表面的 SEM 形貌。由图 5-29(a)可以看出，在 50 倍下涂层表面凹凸不平，有球状颗粒存在。由图 5-29(b)可以看出，在 400 倍下可观察到涂层局部呈薄片状，喷涂颗粒在高速撞击过程中出现了熔化现象。由图 5-29(c)可以看出，较大颗粒嵌合在涂层表面上。由图 5-29(d)可以看出，大颗粒碰撞后发生了碎裂现象。综上所述可知，此种工艺参数下，铝硅合金涂层中同时存在机械嵌合与冶金结合两种结合方式，且以机械嵌合方式为主导。

(a)　　　　　　　　　　　　　　　　　(b)

(c)　　　　　　　　　　　　　　　(d)

图 5-29　不同放大倍数下涂层表面的 SEM 形貌

(a)50 倍；(b)400 倍；(c)400 倍；(d)800 倍

　　喷涂颗粒高速撞击在基体表面，剪切应力导致颗粒的塑性变形和较大的应变，在此过程中，高动能转化为热能，产生的热量引起材料软化，克服了应变率硬化作用，从而促使更大的塑性变形和热量产生，最终导致剪切失稳。在这个过程中，温度可达到材料的熔点附近，材料发生黏滞流动，从而有助于消除应力。热量主要产生于撞击颗粒和基体接触处，是由于此处为剪切应力最高的区域，从而实现涂层的沉积。

　　图 5-30 所示为涂层表面的微观形貌。由图 5-30(a)可以看出，喷涂颗粒高速撞击后外形呈堆塑状，发生了强烈的塑性变形，与基体接触处有金属射流产生。由图 5-30(b)可以看出，喷涂颗粒高速撞击出现了明显的裂纹，并在后续喷涂颗粒的撞击下发生了碎裂。由图 5-30(c)可以看出，绝大多数颗粒都发生了不同程度的碎裂。由图 5-30(d)可以看出，仅有数量极少的喷涂颗粒在高速碰撞后能保持完整形状。由图 5-30(e)可以看出，部分小颗粒喷涂粉末在较大颗粒表面发生沉积(如白色箭头所示)。由图 5-30(f)可以看出，还有少数颗粒未发生明显变形，夹杂于涂层中缝隙处(黑色箭头所示)，由于此类颗粒呈完整球状，对相邻颗粒有支撑作用，这有可能成为涂层中的孔隙。

　　低温超音速喷涂过程中，还存在这样一类颗粒，它们的速度未达到沉积成层的临界速度，不能在工件表面形成涂层，但会对已沉积涂层表面产生冲蚀和夯实作用。图 5-31(a)所示为已沉积颗粒在后续颗粒撞击下发生进一步变形的情况(如黑色箭头所示)，可以看出，在沉积过程中，后续颗粒与已沉积颗粒发生撞击，颗粒的高动能转化为内能，颗粒发生塑性流变，使颗粒与颗粒之间发生黏着，但是这种黏着状态很不稳定，在已沉积颗粒对后续颗粒的反弹过程中会飞离沉积表面，而发生脱落。图 5-31(b)方框中所示为涂层局部区域的断裂特征，并观察到了凹坑，分析可知，这是由未达到临界速度的喷涂颗粒对涂层产生的冲蚀作用所致。该冲蚀作用会对涂层的沉积效率产生不利影响，但对提高涂层致密度起到有益作用。

　　由以上两组涂层表面处于不同沉积状态的颗粒微观形貌可知：在沉积过程中，喷涂颗粒不断与基体发生撞击，产生强烈的塑性变形，与基体(或已沉积涂层)发生结合。但此过程仍未结束，随着沉积过程的继续，喷涂颗粒对已沉积涂层不断撞击，在此过程中，一部分与涂层结合不紧密的颗粒被撞离涂层表面，一部分颗粒在受其他颗粒撞击的过程中碎裂为更小的颗粒，但仍与涂层相结合，只有一小部分喷涂颗粒以整个颗粒的形式存在于涂层内部。在沉积过程中，颗粒对涂层表面的夯实作用不可忽视，正是强烈的撞击作用，才使涂层更为致密。

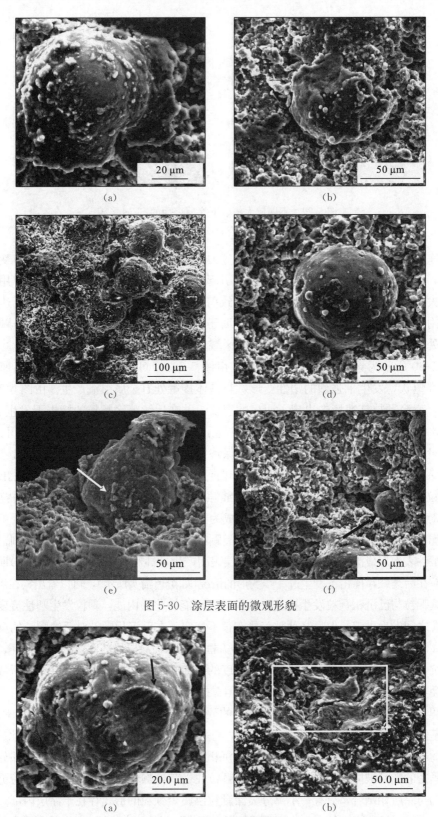

图 5-30　涂层表面的微观形貌

图 5-31　涂层表面微观形貌

5.4.2　截面形貌观察

图 5-32 所示为涂层截面的微观形貌，在靠近涂层表面处可观察到不同程度的金属射流。由图 5-32(a)可以看出，颗粒整体呈塑性流变状态，在边缘处向四周发生翘曲。由图 5-32(b)可以看出，喷涂颗粒与涂层表面接触处有金属射流产生，这说明涂层形成过程中颗粒发生了强烈的塑性变形(如白色箭头所示)。

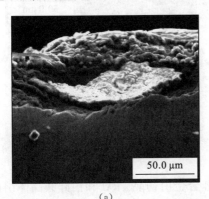 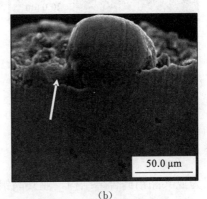

(a)　　　　　　　　　　　　　　(b)

图 5-32　涂层截面的微观形貌

图 5-33 所示为喷涂颗粒与已沉积涂层的不同结合状态。由图 5-33(a)可以看出，喷涂颗粒与已沉积涂层结合紧密，界面处无裂纹、孔隙等缺陷。由图 5-33(b)可以看出，喷涂颗粒与基体结合处有裂纹，此沉积颗粒在继续沉积过程中可能有以下三种情况出现：第一种可能是，此颗粒由于与涂层结合不够牢固，在其他颗粒的撞击下而脱离涂层表面；第二种可能是，此颗粒在受其他颗粒撞击的过程中发生断裂，成为小颗粒沉积在涂层表面；第三种可能是，此颗粒以整个颗粒的形式与其他颗粒结合沉积在涂层内部。该颗粒下方的裂纹有可能在继续沉积过程中消失，但是增加了在涂层内部留有孔隙的风险。由图 5-33(c)可以看出，涂层内部存在以较完整方式沉积的喷涂颗粒(如白色箭头所示)，该类颗粒呈蘑菇状，这是由其在撞击过程中发生强烈堆塑变形和金属射流所致。由图 5-33(d)可以看出，涂层内部颗粒边缘位置处孔隙较多(如黑色箭头所示)，这是由颗粒变形过程不充分，而对相邻区域产生支撑所致。

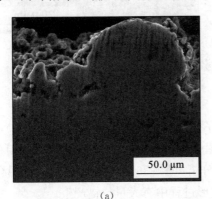 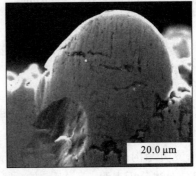

(a)　　　　　　　　　　　　　　(b)

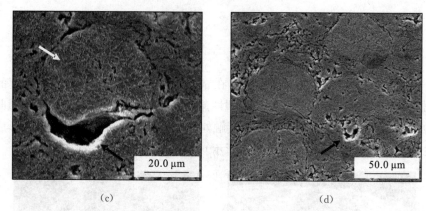

(c)　　　　　　　　　　　　　(d)

图 5-33　喷涂颗粒与已沉积涂层的不同结合状态

5.4.3　相组成确定

1)涂层组织结构

涂层为亚共晶铝硅合金结构，亚共晶铝硅合金由初晶 α-Al 和铝硅共晶体组成，α-Al 呈树枝状，铝硅共晶体呈粗大的板片状。图 5-34(a)所示为涂层截面腐蚀后的低倍 SEM 照片，可以看出，涂层内部颗粒沿沉积方向(如黑色箭头所示)有条状变形趋势(如白色箭头所示)，说明颗粒在沉积过程中受到沿沉积方向的变形。图 5-34(b)所示为涂层截面腐蚀后的高倍 SEM 图片，可以看出，黑色枝晶为先共晶 α-Al 相，白色细小颗粒为 α-Al 与硅的两相共晶体，其结构与铸造铝硅合金相同，未发生明显改变。

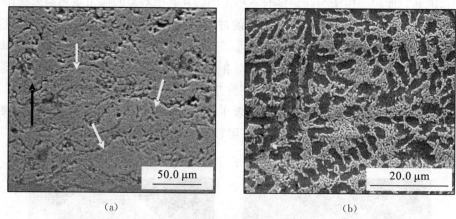

(a)　　　　　　　　　　　　　(b)

图 5-34　涂层截面腐蚀后的 SEM 照片

2)涂层透射电镜分析

图 5-35 所示为涂层 TEM 明场像及其电子衍射斑点。可以看出，图 5-35(a)中箭头所指的黑色块状物中存在明显的位错滑移带；图 5-35(b)所示为 a 点处的电子衍射斑点，表明其为面心立方结构；结合对 a 点处的能谱分析(图 5-36 和表 5-6)可知，此黑色块状物为 α-Al 相。上述分析表明，α-Al 相在涂层成形过程中有大量位错产生。

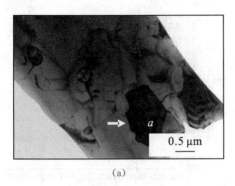
　(a)

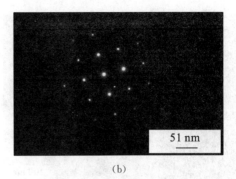
　(b)

图 5-35　涂层 TEM 明场像及其电子衍射斑点(见彩色图版)

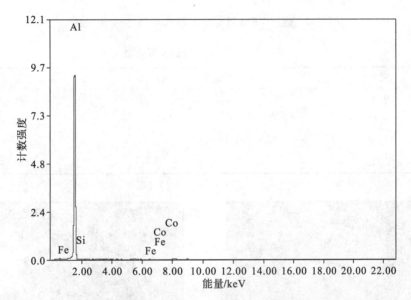

图 5-36　涂层 a 点处的 EDX 谱图

表 5-6　涂层 a 点处的元素含量

元素	质量分数/%	原子分数/%
Al K	99.30	99.50
Si K	00.30	00.30
Fe K	00.20	00.10
Co K	00.20	00.10

　　图 5-37 所示为涂层 TEM 明场像及 EDX 谱图。由图 5-37(a)可以看出，位错墙中存在大量高密度位错；图 5-37(b)所示为 A 点处的 EDX 谱图，结合 A 点处元素含量(表 5-7)分析可知，该处为 α-Al 与硅的两相共晶体，表明共晶体在颗粒沉积过程中由于强烈的塑性变形产生了大量的位错。

　　图 5-38 所示为铝硅合金涂层的 TEM 明场像。其中，图 5-38(a)所示为涂层内部的位错胞(如白色箭头所示)，图 5-38(b)所示为涂层内部的孪晶结构(如黑色箭头所示)。

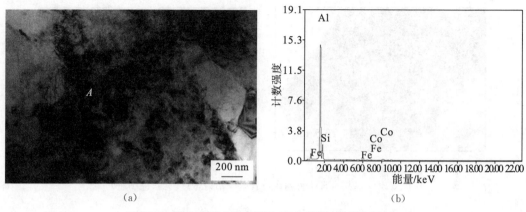

(a)   (b)

图 5-37　涂层 TEM 明场像及 EDX 谱图（见彩色图版）

表 5-7　涂层 A 点处的元素含量

元素	质量分数/%	原子分数/%
Al K	88.90	89.50
Si K	10.60	10.20
Fe K	00.50	00.20
Co K	00.00	00.00

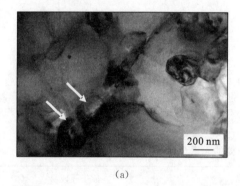
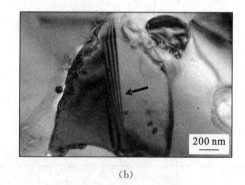

(a)   (b)

图 5-38　铝硅合金涂层的 TEM 明场像（见彩色图版）

综合上述分析可知，喷涂颗粒在高速撞击过程中发生了强烈的塑性变形，最终沉积为涂层。同时，在涂层内部有高密度位错和孪晶产生，无论是 α-Al 相还是 α-Al 与硅的共晶体中都不同程度地存在位错。位错缠结形成位错胞，对涂层起到强化作用。

5.4.4　氧含量测定

图 5-39 所示为涂层表面的 EDX 图谱，结合元素含量测试结果（表 5-8）可知，涂层表面氧元素的质量分数为 1.8%，与原始喷涂粉末基本一致。图 5-40 所示为涂层截面的 XRD 图谱，没有观察到明显的氧化物峰，表明颗粒在喷涂沉积过程中没有发生氧化，验证了低温超音速喷涂技术在制备氧化敏感材料涂层方面的优越性。

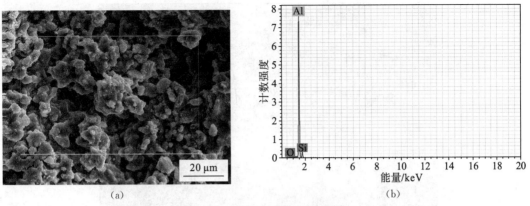

(a)

(b)

图 5-39　涂层表面的 EDX 图谱

表 5-8　元素含量的测试结果

元素	原子序数	质量分数/%
O K	8	1.51
Al K	13	88.44
Si K	14	10.06

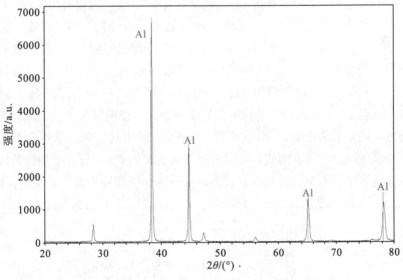

图 5-40　涂层截面的 XRD 图谱

5.4.5　元素价态判定

铝硅合金涂层中的主要元素为 Al、Si，镁合金基体中的主要元素为 Mg、Al、Zn。对涂层与镁合金基体的结合界面处(图 5-41)进行 XPS 分析。由涂层向基体方向逐一打点测量，测量点数为 18 个，各点间距为 10 μm。图 5-42 所示为涂层与基体界面处的元素 XPS 图谱。

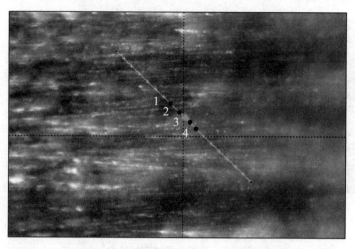

图 5-41　XPS 测试点照片(见彩色图版)

图 5-42(a)所示为 Al2p 谱线，可以看出，铝元素结合能以 72.5eV 为主，其氧化物峰值(75.0eV)并不明显，说明由铝硅合金涂层向镁合金基体的过渡过程中，铝元素主要以单质形式存在，并且随着测试深度的增加，其含量逐渐降低。图 5-42(b)所示为 Si2p 谱线，可以看出，硅元素的结合能为 99.15eV，表明在界面过渡过程中，硅元素主要以单质形式存在，未发生明显扩散。图 5-42(c)所示为 O1s 谱线，可以看出，O1s 峰位在点 1时，只存在一个峰值，其能量为 531.6eV，此时氧元素以 Al_2O_3 形式存在；随着测试点向基体方向移动，O1s 出现两个明显的峰值，表明在过渡到基体位置时，氧元素存在于两种氧化物中，结合 Mg1s 谱线[图 5-42(d)]、Mg2p 谱线[图 5-42(e)]、Zn2p 谱线[图5-42(f)]可知，这两种氧化物分别为 MgO 和 ZnO。图 5-42(e)所示为 Mg2p 谱线，可以看出，从点 1 到点 4，镁元素的计数峰值没有明显变化，说明镁元素向铝硅合金涂层中的扩散较为明显，镁元素的峰值为 50.7eV 和 49.4eV，说明其分别以单质和氧化物的形式存在。图 5-42(f)所示为 Zn2p 谱线，可以看出，从点 1 到点 4，锌元素的计数峰值增加明显，这一方面说明镁合金中锌元素含量较多，另一方面说明锌元素未发生明显扩散。

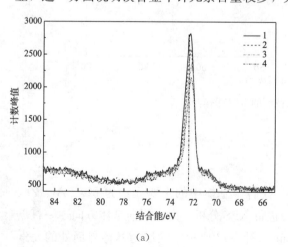

(a)

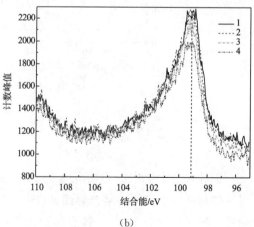

(b)

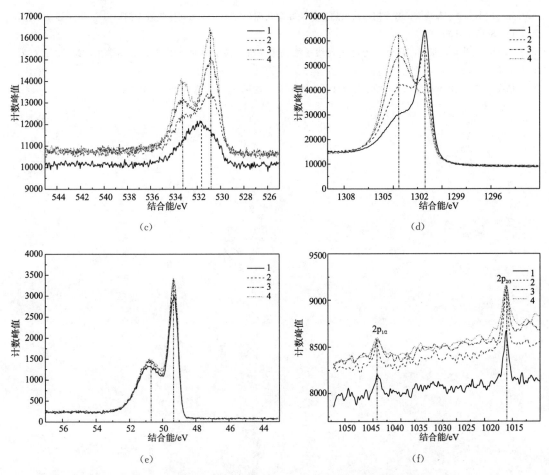

图 5-42　涂层与基体界面处的元素 XPS 图谱(见彩色图版)
(a)Al2p 谱线；(b)Si2p 谱线；(c)O1s 谱线；(d)Mg1s 谱线；(e)Mg2p 谱线；(f)Zn2p 谱线

综合上述分析，在铝硅合金涂层与镁合金基体的结合界面处，并没有发现高价铝元素的存在，而从氧元素的结合能测试结果可知，有少量氧化铝存在；这是因为铝硅涂层侧富含铝元素，生成的氧化铝较少，$Al^{+3}2p$ 峰值被覆盖，所以不能被检测到。在喷涂作业前，对镁合金基体进行了预处理，以清除其表面污染物，但是镁合金的化学活性极高，处理后很快又会被氧化，这可能是镁元素在界面处以单质和氧化物两种状态存在的原因。同时发现，界面处镁元素的扩散现象最为明显，表现为在界面两侧其计数峰值无明显变化。

参 考 文 献

[1]郭卫凡. 表面纳米化处理对铝镁合金性能的影响[J]. 金属功能材料，2009，16(6)：55-58.

[2]张文利. 不同路径等通道挤压 Al-Mg-Si 合金的组织与性能研究[D]. 太原：太原理工大学，2011.

[3]綦建峰，隋旺华，张改玲，等. 基于 SEM 图像处理红层砂岩孔隙度及分维数计算分析[J]. 工程地质学报，2014，22：339-345.

[4]孙先达，李宜强，戴琦雯. 激光扫描共聚焦显微镜在微孔隙研究中的应用共聚焦激光扫描[J]. 电子显微学报，2014，33(2)：123-128.

[5]王绍钢，王苏程，张磊. 高分辨透射 X 射线三维成像在材料科学中的应用[J]. 金属学报，2013，49(8)：897-910.

[6]杨柏俊. 铝基块体金属玻璃及其纳米复合材料的制备[D]. 沈阳：东北大学，2010：51-53.

第 6 章 镁合金修复强化层综合性能评价

6.1 引　言

在镁合金表面制备出使役性能优异的修复强化层，并考察其在服役环境与工况条件的综合性能是本研究的目的所在。因此，本章围绕"镁合金修复强化层综合性能评价"这一根本问题，综合运用万能拉伸试验机、摩擦磨损试验机、电化学工作站等仪器，分析评价铝基金属玻璃涂层、高熵合金涂层和铝硅系合金涂层的力学、摩擦学及耐腐蚀等性能；同时，结合磨损产物、腐蚀产物分析等，揭示镁合金表面各类修复强化层的失效机制。

6.2 铝基金属玻璃涂层性能测试

6.2.1 力学性能

6.2.1.1 涂层的结合强度

依据国家航空标准 HB 7751—2004《爆炸喷涂涂层结合强度试验方法》，运用对偶拉伸法测试涂层的结合强度。具体做法是将连接好的试样安装在新三思力学试验机上，以 0.5mm/min 的速度拉伸，直接测试出涂层剥落的拉力数值，再与断口面积作商，即获得涂层的结合强度，结果如表 6-1 所示。

表 6-1　涂层的结合强度测试值　　　　　　　　　　（单位：MPa）

编号	1 号	2 号	3 号	4 号	5 号	平均值
结合强度/MPa	38.2	36.4	40.3	37.6	35.9	37.7

图 6-1 所示为涂层结合强度测试的拉伸断口宏观形貌。可见，断裂位置均位于涂层/基体的界面处，表面形貌较为光滑平整，没有明显的撕裂现象存在。据此可以定性判断，涂层的内聚强度高于其结合强度。

相较于传统热喷涂技术，低温超音速喷涂过程中，粉体始终处于硬质固态或热塑固态，结合机制有其独特性。镁合金表面铝基金属玻璃涂层的结合强度主要受到基体表面状态、界面孔隙及氧化夹杂等因素的影响，低温超音速喷涂工艺自身固有的特点及喷涂实施过程中采取的有效措施保证了涂层结合强度与内聚强度的提高。一是基体表面的预先粗化，促进了其化学活性的提高，有利于实现高强度的界面结合。二是还原性氢气的注入，优先消耗了助燃空气中过量的氧气及粉体表面夹杂的氧元素，避免了界面及涂层内部夹杂物的出现。三是低温超音速喷涂的粒子束流直径很小，且裹携于直径相对很大的焰流轴心，在其与外界空气间形成了有效的屏蔽，避免了涂层中氧化夹杂的产生。四是喷涂粒子在与镁合金基板及先期沉积层的高速碰撞过程中发生了高塑性畸变，其高度扁平化并破碎，露出的新鲜金属之间极易产生高强度结合。五是低温超音速喷涂过程中，后续粒子会对先期沉积层产生剧烈的冲击夯实和喷丸强化作用，从而有效降低了涂层的界面孔隙和内部孔隙，可实现高强度的界面结合并提高内聚强度。另外，相互堆砌的高度扁平化的铝基金属玻璃粉体之间具有同质特性，相较于粉体/ZM5 镁合金基体的异质组合，具有更好的化学亲和性和力学匹配性，使涂层的内聚强度高于其结合强度。

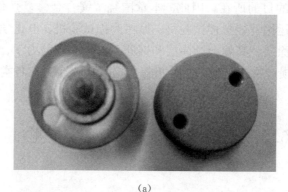

(a)

(b)

图 6-1　涂层结合强度测试的拉伸断口宏观形貌

(a)断口正面；(b)断口背面

6.2.1.2　涂层的显微硬度

依据国家标准 GB/T 4340.1—2009《金属材料　维氏硬度试验　第 1 部分：试验方法》，运用压痕法测试涂层的显微硬度。在涂层表面随机选取测试点位置，取五次测试结果的平均值，载荷 0.49N，加载 20s，结果如表 6-2 所示。

图 6-2 所示为涂层表面显微硬度压痕的 2500 倍 SEM 形貌。可见，涂层呈现出了脆性材料受压后的基本特征，压痕边界没有观察到剪切带的出现。同时，涂层也表现出了

较好的韧性和塑性，压痕中没有观察到任何微裂纹的存在，整体形貌完整清晰，α-Al 晶体相的析出是涂层韧性增强、塑性提高的主要原因。

图 6-3 所示为涂层截面的显微硬度分布。可见，涂层截面处的显微硬度分布也较为均匀，与表面硬度值基本一致。随着距离涂层界面位置的临近，镁合金基体的显微硬度也有所增大，低温超音速喷涂中硬质固态粒子的冲击夯实作用是产生该现象的主要原因。

表 6-2 涂层表面显微硬度的测试值

编号	显微硬度（$HV_{0.05}$）					平均值（$HV_{0.05}$）
	1 号	2 号	3 号	4 号	5 号	
ZM5	91	92	90	89	94	91.2
涂层	416	420	433	433	441	428.6

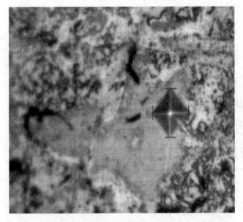

图 6-2　涂层表面显微硬度压痕的
2500 倍 SEM 形貌

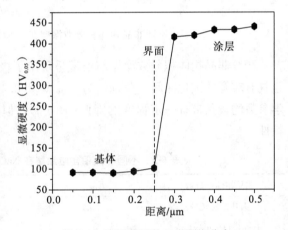

图 6-3　涂层截面的显微硬度分布

6.2.2　耐腐蚀性能

6.2.2.1　非晶相对涂层腐蚀行为的影响及作用机理

1) 非晶相体积分数对涂层极化行为的影响

图 6-4 所示为不同非晶相体积分数的铝基金属玻璃涂层、相同成分的铝基金属玻璃条带、ZM5 镁合金在 3.5% NaCl 溶液中的动电位极化曲线。动电位极化行为中电化学参数的确定如下：对于急冷条带样品，由于其存在明显的钝化区间，其点蚀电位（E_{pit}）即为电流急剧增大所对应的电位，钝化电流密度（i_{pass}）即为钝化区的平均电流密度。考虑到急冷条带样品由于亚稳特征而具有的即时钝化特性，自腐蚀电位（E_{corr}）及自腐蚀电流密度（i_{corr}）由对弱极化区[距开路电位±(20~70)mV 范围]的线性拟合确定。对于晶态样品，由于没有钝化区，选取对应的钝化电流密度为 10^{-4} A/cm² 所对应的电位为点蚀电位（E_{pit}）。

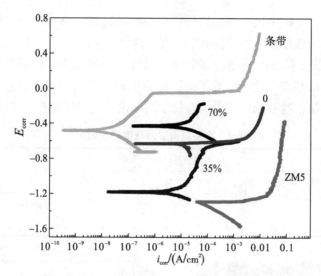

图 6-4　不同非晶相体积分数涂层在 3.5% NaCl 溶液中的动电位极化曲线

70%非晶相体积分数涂层与条带呈现出了极为相似的极化行为，二者均发生自钝化且具有较宽的钝化区间，分别约为 0.5 V 和 0.4 V。70%非晶相体积分数涂层的各电化学参数均较条带有一定程度的降低（表 6-3），但基本保持了完全铝基金属玻璃的高耐蚀特性。

表 6-3　不同非晶相含量涂层在 NaCl 溶液中的电化学特征参数

非晶相体积分数	E_{corr}/V	$i_{corr}/(A/cm^2)$	E_{pit}/V
铝基玻璃条带	−0.52	3×10^{-6}	0.05
涂层(约 70%)	−0.57	4×10^{-5}	−0.2
涂层(约 35%)	−1.2	2.7×10^{-5}	−0.7
涂层(0)	−0.7	1.2×10^{-3}	—
ZM5 镁合金	−1.3	1×10^{-2}	—

随着非晶相体积分数的减小，涂层自腐蚀电位降低。当非晶相体积分数为 35%时，涂层的自腐蚀电位与 ZM5 镁合金接近。但当涂层中非晶相体积分数为 0 时，涂层的自腐蚀电位又有所升高。分析可知，当涂层中的非晶相体积分数高于 35%时，各涂层均呈现出了较好的耐腐蚀能力，表现为具有大致相当的钝化电流密度，只是自腐蚀电位数值有一定的波动。但当涂层完全晶化时，样品丧失钝化能力，出现了溶解现象，与基体相同。

对于 ZM5 镁合金基体，非晶相体积分数高于 35%的涂层自腐蚀电位较高，自腐蚀电流密度明显低于基体，腐蚀速率极大降低，可对 ZM5 基体起到明显的阻隔与弱化电偶两类防护作用。

在高非晶相体积分数的铝基金属玻璃涂层中，非晶相含量很高，金属玻璃组织的原子偏离其平衡位置，较对应的晶态组织其原子间的结合力较弱。当金属玻璃组织部分晶化析出 α-Al 粒子后，原组织中的原子发生结构弛豫[1]，诱发其结合能增大，从而导致涂层中的原子与溶液介质之间发生腐蚀反应的速度减慢，此时涂层整体呈现出了与完全铝基金属玻璃条带基本相同的极化特性。在中等非晶相体积分数的铝基金属玻璃涂层中，α-Al 晶化析出颗粒不断增多，这些高密度的 α-Al 颗粒抑制了活性金属原子向涂层表面的迁移[2]，破坏了涂层表面钝化膜的稳定性，导致涂层的耐腐蚀性能逐步降低，此时涂层的电极电位、点蚀电位及自腐蚀电流等电化学特征参数逐步变差。在较低非晶相体积分数的铝基金属玻璃涂层中，金属玻璃母相基体上除了分布着大量尺度较大的 α-Al 晶化相外，还存在有 Al_4NiY 等金属间化合物相，这些不同的晶化相在腐蚀介质中极易形成原电池，导致涂层的抗腐蚀能力进一步降低。当铝基金属玻璃涂层完全晶化后，长大的 α-Al 晶体颗粒及析出的金属间化合物相之间出现了明显的晶界与相界，造成涂层表面的不均匀，不利于连续钝化膜的形成，因而其抗腐蚀能力最差。

　　图 6-5(a)、(b)所示分别为 35% 非晶相体积分数涂层腐蚀前的表面形貌与腐蚀后的截面形貌。可见，腐蚀后涂层与基体在不同深度方向上均出现了点蚀坑，反映出该涂层腐蚀防护效果较差。基体被腐蚀的原因可能是制备工艺相对较差，致使涂层中出现了金属间化合物，存在的大量晶界、相界构成了腐蚀通道，造成了其耐点蚀能力的迅速下降。

　　图 6-5(c)所示为 70% 非晶相体积分数涂层腐蚀前的表面形貌。可见，涂层表面较为均匀，未观察到较大腐蚀坑的形成，较腐蚀前的形貌变化不大，只发生了一定程度的均匀腐蚀，对基体起到了良好的腐蚀防护作用。图 6-5(d)所示为 70% 非晶相体积分数涂层腐蚀后的截面形貌。可见，未观察到任何蚀点，证明以非晶相为主且具有均匀致密微观组织结构的涂层能够对基体起到良好的腐蚀防护效果。

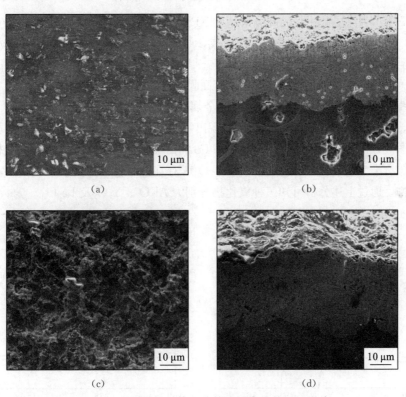

(a)　　　　　　　　　　　　(b)

(c)　　　　　　　　　　　　(d)

图 6-5　不同非晶相体积分数涂层腐蚀前后的形貌

(a)、(c)涂层表面形貌；(b)、(d)涂层截面形貌

2)涂层钝化膜成分的 XPS 分析

为了深入探究铝基金属玻璃涂层的稳定钝化特性，对涂层在 3.5% NaCl 溶液中电化学极化后的表面膜层进行了 XPS 分析，典型的 XPS 全谱扫描如图 6-6 所示。可见，涂层的表面膜中包含了 Al2p、Ni2p、Y3d、La3d、C1s 和 O1s 等特征谱线，表面钝化膜主要由 Al、Y、La 等元素组成。其中的 C 来自表面污染层(外来的碳氢化合物)，以 C1s 对应的结合能 284.6eV 为基准校正其他谱线位置，元素定量分析采用 Scofield 标准数据库。

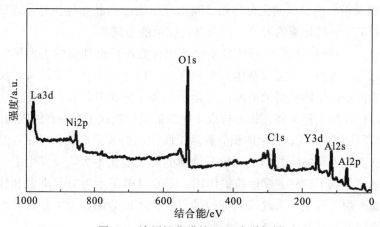

图 6-6　涂层钝化膜的 XPS 全谱扫描

图 6-7 所示为涂层钝化膜的高分辨精细 XPS 图谱。由图 6-7(a)可以看出，Al2p 图谱由离子态 Al^{3+} 谱峰和金属态 Al^0 谱峰复合构成，对应的峰位分别为 (74.8 ± 0.1)eV 和 (72.6 ± 0.1)eV，且金属态 Al^0 的谱峰明显低于离子态 Al^{3+} 的谱峰。从结合能来看，表面层中的离子态 Al^{3+} 可能与 O^{2-} 结合，形成 Al_2O_3，表面膜内部的 Al 主要以离子态 Al^{3+} 为主。Y 和 La 元素的谱线与 Al 元素类似，即同时存在金属态 Y^0(La^0)和氧化态 Y^{3+}(La^{3+})的峰，如图 6-7(b)、(c)所示。Ni2p 和 Co2p 图谱表现出一个很强的金属态的峰和一个很弱的氧化态的峰，如图 6-7(d)、(e)所示，金属态 Ni 和 Co 的谱峰相对其氧化态的谱峰强度较高，说明钝化膜内层有未完全氧化的相应金属存在。O 1s 存在三个谱，如图 6-7(f)所示，表明存在三种氧化物，通过上述分析可知三种氧化物分别为 Al_2O_3、Y_2O_3 及 La_2O_3。

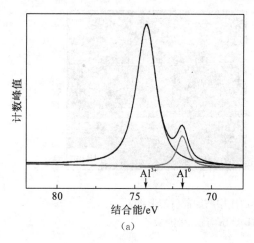

(a)

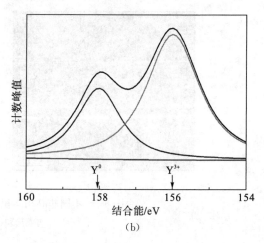

(b)

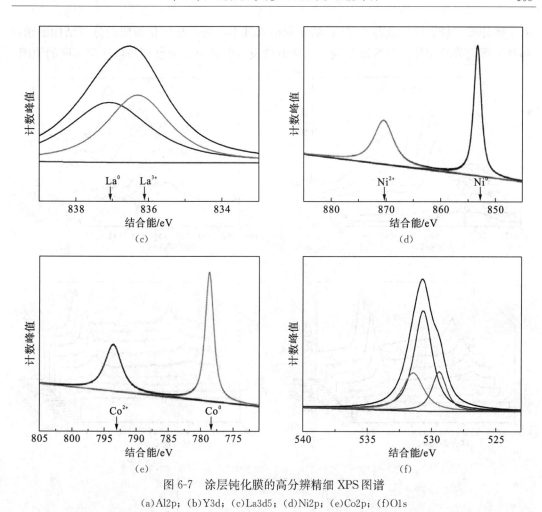

图 6-7　涂层钝化膜的高分辨精细 XPS 图谱

(a)Al2p；(b)Y3d；(c)La3d5；(d)Ni2p；(e)Co2p；(f)O1s

图 6-8 所示为涂层钝化膜中各元素沿深度方向的成分分布变化。由 XPS 分析可知，最表面钝化膜主要包含 Al^{3+}、Y^{3+}、La^{3+}、O^{2-}，可以判定涂层最表面氧化膜的主要组分为 Al_2O_3、Y_2O_3 及 La_2O_3，均具有优良的抗腐蚀特性。表面溅射 10s 后，即涂层深度方向减薄 30nm 后，表面 XPS 分析发现膜中包含 Al^{3+}、Ni^{2+}、Co^{2+}、O^{2-}，可以判定涂层深层氧化膜的主要组分为 Al_2O_3、CoO 及 NiO 金属氧化物。

综上可知，Cl^- 只有破坏最表层的含稀土氧化物的膜层后，才会渗透进入深层的含 CoO、NiO 金属氧化物的膜层。对于钝化膜与 Cl^- 相互作用的机制与结合状态，张锁德[3] 的研究表明，非晶态样品、晶态 α-Al、Al_3Ni 及 $Al_{11}Ce_3$ 样品的钝化膜厚度无明显差别，而钝化膜的组成及其抵抗 Cl^- 的能力明显不同。非晶态样品的钝化膜含有很少量的 Ni^{2+} 和 Ce^{3+}，α-Al 样品的钝化膜只含有 Al^{3+}，它们的结构都比较均匀，在 NaCl 溶液中浸泡 24h 后样品表面只有少量低结合能的吸附态的氯化物。而 Al_3Ni、$Al_{11}Ce_3$ 晶态样品的钝化膜分别含有少量的 Ni^{2+} 掺杂和大量的 Ce^{3+} 掺杂，钝化膜的均匀性和稳定性较差，Cl^- 不仅大量吸附于钝化膜表面，而且渗透到钝化膜内部和钝化膜/基体界面，从而诱发了蚀点的萌生。本节对铝基金属玻璃涂层腐蚀钝化膜元素的分析表明，涂层表面钝化膜元素呈现出分层分布的特点，即过渡族(TM)类元素主要分布于次表层，稀土(RE)类元素主要分布于最表层，这与文献[4]的研究结果基本一致，从钝化膜层成分与结构的角度解释了不同非晶相体积分数涂层的自腐蚀电位及自腐蚀电流密度与条带样品不同的原因。

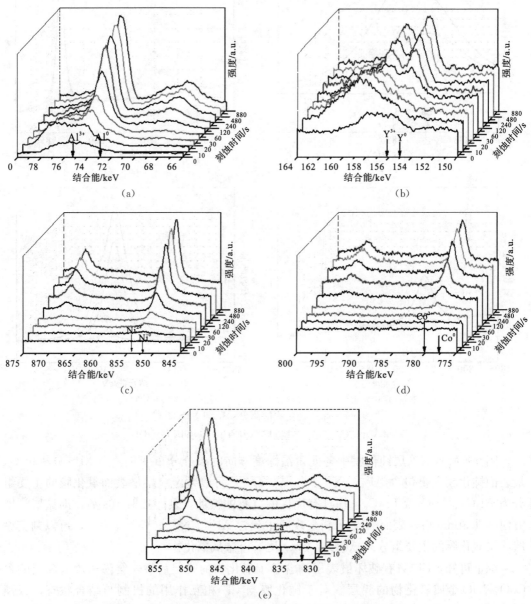

图 6-8　涂层钝化膜中各元素沿深度方向的成分分布变化

(a)Al2p；(b)Y3d；(c)Ni2p；(d)Co2p；(e)La3d

3)α-Al 析出相诱发涂层腐蚀失效的作用机制

铝基金属玻璃材料的耐腐蚀能力不仅受析出相体积分数的影响，且与其类型密切相关。理想的低温超音速喷涂制备的铝基金属玻璃涂层应具有以非晶相为主，含有少量 α-Al 相的微观组织。本节依据本试验结果并综合本领域的相关研究结论，提出了 α-Al 析出相诱发铝基金属玻璃涂层失效的作用机制。

Zhang 等[5]的研究结果表明，在含 Cl^- 介质溶液中，$\alpha\text{-Al}$ 析出相与金属玻璃相间存在约 240mV 的电位差，二者之间极易形成以 $\alpha\text{-Al}$ 粒子为阳极和以金属玻璃为阴极的电偶对，在金属玻璃表面生成由 Al_2O_3、Y_2O_3、La_2O_3 等耐蚀组分构成的致密钝化膜，在 $\alpha\text{-Al}$ 粒子表面生成以腐蚀产物 $Al(OH)_3$ 为主要成分的疏松层，二者共同构成了涂层表面的内层钝化膜层，如图 6-9(a)所示。

随着腐蚀过程的进行，外层钝化膜在内层钝化膜上逐渐形成，其整体成分均由 $Al(OH)_3$ 及微量 Y、La 掺杂的氢氧化物组成。较内层钝化层，外层氢氧化物层的致密性较差，多孔且具有可渗透性，在结构上也呈现为非连续的间隔块。这些可渗透且非连续间隔块的交界区域既是 Cl 吸附的敏感位置，又是阳离子空位扩散的快速通道，为钝化膜破坏提供了必要条件，如图 6-9(b)所示。

随着腐蚀进程的加剧，外层钝化膜逐步增厚，此时 $\alpha\text{-Al}$ 粒子表面钝化膜完全由较为疏松的 $Al(OH)_3$ 组成，金属玻璃表面钝化膜则是由内层致密的 Al_2O_3、Y_2O_3、La_2O_3 及外层疏松的 $Al(OH)_3$ 构成的复合结构。可见，$\alpha\text{-Al}$ 粒子表面钝化膜整体上比金属玻璃表面钝化膜包含更多疏松的 $Al(OH)_3$ 成分，由于侵蚀性阴离子与氧离子竞争吸附而导致钝化膜整体溶解，造成局部减薄或破坏，成为诱发涂层表面蚀点萌生的敏感位置，造成蚀点形核并长大，如图 6-9(c)中间部位的箭头所示。同时，在非连续的间隔块交界处，明显的"通道"效应更易于侵蚀性阴离子渗入，吸附作用导致钝化膜开始变得局部不稳定，造成局部减薄或发生破坏，亚稳蚀点在这些钝化膜的薄弱部位形成并长大，如图 6-9(c)两侧的箭头所示。

可见，当铝基金属玻璃涂层中仅析出 $\alpha\text{-Al}$ 相时，侵蚀性阴离子吸附及"通道"效应导致的钝化膜溶解减薄是诱发其失效的主要作用机制。

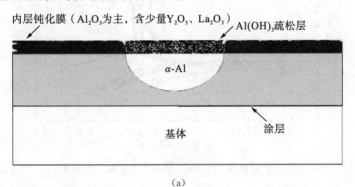

(a)

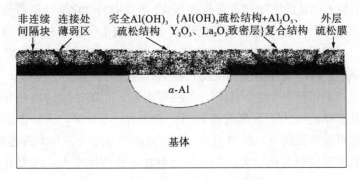

(b)

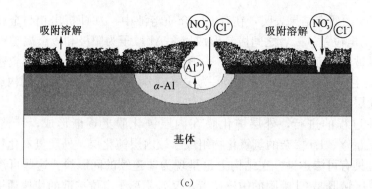

(c)

图 6-9 α-Al 析出相诱发涂层的腐蚀失效过程与作用机制模型[5]

6.2.2.2 孔隙对涂层腐蚀行为的影响及作用机理

1)孔隙率对涂层极化行为的影响规律

图 6-10 所示为不同孔隙率涂层在 3.5% NaCl 溶液中的动电位极化曲线，选择与涂层成分相同的完全铝基金属玻璃条带作为参比材料，以分析判断涂层的钝化特性及其影响因素。

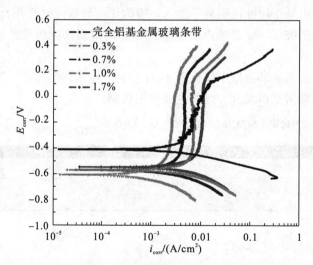

图 6-10 不同孔隙率涂层在 3.5% NaCl 溶液中的动电位极化曲线(见彩色图版)

表 6-4 所示为不同孔隙率涂层及条带在 NaCl 溶液中的电化学特征参数，结合图 6-10 可见，不同孔隙率涂层均表现出了与完全铝基金属玻璃条带基本相同的腐蚀过程，均出现了自钝化，且呈现出了较宽的自钝化区间，约为 0.7V。各涂层的自腐蚀电位较为接近，点蚀电位基本一致，腐蚀电流密度随孔隙率的增大而增大。

孔隙是涂层与条带材料在组织上存在的主要差别，孔隙缺陷的存在导致涂层自腐蚀电流密度随着孔隙率的增大而逐渐升高，当孔隙率为 1.7% 时，涂层自腐蚀电流密度大于条带材料。这可能存在两方面的原因：一是孔隙的存在增大了与溶液接触的测试面积，导致实际参与腐蚀反应的面积增大，进而导致腐蚀电流密度变大；二是孔隙的存在改变了测试面周围的化学环境，造成涂层局部的钝化溶解特性发生改变，从而使整体的自腐蚀电流密度增大。

表 6-4　不同孔隙率涂层及条带在 NaCl 溶液中的电化学特征参数

孔隙率/%	E_{corr}/V	i_{corr}/(A/cm^2)	E_{pit}/V
完全铝基金属玻璃条带	0.5	0.008	1.0
0.3	0.3	0.002	1.1
0.7	0.3	0.004	1.1
1.0	0.3	0.006	1.1
1.7	0.3	0.010	1.1

图 6-11 所示为电化学测试前后的涂层表面 SEM 形貌。可见，测试后的涂层表面发生了较为严重的腐蚀，虽然基本保持了测试前的整体形貌特征，但原本平整的表面已变得凹凸不平。

(a)　　　　　　　　　　　　　　　　(b)

图 6-11　电化学测试前后的涂层表面 SEM 形貌

(a)测试前；(b)测试后

2)孔隙特征对涂层腐蚀行为的影响规律

动电位极化曲线测试的是涂层被测部位的整体区域，所得电流密度是电流值与测试面积之商的平均值。单纯依靠动电位极化曲线无法准确判断涂层究竟是在整个表面上发生了均匀腐蚀，还是在孔隙等某些特定区域发生了局部严重点蚀。因此，本节重点研究孔隙特征对涂层腐蚀行为的影响规律。

低温超音速喷涂工艺制备的铝基金属玻璃涂层组织致密，前述的宏观型、层间型、微球型和微细型四类普通孔隙主要孤立存在于其内部，对涂层的综合使役性能尤其是耐腐蚀性能影响较小。

但当涂层孔隙率较高或服役过程中厚度减薄或被划伤时，由于缝隙或裂纹的连接作用，就会产生从涂层表面连通至基体的特定类型的孔隙，即贯穿型孔隙。该类孔隙会使涂层与基体在腐蚀性电解液中构成电偶对，在极化作用下进一步增大基体的腐蚀速率，造成涂层/基体界面间发生强烈的电化学腐蚀，腐蚀产物的积聚膨胀使涂层在短时间内迅速从基体表面脱落而失去防护作用。图 6-12 所示为采用三维成像系统得到的典型铝基金属玻璃涂层的形貌。可见，界面区域存在明显的较大孔隙。

(a)　　　　　　　　　　　　　　　　(b)

图 6-12　典型铝基金属玻璃涂层的三维形貌(a)及界面区二维截面形貌(b)

利用 XRT 系统的 Avizo 图像处理软件对涂层三维形貌中的孔隙体积的统计分析结果表明，涂层孔隙率约为 1.0%，体积大于 1000 μm³ 的孔隙数约占孔隙总数的 8%，但是这部分大孔隙的体积约占孔隙总体积的 83%，说明小尺寸微孔所占比重很小，如图 6-13 所示。

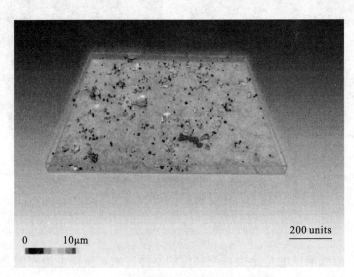

图 6-13　涂层孔隙的三维分布图(见彩色图版)

表 6-5 列出了腐蚀前后涂层中体积最大的十个孔隙体积的具体数值，各个孔隙的变化对比如图 6-14 所示。可见，腐蚀作用对不同尺寸的孔隙产生了不同的影响，绝大多数孔隙或增大或减小，总体变化幅度不大。但有两个孔隙的体积出现了急剧增大，即出现了超大孔隙。其中，1 号孔隙(腐蚀前体积最大的孔)的体积由腐蚀前的 55084 μm³ 增大至 184904 μm³，为腐蚀前的 3.36 倍；2 号孔隙(腐蚀前体积第二大的孔)的体积由腐蚀前的 44276 μm³ 增大至 95681 μm³，为腐蚀前的 2.16 倍。该试验现象的出现存在两个可能的原因：一是腐蚀使原本相距较近的几个大孔连通起来；二是贯穿孔隙的存在，引起涂层/基体界面发生了强烈的电偶腐蚀，而新形成的孔隙。

表 6-5　腐蚀前后涂层中体积最大的十个孔隙体积　　（单位：μm³）

孔隙编号	1号	2号	3号	4号	5号	6号	7号	8号	9号	10号
腐蚀前	55084	44276	43620	43004	38011	33103	33038	27354	26172	25404
腐蚀后	184904	95681	49610	33930	33238	32185	32169	30954	25039	21562

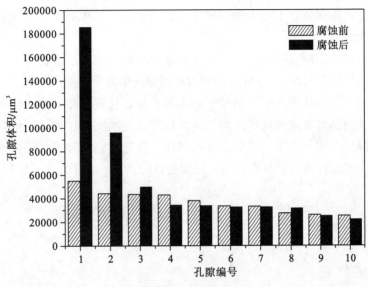

图 6-14　腐蚀前后涂层孔隙的变化对比

为准确判定超大孔隙产生的原因及其与涂层腐蚀行为的关系，利用 X 射线三维成像系统进一步对比分析了腐蚀前后涂层中孔隙（体积大于 4000 μm³）的分布及定位，如图 6-15所示。

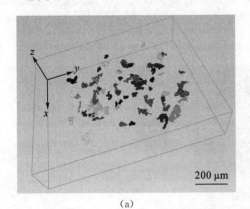 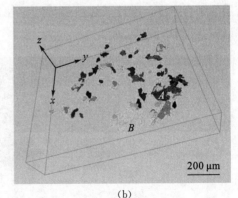

(a)　　　　　　　　　　　(b)

图 6-15　腐蚀前后涂层中孔隙形貌图（见彩色图版）

(a)腐蚀前；(b)腐蚀后

对比图 6-15 (a)和图 6-15 (b)同一位置 A 处的孔隙分布可见，腐蚀前 A 处虽然随机分布着数个距离较近的孔隙，但腐蚀后这些孔隙依然孤立存在，说明该超大孔隙并非是由上述孔隙相互连通而形成的。腐蚀后 B 位置处的超大孔隙在腐蚀前的同一对应位置处并不存在，说明该超大孔隙是新生成的。通过 Avizo 图像分析软件定位，确定 A、B 两处孔隙均位于涂层与基体的界面处。综上分析可知，A、B 两处的两个超大孔隙均是由于涂层固有贯穿孔隙的存在，导致涂层/基体界面发生强烈电偶腐蚀而重新生成的。

同时，对比图 6-15(a)和图 6-15(b)可见，体积相对较小的孔隙在腐蚀后其几何尺寸变化不大，并且出现了大体积孔隙数目有所减少的现象。例如，在图 6-15(a)中接近中心区域的一些孔隙在图 6-15(b)中的相同位置并未出现，说明这部分孔隙由于腐蚀产物的堆积，其几何尺寸已由阈值之上减小为阈值之下。涂层孔隙体积的小幅度变化说明在该处发生的腐蚀较为轻微。

综上所述可知，涂层实际的腐蚀进程中，绝大多数体积较小且相对孤立的孔隙处发生的腐蚀较为轻微，而在涂层/基体界面处存在贯穿孔隙的个别微小区域，在腐蚀介质环境下发生了强烈的局部吸附溶解，出现了超大的孔隙，这些孔隙会进一步成为腐蚀介质的侵入通道，从而诱发腐蚀的逐步加剧。这类局部强烈的腐蚀比整体上的均匀腐蚀更具破坏性，因此降低涂层孔隙率、减少大孔隙出现、杜绝贯穿孔隙产生是高耐蚀铝基金属玻璃涂层制备工艺设计及过程调控的又一个重要目标。

6.3　高熵合金涂层性能测试

6.3.1　力学性能

6.3.1.1　涂层的结合强度

涂层承受法向和切向载荷时，其结合强度低会导致局部剥落或整体脱离。通常利用胶黏法测试涂层的结合强度，测试结果受胶黏剂强度的影响较大。本研究采用拉伸法测试涂层的结合强度，设计了螺栓连接的拉伸试样，测试时拉力垂直作用于涂层和基体界面，试样实物如图 6-16 所示。

图 6-16　试样实物

室温下，在拉伸试验机上按国家标准 GB/T 228.2—2015《金属材料　拉伸试验　第 2 部分：高温试验方法》测试高熵合金涂层的结合强度，入口力为 10N，拉伸速度为 5mm/min。结合强度按下式计算：

$$\sigma_b = \frac{F}{\pi \left(\dfrac{\phi}{2}\right)^2} \tag{6-1}$$

式中，σ_b 为结合强度(MPa)；F 为入口力(N)；ϕ 为拉伸试样受力面直径(m)。每种涂层选取五组试样分别测试，结果取平均值列于表 6-6。

表 6-6　涂层与基体结合强度　　(单位：MPa)

编号	1	2	3	4	5	平均值
1 号	58.68579	46.98185	42.71755	46.73772	54.83279	46.99114
2 号	60.21716	56.53791	60.58606	57.75755	56.72522	58.36478
3 号	54.44570	56.70597	37.57769	52.73079	47.08204	48.70844

影响涂层结合强度的因素包括孔隙、氧化作用和基体表面状态等。低温超音速喷涂的低温高速特性，避免了氧化，冲蚀和喷丸强化作用使涂层具有较高的致密度，有利于提高涂层的结合强度。基体材料自身物理性质和表面状态对低温超音速喷涂涂层的结合强度影响较大。喷涂前，基体表面粗化预处理，激活表面化学活性，有利于改善涂层与基体的结合状态。

本研究中，喷涂材料与基体为"硬颗粒-软基体"组合，硬质高熵合金粉末粒子高速撞击较软的镁合金基体后，嵌入基体表面，塑性变形不明显，受后续喷涂粒子冲击后，发生较大塑性变形，同时与基体交叉，形成具有钉扎作用的互锁结构，具有"抛锚"效应，可显著提高涂层的结合强度，如图 6-17 所示。

图 6-17　"硬颗粒-软基体"互锁结构示意图

三种涂层的制备喷涂工艺参数相同，结合强度却相差较大，这与粉末材料的塑性有关。2 号高熵合金粉末非晶含量较高，具有较好的强度和韧性匹配，屈强比相对较低，更容易发生塑性变形，形成的钉扎作用显著，结合强度较大。而 3 号粉末中含有 Si 元素，其电负性较大，易与其他金属元素结合形成脆性相；同时，3 号粉末颗粒元素最多，固溶强化效应更明显，致使粉末颗粒强度和硬度均较大，不易发生塑性变形。

6.3.1.2　涂层的显微硬度

低温超音速喷涂颗粒达到临界速度时发生塑性变形形成涂层，并对已沉积涂层有冷锻夯实作用，低于临界速度也会对涂层有喷丸强化作用，可进一步提高涂层的硬度。

按照国家标准 GB/T 4340.1—2009《金属材料 维氏硬度试验 第 1 部分：试验方法》，采用静态压痕法表征涂层硬度。利用数显显微硬度计测量涂层硬度，加载静载荷 $200g = 1.96N$，加载时间为 15s。在涂层表面不同位置随机测量五次取平均值，结果如表 6-7 所示。

表 6-7 涂层和基体表面的硬度（$HV_{0.2}$）

编号	维氏硬度（$HV_{0.2}$）					平均值（$HV_{0.2}$）
	1	2	3	4	5	
ZM5	70.3	63.6	81.1	62.9	73.6	70.3
1 号	559.2	475.3	569.8	528.2	563.6	539.22
2 号	775.3	665.6	846.1	717.7	749.3	750.8
3 号	661.3	771.0	845.2	808.4	726.9	762.56

三种高熵合金涂层硬度与对应成分的铸态合金硬度相当，表面硬度分布较为均匀；远高于基体硬度，至少为镁合金基体硬度的 7.7 倍。由于高熵合金显微组织中存在多种强化机制，因此其强度和硬度均高于传统合金。与铸态高熵合金相似，随着合金组元数目的增加，涂层硬度呈增大趋势。Mo 和 Si 元素的加入，都会引起晶格畸变，产生强烈的固溶强化作用，使涂层硬度显著提高。Si 元素与金属元素化合生成金属间化合物强化相，也会提高涂层硬度。

根据传统合金化理论，合金强度是多种强化机制综合作用的结果，可表达为

$$\sigma_s = \sigma_0 + \sigma_G + \sigma_C + \sigma_D + \sigma_P \tag{6-2}$$

式中，σ_0 为合金的本征强度；σ_G 为晶粒细化对强度的贡献；σ_C 为固溶强化对强度的贡献；σ_D 为位错强化对强度的贡献；σ_P 为弥散强化对强度的贡献。

涂层材料本身由于固溶强化作用具有较高硬度，同时合金元素间混合焓较负，化学亲和力强，本征强度大。由于合金在快速凝固时晶体长大受到抑制，晶粒细化明显，根据 Hall-Petch 公式，晶粒尺寸减小，合金强度因此提高。根据 TEM 分析结果，涂层中含有非晶相，也提高了涂层硬度。粉末颗粒高速撞击基体发生变形，由于压应力急剧增加，位错萌生，对涂层硬度也有积极贡献。另外，喷涂过程中后续粒子持续冲击作用产生加工硬化。因此，多种强化机制使高熵合金涂层具有较高的硬度。

图 6-18 所示为基体到涂层表面的硬度分布。可见，镁合金基体靠近涂层区域的硬度逐渐增大，这是因为喷涂粒子的高速冲击作用，对基体也产生了加工硬化作用。

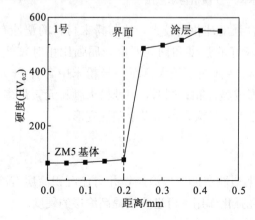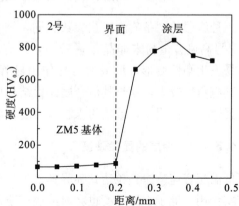

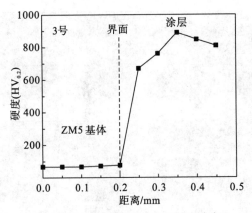

图 6-18　基体到涂层表面的硬度分布

图 6-19 所示为高熵合金涂层的压痕形貌。可见，压痕边缘均完整清晰，未出现裂纹，表明涂层具有一定韧性和塑性变形能力。高熵合金涂层硬度较高，压痕周围无剪切带，表现出脆性材料特性。

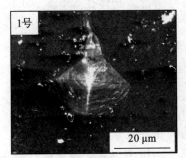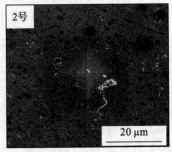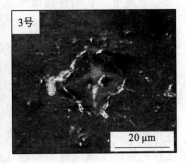

图 6-19　高熵合金涂层的压痕形貌

6.3.2　耐腐蚀性能

6.3.2.1　在中性盐雾中的腐蚀行为

金属材料是构成设备及其零（构）件的物质基础，服役过程中会不可避免地发生腐蚀与磨损。在金属基体表面涂覆覆盖层是提升金属表面耐蚀耐磨性能，延长其使用寿命的常用方法。实验室中，通常采用人工加速腐蚀的方法来评价涂层的耐腐蚀性能。中性盐雾腐蚀试验可用来模拟海洋大气腐蚀环境，可直观、快捷地获得实验数据，通过表面观察法即可对涂层耐蚀性能进行评价。

依据国家标准 GB/T 10125—2012《人造气氛腐蚀试验　盐雾试验》，试样经环氧树脂密封、固化后，在智能型盐雾腐蚀试验箱中进行加速腐蚀试验。经 700h 盐雾腐蚀后，镁合金基体发生严重腐蚀，生成大量豆腐渣状产物，而涂层结构完整，仅在表面出现少量白点，如图 6-20 所示。可见，涂层可为工件基体提供可靠的耐蚀防护，其耐中性盐雾腐蚀时间大于 700h。

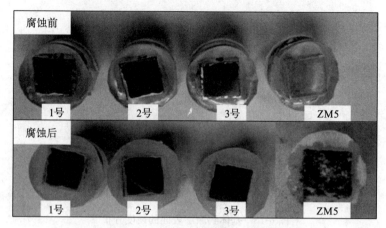

图 6-20　高熵合金涂层盐雾腐蚀前后的宏观形貌

6.3.2.2　在 NaCl 溶液中的腐蚀行为及机理

室温下，利用普林斯顿电化学工作站测试高熵合金涂层与镁合金基体在 3.5% NaCl 溶液中的电化学腐蚀行为，参比电极为饱和甘汞电极(SCE)，辅助电极为铂电极(Pt)，扫描速率为 1mV/s，测试前对试样在 -0.4V 条件下阴极处理 5min，去除表面杂质和氧化膜，然后保持试样在溶液中浸泡 20 min 达到准静态并得到开路电位，动电位扫描范围相对于参比电极电位为 -0.6~1.2V，得到动电位极化曲线。

图 6-21 所示为涂层与镁合金基体在 3.5% NaCl 溶液中的极化曲线。可见，三种涂层极化曲线形状相似，腐蚀机理相近。尽管高熵合金涂层中的钝化性元素能够形成致密氧化膜，但由于涂层表面物理化学性质不均匀，存在孔隙、第二相析出、氧化膜裂隙、晶界或颗粒层间结合区、位错源等缺陷，而 Cl^- 半径小，容易穿透氧化膜，在钝化膜和涂层界面部位形成点蚀核，与钝化膜中阳离子结合生成可溶性氯化物，造成阳极极化电流随电位升高急剧增加；同时，Cl^- 通过扩散在氧化膜中形成胶态，改变了电子或离子导电性，破坏了保护膜。相对于 ZM5 镁合金基体，高熵合金涂层自腐蚀电位正移，而腐蚀电流密度下降。

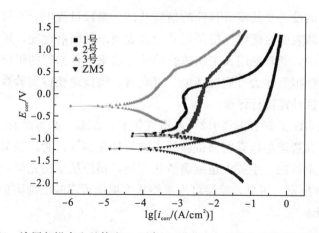

图 6-21　涂层与镁合金基体在 3.5% NaCl 溶液中的极化曲线(见彩色图版)

采用外延法对极化曲线进行 Tafel 拟合，得到高熵合金涂层与镁合金基体自腐蚀电位和对应的自腐蚀电流密度，如表 6-8 所示。ZM5 镁合金基体在 3.5% NaCl 溶液中的自腐蚀电位为 −1233mV，低于涂层自腐蚀电位，且自腐蚀电流密度较大。根据 Faraday 电解第一定律，腐蚀速率与腐蚀电流密度成正比，说明涂层相对基体耐蚀性能更好，具有较好的保护作用。由于涂层显微组织中含有孔隙，粉末颗粒之间的结合部位也容易诱发腐蚀，因此三种涂层相对于对应铸态高熵合金在相同条件下的自腐蚀电位变负，而自腐蚀电流密度增大。

表 6-8　涂层和基体在 3.5% NaCl 溶液中的电化学参数

编号	E_{corr}/mV	$i_{corr}/(\mu A/cm^2)$	E_{pit}/mV
ZM5	−1233	454.617	−715.3
1 号	−894.293	316.529	156.4
2 号	−948.65	201.018	388.7
3 号	−281.02	186.148	609.3

图 6-22 所示为高熵合金涂层在 3.5% NaCl 溶液中电化学腐蚀后的 SEM 形貌。可见，涂层表面有大量点蚀孔洞出现，其多位于变形颗粒结合面及未变形颗粒周围；这主要是由在腐蚀环境下，原有孔隙变大，或由机械结合部位薄弱，焊合不牢的粉末颗粒碎屑脱落导致的。Cl⁻ 渗透吸附在缺陷处，生成了活性溶解点，加剧了点蚀坑的形成。

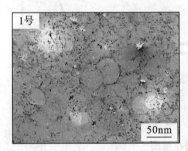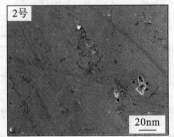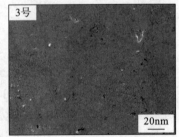

图 6-22　高熵合金涂层在 3.5% NaCl 溶液中电化学腐蚀后的 SEM 形貌

通过动电位循环极化曲线可测定涂层击穿电位 E_b 及保护电位 E_p，可以提供涂层在含 Cl⁻ 介质环境中的抗点蚀能力或点蚀敏感的定量评估数据。当电位 $E > E_b$ 时，可能发生点蚀；当 $E < E_b$ 时，不会发生点蚀；保护电位 E_p 为负方向扫描时曲线与正方向阳极极化曲线的交点对应的电位，可以表征涂层在发生点蚀后的自钝化和自修复能力，具有保护电位的涂层材料在点蚀发生后，能够发生再钝化从而修复点蚀坑。若负方向扫描曲线与阴极极化曲线相交，说明材料不具有保护电位，点蚀形成后会不断发展，不能再钝化自修复。对于钝性材料，击穿电位越高，保护电位越高，耐蚀性越好。

图 6-23 所示为涂层与基体在 3.5% NaCl 溶液中的循环极化曲线。可见，利用迟滞环可直观判断金属发生孔蚀的可能，虽然三种高熵合金涂层和镁合金基体均出现正迟滞环，表明均可能发生点蚀；但涂层负方向扫描时，曲线与阳极极化相交，表明涂层均具有保护电位，具有再钝化和自修复能力。表 6-9 所示为涂层材料的击穿电位和保护电位。

高熵合金涂层中 Al、Ni、Cr、Mo 等合金元素表面易形成稳定保护膜，为钝化性元素，当电位低于保护电位时，会发生再钝化，重新生成保护膜。镁合金在水溶液中表面形成 $Mg(OH)_2$ 膜层，受 Cl^- 作用生成易溶的 $MgCl_2$，膜层受到破坏，引发点蚀，因不具有保护电位，不会发生再钝化，随着电位升高原有点蚀坑会不断发展扩大，并有新的点蚀核形成。结合腐蚀后的 SEM 形貌，3 号涂层表面点蚀坑较少，击穿电位 E_b 及保护电位 E_p 均较高，点蚀难于形核，发生点蚀后，很快再钝化自修复。

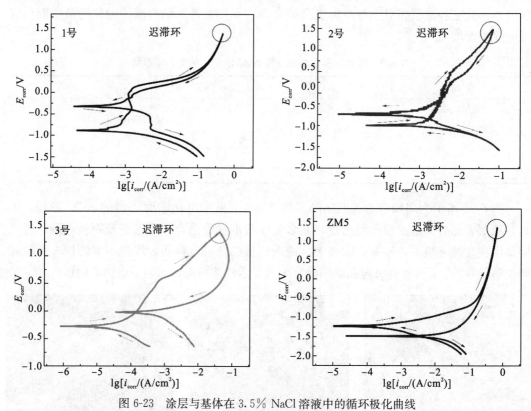

图 6-23　涂层与基体在 3.5% NaCl 溶液中的循环极化曲线

表 6-9　涂层在 3.5% NaCl 溶液中的循环极化参数

编号	E_b/mV	E_p/mV
1 号	117.1	−131.6
2 号	374.3	−137.7
3 号	553.8	31.7
ZM5	−1168	—

　　电化学阻抗谱可获得反应界面的电化学反应的极化电阻或电化学传递电阻，能够提供更多的电化学数据信息，是研究腐蚀和钝化过程的有力工具。将高熵合金涂层试样置于溶液中，达到稳定状态后，在扰动信号幅值为 10mV、扫描频率范围为 100kHz～10MHz 的条件下测试涂层的电化学阻抗谱。

　　图 6-24 所示为涂层和基体在 3.5% NaCl 溶液中的交流阻抗谱图。可见，三种高熵合金涂层的容抗弧半径均大于 ZM5 镁合金基体，表明涂层耐蚀性较镁合金有所提高，与极化曲线测试结果一致。涂层阻抗谱低频区信号存在波动，容抗弧半径发生变化。Bode 图

显示三种涂层均存在两个时间常数，表明 Nyquist 图上的容抗弧是两个半圆的叠加，界限不明显，表现为一个大容抗弧。

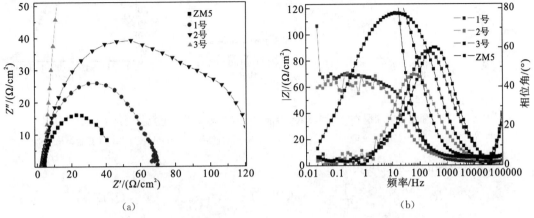

（a）　　　　　　　　　　（b）

图 6-24　涂层和基体在 3.5% NaCl 溶液中的交流阻抗谱图
（a）Nyquist 图；（b）Bode 图

图 6-25 所示为根据交流阻抗谱图拟合的等效电路，采用 $R_s(CPE_1-R_1)QPE_1$ 等效电路对数据进行拟合，采用常相角原件进行拟合，以消除非理想电容的影响。

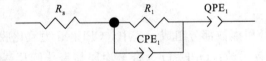

图 6-25　涂层在 3.5% NaCl 溶液中的交流阻抗拟合等效电路

图 6-25 中，R_s 为溶液电阻；R_1 为涂层与腐蚀介质界面的电荷转移电阻；CPE_1 和 QPE_1 为常相角元件；CPE_1-T 为氧化膜层电化学反应的双电层电容；CPE_1-P 为弥散系数；QPE_1-Q 为合金涂层与氧化膜层界面间的电荷转移的电容；QPE_1-n 为弥散系数。拟合结果如图 6-26 所示。

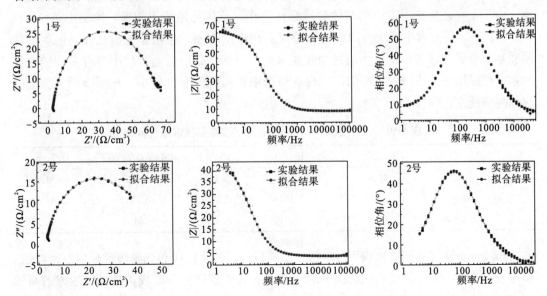

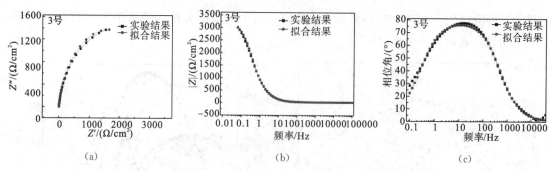

图 6-26 涂层在 3.5% NaCl 溶液中的交流阻抗等效电路拟合结果

(a)Nyquist 图拟合结果；(b)Bode 图中阻抗模值 $|Z|$ 拟合结果；(c)Bode 图中相位角拟合结果

该等效电路的总阻抗可表示为

$$Z = R_s + \left(\frac{1}{R_1} + \frac{1}{CPE_1\text{-}P} + j\omega CPE_1\text{-}T\right)^{-1} + \left(\frac{1}{QPE_1\text{-}n} + j\omega QPE\text{-}Q\right)^{-1} \quad (6\text{-}3)$$

整理后，得

$$Z = R_s + \frac{R_1(CPE_1-P)[R_1+(CPE_1-P)]}{[(CPE_1-P)+R_1]^2+\omega^2 R_1^2(CPE_1-P)^2(CPE_1-T)^2} + \frac{QPE_1-n}{1+\omega^2(QPE_1-n)^2(QPE_1-Q)^2}$$
$$- j\left(\frac{\omega R_1^2(CPE_1-P)^2(CPE_1-T)}{[(CPE_1-P)+R_1]^2+\omega^2 R_1^2(CPE_1-P)^2(CPE_1-T)^2} + \frac{\omega(QPE_1-n)^2(QPE_1-Q)}{1+\omega^2(QPE_1-n)^2(QPE_1-Q)^2}\right)$$

$$(6\text{-}4)$$

即总阻抗 Z 由实数部分和虚数部分组成。式中，CPE_1-T 为氧化膜层电化学反应的双电层电容；CPE_1-P 为弥散系数；QPE_1-Q 为合金涂层与氧化膜层界面间的电荷转移的电容；QPE_1-n 为弥散系数。

表 6-10 所示为三种高熵合金涂层在 3.5% NaCl 溶液中的交流阻抗谱拟合参数。低温超音速喷涂层孔隙率低，高速冲击形成具有互锁作用的钉扎结构、颗粒变形后逐层累积的致密层状结构，以及涂层表面的致密氧化膜增加了传输距离，阻碍了含有侵蚀性阴离子的腐蚀介质的渗透，使涂层与电解质溶液界面电荷转移阻抗较大，减缓了涂层腐蚀速率。由于不存在从涂层表面到基体的贯穿性通孔，且各孔隙均不相通，涂层中 Al、Cr、Co、Ni、Mo 等元素生成水合盐或氧化膜覆盖在涂层表面，也阻止了腐蚀介质向底层涂层和基体金属的渗透，使基体与腐蚀介质隔离。另外，高熵合金涂层中含有多种钝化性元素，使涂层极化率增大，扩散层的存在使极限扩散电流密度较小，从而降低了涂层的腐蚀溶解速率。

表 6-10 涂层在 3.5% NaCl 溶液中的交流阻抗谱拟合参数

编号	$R_s/(\Omega/cm^2)$	$R_1/(\Omega/cm^2)$	CPE_1-T/(F/cm²)	CPE_1-P	QPE_1-Q/(F/cm²)	QPE_1-n
1 号	2.654	41.45	0.00014348	0.8837	0.01599	0.68122
2 号	3.672	61.21	0.00058496	0.82923	0.01515	0.78106
3 号	3.933	3203	0.00020103	0.88727	0.010013	0.8171

高熵合金涂层的阳极反应可分为活性溶解反应、钝化反应和化学溶解反应三个阶段，如图 6-27 所示，Cl⁻ 通过氧化膜层不断向阳极表面扩散迁移，形成扩散层，生成的腐蚀

产物聚集在扩散层表面。

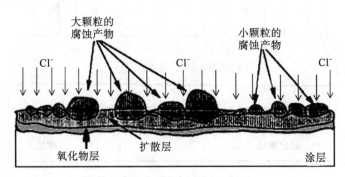

图 6-27　涂层阳极过程示意图

当极化电位很低时，涂层主要进行氧化成膜反应，这种表面膜作为一个独立的相存在，能够将涂层与腐蚀介质机械隔离，使溶解速率降低，涂层表面由活化态转变为钝化态。要生成具有独立相的钝化膜，首先应在电极反应中生成固态产物。涂层中的钝化性元素 Al、Co、Ni、Mo 及 Fe 元素的阳极过程同时进行，用 Me 代表上述合金元素，反应式可表达如下。

活性溶解反应：

$$\left.\begin{aligned}
Me + H_2O &\longrightarrow MeOH + H^+ + e \\
MeOH &\longrightarrow MeOH^- + e \\
MeOH^- + H^+ &\longrightarrow Me^+ + H_2O
\end{aligned}\right\} \tag{6-5}$$

钝化反应：

$$\left.\begin{aligned}
MeOH + H_2O &\longrightarrow Me(OH)_2 + H^+ + e \\
Me(OH)_2 &\longrightarrow MeO + H_2O
\end{aligned}\right\} \tag{6-6}$$

高熵合金涂层中，Cr 元素和 Si 元素的钝化膜是直接形成的，反应式分别为

$$2Cr + 3H_2O \longrightarrow Cr_2O_3 + 6H^+ + 6e \tag{6-7}$$

$$Si + 2H_2O \longrightarrow SiO_2 + 4H^+ + 4e \tag{6-8}$$

涂层表面被成相膜覆盖，处于稳定的钝态。随着极化电位不断升高，由于 Cl⁻ 的存在，涂层表面形成的钝化膜发生化学溶解反应，且反应速度不断增大，钝化膜开始被破坏，反应式表达为

$$MeO + 2Cl^- + 2H^+ \longrightarrow MeCl_2 + H_2O \tag{6-9}$$

生成的大小不一的腐蚀产物颗粒聚集在涂层表面，具有"自封孔"效应。其中，SiO_2 膜层较为稳定，不会被 Cl⁻ 侵蚀溶解，所以 3 号涂层容抗弧半径最大，具有较大阻抗。

涂层在腐蚀介质中发生电化学腐蚀的根本原因是存在与金属阳极溶解共轭的阴极过程，去极化剂的阴极还原过程吸收阳极腐蚀迁移出来的电子，使电化学腐蚀反应不断进行。涂层在 3.5% NaCl 中性盐溶液中会发生吸氧去极化腐蚀，因此涂层的阴极反应为溶解氧的还原反应，可分为氧分子从溶液界面到涂层表面的输送过程和氧分子在阴极被还原的过程两个阶段，图 6-28 所示为涂层阴极过程示意图。

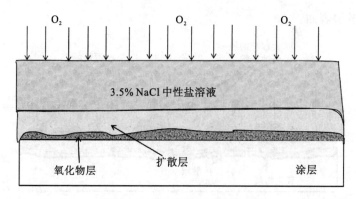

图 6-28　涂层阴极过程示意图

氧分子通过溶液与空气界面进入腐蚀体系并不断扩散迁移，到达并吸附在涂层表面，发生离子化还原反应，反应式表达为

$$O_2+4e+2H_2O \longrightarrow 4OH^- \tag{6-10}$$

可能的反应机制为

$$O_2+e \longrightarrow O_2^- \tag{6-11}$$

$$O_2^-+H_2O+e \longrightarrow HO_2^-+OH^- \tag{6-12}$$

$$HO_2^-+H_2O+2e \longrightarrow 3OH^- \tag{6-13}$$

涂层发生电化学腐蚀时，阳极过程和阴极过程实质上是金属的氧化和环境中物质的还原过程，这两个过程可以在涂层与腐蚀介质界面不同部位独立进行，间接进行电子的传递。从电化学腐蚀动力学角度讲，当电极电位偏离平衡电位时，通过改变电极反应的活化能可以使电极反应向一个方向进行的速度增加，而向相反方向进行的速度减小，因此阳极和阴极反应在不同空间进行。多数情况下，电化学腐蚀以阳极和阴极过程在不同区域局部进行为特征，这是电化学腐蚀区别于纯化学腐蚀过程的重要标志。

在腐蚀初期，涂层中耐蚀性元素原子发生氧化，在涂层表面形成连续氧化膜，保护涂层免受腐蚀介质侵蚀；随着腐蚀过程的继续，Cl^- 侵蚀破坏氧化膜，进而渗透到表面氧化膜层与高熵合金涂层的界面，使局部点蚀越来越多，使表面氧化膜层阻抗、氧化膜层与主熵合金涂层间的电荷转移阻抗降低，导致容抗弧半径发生变化。由于腐蚀产物在涂层表面和腐蚀部位逐渐堆积，Cl^- 的渗透和腐蚀产物中的带电粒子迁移通过扩散来实现，阻抗谱低频区表现出 Weber 扩散特征；腐蚀过程后期，涂层表面的腐蚀产物堆积成膜，逐渐趋于稳定，扩散过程对阻抗影响不断减弱。

6.3.2.3　在 H_2SO_4 溶液中的腐蚀行为及机理

金属电化学腐蚀过程是从热力学不稳定到稳定状态的过程，同种金属材料在不同腐蚀介质中的电化学腐蚀行为有较大差别。本节主要研究高熵合金涂层在酸性环境下的电化学腐蚀行为。

采用普林斯顿电化学工作站，以涂层作为工作电极，以饱和甘汞电极（SCE）为参比电极，以铂电极（Pt）为辅助电极，扫描速率为 1mV/s，动电位扫描范围相对于参比电极电位为 $-0.6\sim1.2V$。测试前对试样在 $-0.4V$ 条件下阴极处理 5min，去除表面杂质和氧化膜，然后保持试样在溶液中浸泡 20 min 达到准静态后开始测试。ZM5 镁合金基体在酸性环境下发生剧烈的化学腐蚀，难以得到极化曲线。

图 6-29 所示为高熵合金涂层在 1mol/L H_2SO_4 溶液中的动电位极化曲线。可见，三种涂层在 1mol/L H_2SO_4 溶液中表现出明显的活化−钝化腐蚀行为，均具有较宽钝化区 ($\Delta E > 500mV$)。当电位大于钝态电位时，不同成分合金涂层的腐蚀电流密度表现出较大差异。表 6-11 为涂层在 1mol/L H_2SO_4 溶液中的电化学参数。阴极极化曲线在 Tafel 区斜率基本一致，说明腐蚀介质中的 H^+ 在进行还原反应时，需要的氢超电压相近，阴极反应速率基本相同。三种涂层自腐蚀电位相差不大，但自腐蚀电流密度由于 Mo、Si 元素的加入发生了较大变化。相对于 1 号涂层，2 号涂层中 Mo 元素的加入使钝化电流密度 (i_{pass}) 和稳定钝化电位 (E_{pp}) 减小，临界钝化电流密度 (i_{crit}) 较低，表明涂层容易进入钝化状态，耐蚀性提高。3 号涂层的钝化电流密度也较低，在 H_2SO_4 溶液中抵抗均匀腐蚀的电阻较高，但由于其中含有非金属元素 Si，形成金属间化合物相，易于合金固溶体组织构成微区原电池发生电偶腐蚀，氧化膜层一旦被破坏将导致自腐蚀电位急剧下降，自腐蚀电流密度升高。

随着电位的升高，三种涂层阳极极化进入过钝化区。电位达到 1.2V 时，接近 O_2/H_2O 体系的平衡电位(约 1.6V)，OH^- 开始放电而析出氧气，使电流密度随电位升高开始增加，同时伴随涂层中金属离子的溶解释放。

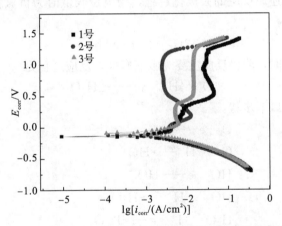

图 6-29　涂层在 1mol/L H_2SO_4 溶液中的动电位极化曲线

表 6-11　涂层在 1mol/L H_2SO_4 溶液中的电化学参数

编号	E_{corr}/mV	i_{corr}/(A/cm²)	i_{crit}/(A/cm²)	E_{pp}/mV	i_{pass}/(A/cm²)	ΔE/mV
1 号	−78.536	6.98056×10^{-8}	4.6852×10^{-2}	543.799	2.726×10^{-2}	508
2 号	−80.866	5.63217×10^{-8}	1.2553×10^{-2}	488.327	2.8873×10^{-3}	562
3 号	−84.43	9.41116×10^{-8}	6.202×10^{-2}	471.165	6.40×10^{-3}	673

金属钝化是由于阳极过程受阻而产生的一种耐蚀性状态，钝化过程中电极表面不断变化，涂层与腐蚀介质界面的扩散和迁移以及新相的形成等，使钝化过程的分析变得较为复杂。在电位不同的区域，阳极反应过程不同。

在活化区，主要发生涂层中的合金元素溶解反应，形成离子，服从 Tafel 定律，以 Me 代表合金元素，反应式可表达为

$$Me \longrightarrow Me^{n+} + ne \tag{6-14}$$

其中，n 通常对应金属元素的低价状态。

进入钝化区后，涂层中的钝化性元素原子表面形成稳定的保护膜层，由于钝化膜的溶解速率小于合金元素的溶解速率，因此在钝化区涂层金属的腐蚀电流密度较低，腐蚀速率较小。在钝化区的反应过程为

$$2Me + nH_2O \longrightarrow Me_2O_n + 2nH^+ + 2ne \tag{6-15}$$

在过钝化区，反应过程为

$$4OH^- \longrightarrow O_2 + 2H_2O + 4e \tag{6-16}$$

对于三种高熵合金涂层，发生析氧反应的电位低于其平衡电位，可能是由于 O_2 在高熵合金涂层表面的氧化膜上产生了较低的超电压。

在过渡钝化区，高熵合金涂层表面可能生成过渡氧化物。3 号涂层在这一阶段生成的过渡氧化物进一步氧化形成了易于溶解的氧化物，使钝化膜被破坏，溶解反应加剧，腐蚀电流密度升高，腐蚀速率增加。

由于高熵合金涂层中的合金元素较多，随着阳极反应的进行，不断改变溶液的 pH，氢电极和氧电极的平衡电位也会不断变化，因此涂层在 $1mol/L\ H_2SO_4$ 溶液中的阴极过程应为氢离子和氧分子还原反应的去极化过程，当电位较低时为析氢腐蚀，阴极反应可表达为

$$2H^+ + 2e \longrightarrow H_2 \tag{6-17}$$

当电极电位较高时，阴极反应主要为吸氧腐蚀，反应过程为

$$O_2 + 4H^+ + 4e \longrightarrow 2H_2O \tag{6-18}$$

其反应机制包括以下步骤：

$$\left.\begin{aligned}
O_2 + e &\longrightarrow O_2^- \\
O_2^- + H^+ &\longrightarrow HO_2 \\
HO_2 + e &\longrightarrow HO_2^- \\
HO_2^- + H^+ &\longrightarrow H_2O_2 \\
H_2O_2 + H^+ + e &\longrightarrow H_2O + HO \\
HO + H^+ + e &\longrightarrow H_2O
\end{aligned}\right\} \tag{6-19}$$

图 6-30 所示为三种高熵合金涂层在 $1mol/L\ H_2SO_4$ 溶液中腐蚀后的 SEM 形貌。可见，在酸性环境下，涂层主要发生均匀腐蚀，腐蚀坑（如图中箭头所示）分布在涂层表面缺陷或粉末颗粒结合部位。3 号涂层由于金属间化合物相的存在局部发生电偶腐蚀，导致涂层表面局部腐蚀较为严重。

对于钝性材料，在腐蚀介质中的保护电位 E_p 的高低决定其腐蚀性的优劣。图 6-31 所示为涂层在 $1mol/L\ H_2SO_4$ 溶液中的循环极化曲线。可见，在酸性介质中，负方向扫描曲线均与正方向扫描曲线的阳极曲线相交，具有保护电位，表明涂层在酸性环境下具有自修复能力。当涂层表面钝化膜被破坏后，还会发生再钝化，形成新的保护膜，修复腐蚀部位。三种涂层均形成不明显的负迟滞环，表明涂层在 H_2SO_4 溶液中对点蚀不敏感。

表 6-12 所示为涂层在 1mol/L H_2SO_4 溶液中的循环极化参数。

图 6-30　涂层在 1mol/L H_2SO_4 溶液中腐蚀后的 SEM 形貌

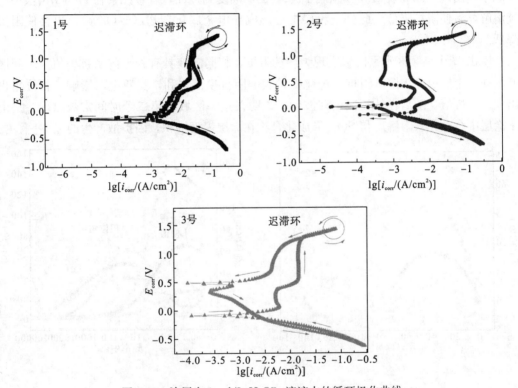

图 6-31　涂层在 1mol/L H_2SO_4 溶液中的循环极化曲线

表 6-12　涂层在 1mol/L H_2SO_4 溶液中的循环极化参数

编号	E_b/mV	E_p/mV
1 号	1160	−96.58
2 号	1233	−34.13
3 号	1182	−68.19

尽管高熵合金涂层在 H_2SO_4 溶液中不会发生点蚀，但仍然存在击穿电位。当电位高于击穿电位时，水分子发生氧化，反应式为

$$H_2O \longrightarrow \frac{1}{2}O_2 + 2H^+ + 2e \qquad (6-20)$$

当电位超过击穿电位后，涂层表面钝化膜会发生溶解。由表 6-12 可见，2 号涂层的

击穿电位(E_b)和保护电位(E_p)均较高,说明该涂层在酸性环境下具有较好的耐蚀性。而3号涂层中添加 Si 元素后,由于发生电偶腐蚀不利于涂层的耐蚀性。

将高熵合金涂层试样置于 1mol/L H_2SO_4 溶液浸泡 4~5min,达到稳定状态后,在扰动信号幅值为 10mV、扫描频率范围为 100kHz~10MHz 的条件下测试涂层的电化学阻抗谱。

图 6-32 所示为涂层在 1mol/L H_2SO_4 溶液中的交流阻抗谱图。可见,两个半圆说明涂层与 H_2SO_4 溶液界面存在钝态保护膜,以及由于腐蚀产物附着在涂层表面而产生的电阻电容结构。高频区具有较大容抗弧半径,主要为钝化膜产生的阻抗。低频区容抗弧半径减小,出现"回勾现象",是由于涂层表面不断受到侵蚀,合金元素在 H_2SO_4 溶液中持续溶解,致使阻抗降低。此外,涂层中会形成导电金属化合物(Cr_2O_3 等),也会使阻抗降低。

Bode 图中高频区水平区域表现为溶液阻抗,相同溶液具有相近的阻抗模值。中间区域出现一个峰值,为溶液阻抗与钝化保护膜的阻抗模值之和,受双电层影响,相位角也出现一个峰值,随后在低频区出现波动,说明在这一区域有第二个时间常数出现,是由于涂层中合金元素溶解后与 SO_4^{2-} 形成化合物在涂层表面堆积,因扩散产生的。

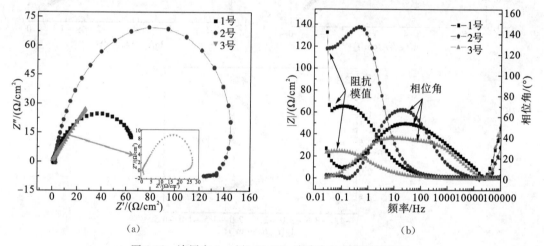

(a)　　　　　　　　　　　　(b)

图 6-32　涂层在 1mol/L H_2SO_4 溶液中的交流阻抗谱图

(a)Nyquist 图;(b)Bode 图

图 6-33 所示为根据涂层交流阻抗谱图拟合的等效电路,采用 R_s(CPE_1-R_1)QPE_1 等效电路对数据进行拟合,采用常相角原件进行拟合以消除非理想电容的影响。

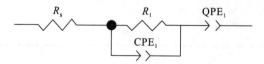

图 6-33　涂层在 1mol/L H_2SO_4 溶液中的交流阻抗拟合等效电路

实验过程中,高熵合金涂层电极的双电层电容的频响特性与理想电容不同,存在弥散效应,所以拟合时用等效元件 QPE_1 代替理想电容元件 CPE_1。其中,R_s 为溶液电阻;R_1 为涂层与腐蚀介质界面的电荷转移电阻。表 6-13 为等效电路各元件参数。

n 值为修正项，通常是由涂层与氧化膜层及氧化膜层与腐蚀介质界面处原子排列及分子或粒子的吸附不均匀造成的。$n=1$ 时，CPE 为理想电容元件，实际 n 为 [0, 1] 区间范围内的值，其与相位角 α 的关系为

$$\alpha = 90°(1-n) \tag{6-21}$$

QPE 与 CPE 的阻抗值分别为

$$Z_{CPE}(\omega) = \frac{1}{(CPE_1\text{-}T)\,(j\omega)^{CPE_1\text{-}P}} \tag{6-22}$$

$$Z_{QPE}(\omega) = \frac{1}{(QPE_1\text{-}Q)\,(j\omega)^{QPE_1\text{-}n}} \tag{6-23}$$

式中，CPE_1-T 为氧化膜层与 H_2SO_4 溶液界面的双电层电容；CPE_1-P 为弥散系数；QPE_1-Q 为合金涂层与氧化膜层界面间的电荷转移的电容；QPE_1-n 为弥散系数。

表 6-13　涂层在 1mol/L H_2SO_4 溶液中的等效电路元件参数

编号	R_s/(Ω/cm²)	R_1/(Ω/cm²)	CPE_1-T/(F/cm²)	CPE_1-P	QPE_1-Q/(F/cm²)	QPE_1-n
1 号	0.846	71.12	0.002844	0.7199	0.51544	0.509
2 号	0.868	140	0.00063778	0.91041	0.3926	0.0352
3 号	0.72182	28.62	0.01169	0.62152	0.36218	0.9007

2 号涂层中 Mo、Cr 等自钝化性元素的存在，使涂层表面氧化膜较为稳定，溶解速率较低，减小了钝化电流密度，增加了钝化区间，在电化学阻抗图谱中表现为容抗弧半径大，涂层阻抗相对较高。3 号涂层中非金属元素 Si 加入后，造成了局部腐蚀，表现为涂层阻抗较低，这与极化曲线分析结果一致。

图 6-34 所示为采用等效电路拟合后的结果。可见，Nyquist 图容抗弧由两个半圆组成，因扩散导致界面不明显，而 Bode 图中有明显的第二时间常数相位角出现，这是由涂层表面腐蚀产物聚集，并与腐蚀介质扩散形成扩散层导致的。该扩散层是不稳定的吸附层，随着在腐蚀介质中浸泡时间的延长，腐蚀介质扩散加剧，扩散层逐渐被破坏，开始大量溶解于 H_2SO_4 溶液中，第二个半圆的阻抗值下降。

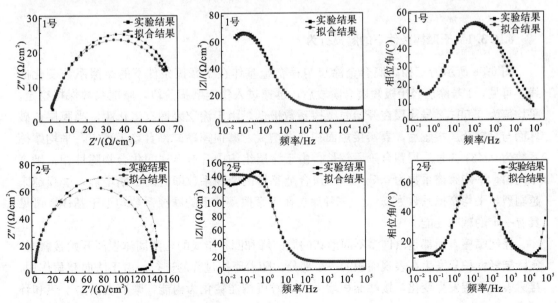

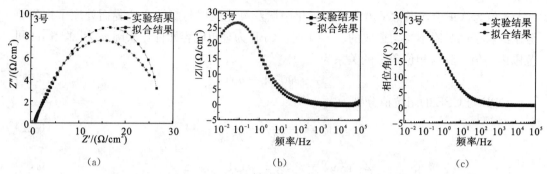

图 6-34　涂层在 1mol/L H_2SO_4 溶液中的交流阻抗等效电路拟合结果

（a）Nyquist 图拟合结果；（b）Bode 图中阻抗模值 $|Z|$ 拟合结果；（c）Bode 图中相位角拟合结果

图 6-35 所示为高熵合金涂层与 H_2SO_4 溶液界面的腐蚀过程示意图。腐蚀体系各反应界面电阻反映抵抗腐蚀能力，对比拟合后的结果和测试结果发现，涂层阻抗在高频区变化规律较为一致，这是因为高频区容抗弧的变化主要与涂层表面状态有关，虽然涂层表面缺陷导致优先腐蚀，但电化学阻抗反映涂层整体腐蚀速率，拟合结果也表明涂层在 H_2SO_4 溶液中表现为均匀腐蚀。

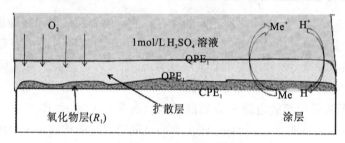

图 6-35　涂层与 H_2SO_4 溶液界面的腐蚀过程示意图

6.3.3　耐磨损性能

6.3.3.1　干摩擦条件下的磨损行为

图 6-36 所示为三种高熵合金涂层与镁合金基体在干摩擦条件下的摩擦系数变化曲线。可见，1 号涂层经历极短磨合阶段后，迅速进入稳定磨损阶段，摩擦系数保持稳定，平均值为 0.59；2 号涂层在开始时摩擦系数极低，由于涂层表面有氧化膜，当膜层被破坏而与涂层金属接触后，真实接触面积逐渐增大，磨损速率减慢且趋于稳定，平均摩擦系数为 0.48；3 号涂层跑合阶段较长，由于涂层组织中含有金属间化合物脆性相，硬度不均匀，平均摩擦系数为 0.7。ZM5 镁合金基体的摩擦系数随时间不断增加，磨损越来越剧烈，平均摩擦系数为 0.78。三种涂层在干摩擦条件下的摩擦系数均小于基体，可见具有一定的减摩性能。

任何摩擦表面都是由许多不同形状的微凸峰和凹谷组成的，两固体表面开始接触时，实际接触面积只发生在表观面积的一小部分，随着摩擦过程的进行，由于法向载荷作用，接触表面形貌发生变化，接触面积增大，同时机械能转化为内能，摩擦表面由于热和环境介质的作用，产生的氧化膜发生破裂、再生和转移。三种高熵合金涂层在经历跑合阶段后，磨球与涂层表面微凸体被磨平，真实接触面积变化较小，磨损速率逐渐趋于稳定。而 ZM5 镁合金基体硬度较低，在载荷作用下峰点接触处应力达到屈服极限而发生塑性变形，由于接触点的应力不变，只能靠扩大接触面积分散载荷，摩擦系数不断增大。

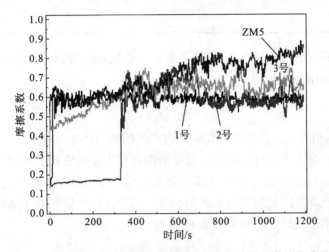

图 6-36　涂层与镁合金基体在干摩擦条件下的摩擦系数变化曲线

图 6-37 所示为涂层和基体的三维干摩擦磨痕形貌。可见，ZM5 镁合金基体磨痕深且宽，涂层磨痕深度较浅，宽度随元素个数增加而减小，是由固溶强化致使硬度升高导致的。表 6-14 为涂层和基体的干摩擦磨痕参数。

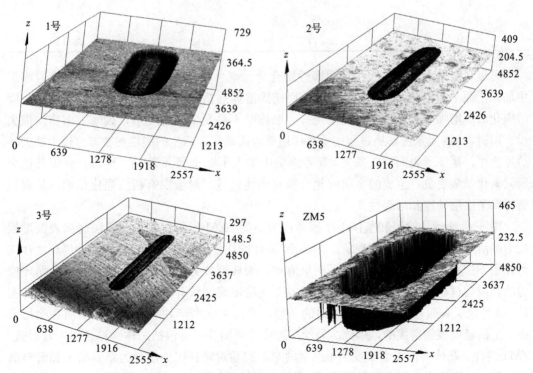

图 6-37　涂层及基体的三维干摩擦磨痕形貌

表 6-14　涂层和基体干摩擦磨痕参数

编号	宽度/μm	深度/μm	长度/μm	体积/mm³
ZM5	689	253	1680	3.02
1 号	469.5	25.7	470.2	0.558
2 号	393	21.6	373.7	0.239
3 号	373	1.44	393.4	0.128

为定量评价高熵合金涂层和 ZM5 镁合金基体抵抗磨损的能力，利用上述参数计算磨损率和耐磨性，采用公式：

$$\varepsilon = \frac{1}{\omega} \tag{6-24}$$

式中，ε 为材料耐磨性；ω 为材料单位时间内产生的磨损体积。

材料的耐磨性是工作条件的函数，其受磨损过程中参数变化和测量误差的影响较大。通过相同条件下的对比实验，可得到高熵合金涂层相对于 ZM5 镁合金基体的相对耐磨性，可较精确地反映涂层相对于基体的耐磨性。高熵合金涂层相对于 ZM5 镁合金基体的相对耐磨性可采用下式计算，结果如表 6-15 所示。

$$\varepsilon_{相} = \frac{\varepsilon_{涂层}}{\varepsilon_{基体}} = \frac{\omega_{基体}}{\omega_{涂层}} \tag{6-25}$$

表 6-15　涂层和基体干摩擦耐磨性

编号	$\omega/(mm^3/s)$	$\varepsilon/(s/mm^3)$	$\varepsilon_{相}$
ZM5	0.0025	400	—
1 号	0.000465	2150	5.375
2 号	0.000192	5208	13.02
3 号	0.000107	9346	23.365

可见，高熵合金涂层的相对耐磨性随合金元素种类和数目的增加而增大。2 号涂层中加入了原子半径较大的 Mo 元素，从而使固溶体晶格畸变加剧，晶格畸变能升高，固溶强化效应增强，合金强度和硬度提高，摩擦时不易发生塑性变形，接触表面物质损失少。同时，Mo 元素在摩擦过程中受热作用后表面氧化，产生的膜层在摩擦过程中被破坏后可再生，延缓了表面物质损失。3 号涂层中加入了非金属元素 Si，其与合金中其他金属元素化学势更负，生成的金属间化合物自由能较低，对涂层有析出强化作用，从而显著提高了涂层硬度和耐磨性。

图 6-38 所示为涂层和基体干摩擦磨损表面的 SEM 形貌。可见，涂层磨损表面形貌较为平滑，局部有材料剥落现象，在 Si_3N_4 磨球的往复碾压作用下，累积的磨屑碎片在应力作用下从基体脱落，从而形成了凹坑麻点，为典型疲劳磨损特征。在接触区的循环应力达到或超过材料疲劳强度时，在表层或亚表层出现裂纹并逐步扩展，最终导致局部剥落。3 号涂层表面有平行于摩擦方向的条痕，是由二次变形块状硬质颗粒磨屑在涂层表面产生的轻微擦伤造成的，因此 3 号涂层除疲劳磨损外，还包括二体磨粒磨损失效形式。ZM5 镁合金基体磨损表面出现严重撕裂的犁沟和黏附转移层凹坑，为黏着磨损和磨料磨损机制。在高应力作用下，硬质 Si_3N_4 磨球嵌入较软的镁合金基体，在往复滑动中撕裂基

体并推挤变形金属，此时滑动摩擦是黏着和滑动交替的跃动过程，黏着结点被剪切而产生塑性流动，表现出犁沟效应和剥落碎屑。

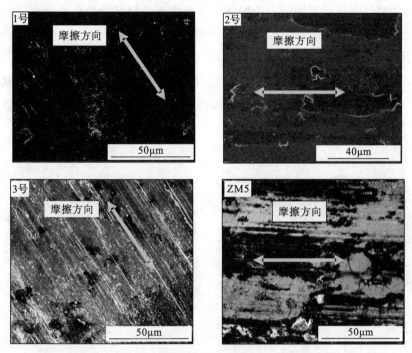

图 6-38　涂层和基体干摩擦磨损表面的 SEM 形貌

6.3.3.2　边界润滑条件下的磨损行为

图 6-39 所示为涂层和基体在边界润滑条件下的摩擦系数变化曲线。可见，当边界润滑膜存在时，摩擦系数取决于该膜层的剪切强度，和干摩擦时的摩擦系数相比大幅降低。1 号、2 号涂层的摩擦系数变化相近，平均摩擦系数分别为 0.15 和 0.127；3 号涂层和 ZM5 基体的摩擦系数变化趋势相近，平均摩擦系数分别为 0.124 和 0.156。涂层的摩擦系数仍低于基体摩擦系数，涂层中的孔隙可储存一定量的润滑油，在摩擦过程中可不断补充修复因失向、软化或解附导致的薄膜失效。因此，在边界润滑条件下，涂层仍具有较好的减摩性能。

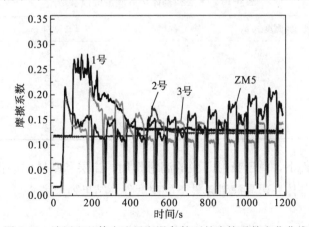

图 6-39　涂层和基体在边界润滑条件下的摩擦系数变化曲线

润滑油中所含的表面极性分子在范德华力作用下吸附到涂层和 ZM5 基体表面，形成定向排列的单分子层或多分子层的吸附薄膜，除部分较为突出的峰点外，该薄膜将两个摩擦副表面隔离，形成低剪切阻力的界面，使摩擦系数降低并避免发生表面黏着。但在平稳摩擦状态下，边界润滑的摩擦系数由于吸附膜不稳定的动态变化不会保持恒定数值，由图 6-39 可以看出，摩擦系数在一定范围内波动。

图 6-40 所示为涂层和基体的三维边界润滑磨痕形貌。可见，ZM5 镁合金基体的磨痕最宽，涂层的磨痕宽度随合金元素数量增加而减小。扫描计算得到磨痕的参数，包括长度、宽度、深度及体积，如表 6-16 所示。

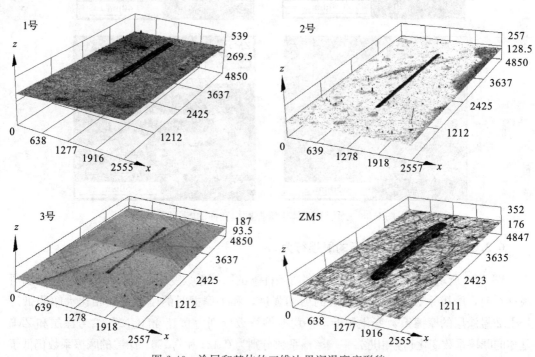

图 6-40　涂层和基体的三维边界润滑磨痕形貌

表 6-16　涂层和基体边界润滑磨痕参数

编号	宽度/μm	深度/μm	长度/μm	体积/mm³
ZM5	689	253	1680	1.12
1号	226	6.4	225	0.176
2号	111	0.3	289	0.136
3号	88	0.15	302	0.053

在边界润滑条件下，由于吸附薄膜的润滑作用，涂层和基体的磨损量均较干摩擦时减小，计算涂层和基体在边界润滑条件下的耐磨性，结果列于表 6-17。

表 6-17　涂层和基体边界润滑耐磨性

编号	$\omega/(mm^3/s)$	$\varepsilon/(s/mm^3)$	$\varepsilon_{相}$
ZM5	0.00093	1075	—
1号	0.000147	6803	6.366
2号	0.000113	8850	8.24
3号	0.000044	22727	21.14

　　图 6-41 所示为涂层和基体边界润滑磨损表面的 SEM 形貌。可见，在边界润滑条件下，涂层磨损表面与未发生摩擦部位相近，局部有少量点蚀剥落。尽管涂层表面形成润滑吸附膜，但该膜层较薄，厚度一般在 0.1μm 以下，不能将涂层表面突出的峰点完全包裹在内，摩擦时仍会受到交变应力作用，导致疲劳磨损。ZM5 镁合金基体磨损表面的犁沟和剥落较干摩擦时减少，仍表现为磨料磨损和黏着磨损机制。

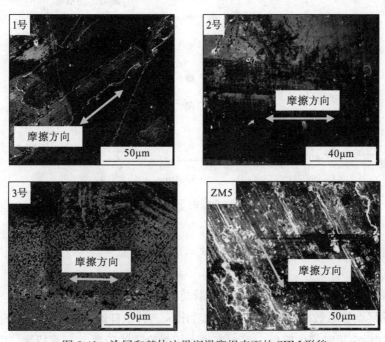

图 6-41　涂层和基体边界润滑磨损表面的 SEM 形貌

6.4　铝硅系合金涂层性能测试

6.4.1　力学性能

　　采用对偶拉伸法测试了涂层的结合强度，结果如表 6-18 所示。可以看出，三种铝硅合金涂层的结合强度均大于 34MPa，表明该工艺制备的铝硅涂层与 ZM5 镁合金基体结合良好。

表 6-18　涂层结合强度测试结果

类别	Al-12Si	Al-13Si	Al-15Si
结合强度/MPa	42.33	54.46	34.02

图 6-42 所示为三种铝硅涂层的显微硬度分布。可见，Al-12Si、Al-13Si 与 Al-15Si 涂层的显微硬度平均值分别为 $HV_{0.05}113.2$、$HV_{0.05}135.0$ 与 $HV_{0.05}135.9$，Al-15Si 涂层的显微硬度值最大。硬度不同的原因是三种铝硅涂层的组织相同，Al-15Si 涂层中的 Si 含量最高，形成硬度较大的共晶组织最多，从而使 Al-15Si 涂层的显微硬度较大。对于同一涂层，多种组织的存在，导致不同部位的显微硬度值出现了一定的差异。

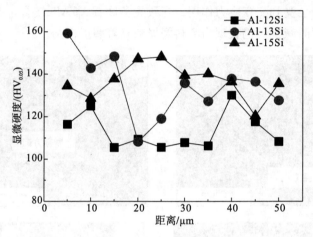

图 6-42　三种铝硅涂层的显微硬度($HV_{0.05}$)分布

6.4.2　耐磨损性能

图 6-43(a)、(b)、(c)所示分别为不同载荷下镁合金表面 Al-12Si 涂层、Al-13Si 涂层与 Al-15Si 涂层摩擦系数的变化情况。可以看出，三种铝硅涂层在摩擦初期的摩擦系数都相对较大，随后在短时间内降低，接下来进入相对稳定的阶段并一直持续。图 6-43(d)所示为不同载荷下的平均摩擦系数。可见，Al-13Si 涂层的摩擦系数均最小，Al-12Si 涂层在 10N 与 20N 时的摩擦系数稍大于 Al-15Si 涂层，在 30N 时稍小。综合分析，具体不同之处是在载荷 10N 的情况下，Al-12Si 涂层的摩擦系数稍大，且在第 150s 附近出现了一个峰值；Al-13Si 涂层在初期和末期波动较大，中间运行较平稳；Al-15Si 涂层在前期波动较大，后半段波动较小。在载荷 20N 的情况下，Al-12Si 涂层的摩擦系数稍大，且 Al-12Si 涂层在第 100s 附近出现了两个峰值；Al-13Si 涂层大部平稳，在初期及 600s 附近出现了几个峰值；Al-15Si 涂层在 70s 附近出现了一个峰值。在载荷 30N 的情况下，Al-12Si 涂层波动相对较大，Al-15Si 涂层居中，Al-13Si 涂层最平稳。

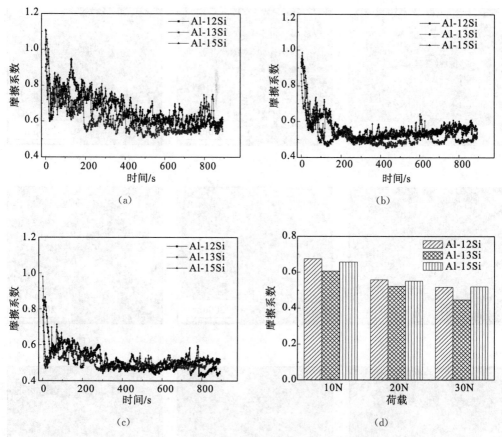

图 6-43　Al-12Si、Al-13Si 与 Al-15Si 涂层摩擦系数的变化情况

(a)10N；(b)20N；(c)30N；(d)平均摩擦系数

综合几条曲线，均有一定幅度的波动，甚至出现了几个峰值。其原因是低温超音速喷涂技术制备的铝硅涂层以机械嵌合为主，涂层内部不同部位的组织不同，进而引起表面硬度的差异。在摩擦磨损实验过程中，摩擦副在压力作用下与三种涂层接触并发生摩擦，造成涂层表面的形变不同，引起克服相对摩擦运动所需的犁耕力不同，最终引起摩擦系数一定幅度的波动。

图 6-44 所示为 Al-12Si、Al-13Si 与 Al-15Si 涂层在 10N、20N、30N 载荷下干摩擦的磨损形貌。可见，在干摩擦条件下，三种涂层的磨痕表面差别不大，均呈现为明显的撕裂和擦伤，甚至发生了卷曲现象，表明铝硅涂层的主要失效形式均为黏着磨损。此外，有些部位发生了塑性变形，形成了光滑承载面与犁沟相间的现象，表明其中存在疲劳磨损。

在干摩擦时，表面压力使对偶小球压紧涂层，之后的相对摩擦运动导致接触部位的温度急剧升高，引起涂层部分区域硬化、软化、相变乃至熔化[6]。发生接触金属的表层被软化，转移到另一金属表面，进而形成撕裂等。

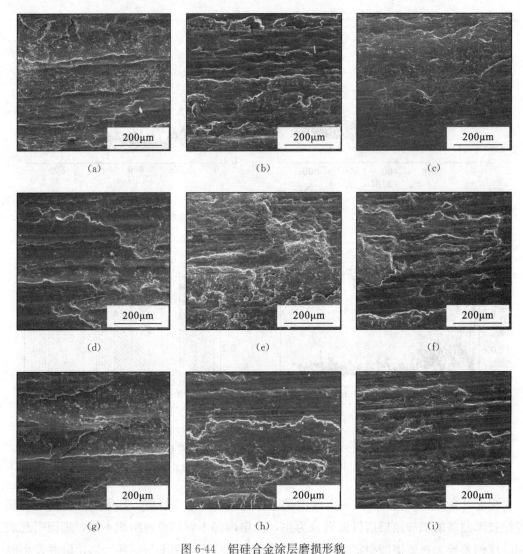

图 6-44　铝硅合金涂层磨损形貌

(a)Al-12Si，10N；(b)Al-13Si，10N；(c)Al-15Si，10N；(d)Al-12Si，20N；(e)Al-13Si，20N；

(f)Al-15Si，20N；(g)Al-12Si，30N；(h)Al-13Si，30N；(i)Al-15Si，30N

图 6-45 所示为 Al-12Si、Al-13Si 与 Al-15Si 涂层在 10N、20N、30N 载荷下磨损体积的测试结果。可见，随着摩擦试验载荷的增加，三种铝硅涂层的磨损体积均呈现增大的趋势，而且在三种载荷下，Al-13Si 涂层的磨损体积均大于 Al-15Si 涂层的磨损体积，小于 Al-12Si 涂层的磨损体积。其主要原因是 Al-15Si 涂层中较多的 Si 元素形成了较多硬度较大的共晶组织，可以相对较大程度地阻碍摩擦小球对铝硅涂层的磨损，使 Al-15Si 涂层的耐磨性能最优。

图 6-46 所示为三种涂层的三维磨痕形貌。可见，三种铝硅涂层的磨痕形貌差别不大，表面均高低不平，从小载荷到大载荷的过程中均未将涂层磨透，表明涂层的耐磨性能良好。三种铝硅涂层的喷涂颗粒主要以机械嵌合的方式沉积，从而形成涂层，由此引起涂层内部组织结构的不均匀，摩擦小球与不同组织接触导致摩擦力变化，摩擦系数波动。

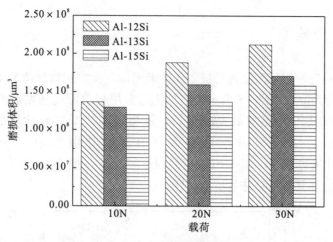

图 6-45　铝硅涂层磨损体积的测试结果

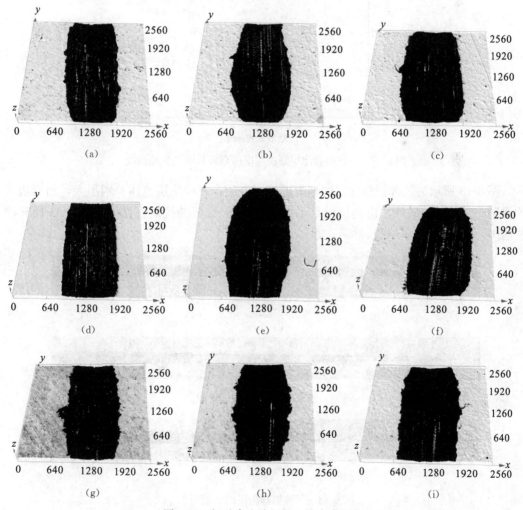

图 6-46　铝硅合金涂层的三维磨痕形貌

(a)Al-12Si，10N；(b)Al-12Si，20N；(c)Al-12Si，30N；(d)Al-13Si，10N；(e)Al-13Si，20N；
(f)Al-13Si，30N；(g)Al-15Si，10N；(h)Al-15Si，20N；(i)Al-15Si，30N

6.4.3　抗划伤性能

采用划痕仪对三种铝硅涂层进行抗划伤性能测试，设定初始载荷为 1N，终止载荷为 20N，划痕长度为 5mm。图 6-47 所示为三种铝硅涂层划痕深度随划痕长度的变化曲线。可见，Al-12Si 涂层划痕的斜率最大，Al-13Si 涂层居中，Al-15Si 涂层最小；Al-12Si 涂层、Al-13Si 涂层与 Al-15Si 涂层的最大划痕深度分别为 36.29μm、33.88μm 与 27.91μm，涂层均未被划穿，Al-15Si 涂层的划痕深度最小是因为较多的 Si 元素形成了较多的共晶组织，使其具备了更佳的抗划伤性能。

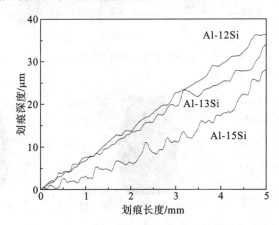

图 6-47　三种铝硅涂层划痕深度随划痕长度的变化曲线

图 6-48 所示为三种铝硅涂层的划痕形貌。可见，三种涂层整体差别不大，划痕边缘均受到一定程度的破坏。由测试结果可知，Al-15Si 涂层的抗划伤性能较优，Al-13Si 涂层居中，Al-12Si 涂层一般。

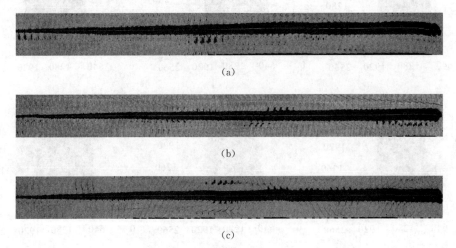

图 6-48　三种铝硅涂层的划痕形貌
(a)Al-12Si 涂层划痕形貌；(b)Al-13Si 涂层划痕形貌；(c)Al-15Si 涂层划痕形貌

6.4.4　耐腐蚀性能

图 6-49(a)所示为 Al-12Si 原始涂层与封孔涂层在 3.5% NaCl 溶液中的极化曲线。可见，Al-12Si 合金涂层的自腐蚀电位为 -820.132mV，对应封孔涂层的自腐蚀电位为 -756.03mV，封孔涂层腐蚀电位明显正移。阴极极化过程中，涂层主要由铝硅合金组成，电极电位低，导致发生析氢腐蚀。涂层试样在溶液中浸泡时，表面会出现一层 Al_2O_3 薄膜，抑制腐蚀，电流密度仅为 $0.835\mu A/cm^2$，而封孔涂层的抑制作用进一步增强，电流密度下降为 $52.117nA/cm^2$。随着电极电位的增加，Cl^- 会穿透薄膜，与 Al-12Si 涂层反应，生成 $Al(OH)_3$，堆积在涂层表面。当电位为 -0.95V 左右时，铝硅涂层发生钝化现象，腐蚀速率减小。此外，阳极的过钝化区出现振荡，表明 Cl^- 击穿了 $Al(OH)_3$ 薄膜，使涂层重新活化。由腐蚀电流密度可知，封孔涂层的腐蚀电流密度比未封孔涂层降低 1~2 个数量级。

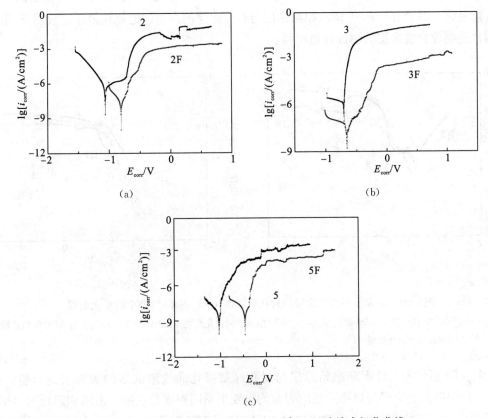

图 6-49　原始涂层与封孔涂层在 3.5% NaCl 溶液中极化曲线

(a)Al-12Si 原始涂层与封孔涂层在 3.5% NaCl 溶液中的极化曲线；(b)Al-13Si 原始涂层与封孔涂层在 3.5% NaCl 溶液中的极化曲线；(c)Al-15Si 原始涂层与封孔涂层在 3.5% NaCl 溶液中的极化曲线

图 6-49(b)所示为 Al-13Si 原始涂层与封孔涂层在 3.5% NaCl 溶液中的极化曲线。可见，Al-13Si 合金涂层的自腐蚀电位为 -823.199mV，对应封孔涂层的自腐蚀电位为 -711.374mV，封孔涂层腐蚀电位明显正移。涂层的电流密度为 $5.877\mu A/cm^2$，而封孔涂

层的电流密度仅为 0.688μA/cm²，可见封孔涂层的腐蚀电流密度比未封孔涂层降低 1 个数量级。

图 6-49(c)所示为 Al-15Si 原始涂层与封孔涂层在 3.5% NaCl 溶液中的极化曲线。可见，Al-15Si 合金涂层的自腐蚀电位为 −1.034V，对应封孔涂层的自腐蚀电位为 −672.914mV，封孔涂层腐蚀电位正移。涂层的电流密度为 13.52nA/cm²，而封孔涂层电流密度仅为 3.406nA/cm²，可见封孔涂层的腐蚀电流密度低于未封孔涂层。对比三种铝硅涂层与封孔涂层的自腐蚀电位和自腐蚀电流密度，可知封孔处理可进一步提高对镁合金基材的腐蚀防护作用。

图 6-50(a)所示为三种铝硅涂层在 3.5% NaCl 溶液中的极化曲线。可见，Al-12Si、Al-13Si 与 Al-15Si 涂层的自腐蚀电流密度分别为 0.835μA/cm²、5.877μA/cm² 和 13.52nA/cm²，Al-15Si 涂层的耐腐蚀性能最强。从图 6-50(b)可以得出三种铝硅封孔涂层在 3.5% NaCl 溶液中的自腐蚀电流，Al-12Si、Al-13Si 与 Al-15Si 封孔涂层的自腐蚀电流密度分别为 52.117nA/cm²、0.688μA/cm² 和 3.406nA/cm²，Al-15Si 封孔涂层的耐腐蚀性能最强。综合分析，Al-15Si 原始涂层与封孔涂层的自腐蚀电流均最小，表明 Si 元素的增加能够使合金涂层的耐蚀性能增强。

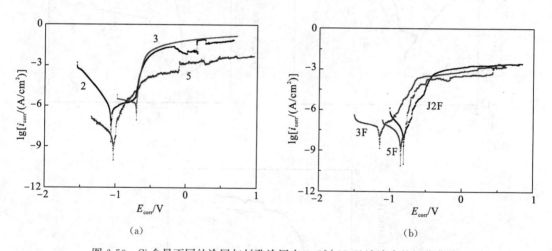

图 6-50　Si 含量不同的涂层与封孔涂层在 3.5% NaCl 溶液中的极化曲线
(a)Al-12Si、Al-13Si 与 Al-15Si 涂层在 3.5% NaCl 溶液中的极化曲线；(b)Al-12Si、Al-13Si 与 Al-15Si 封孔涂层在 3.5% NaCl 溶液中的极化曲线

图 6-51 所示为三种铝硅原始涂层与封孔涂层极化曲线测试后的表面宏观形貌。可见，三种铝硅合金涂层与封孔涂层的表面均出现了不同程度的点蚀；由图 6-51(g)、(h)、(i)可以看出，三种涂层的表面均出现了一定程度的腐蚀现象，Al-12Si 涂层腐蚀最严重，Al-13Si 涂层居中，Al-15Si 涂层最轻，由此推断 Si 元素有利于减弱涂层的导电能力，提高涂层的耐蚀性能。

表 6-19 所示为三种铝硅合金涂层与封孔合金涂层试样的极化曲线特性。可见，Si 含量的增加会使涂层的自腐蚀电流减小，因而 Al-15Si 涂层耐蚀性能最强，且各涂层在封孔之后的耐蚀性能进一步提高。

图 6-51 铝硅原始涂层和封孔涂层极化曲线测试后的表面宏观形貌

(a)~(c)实验前的宏观照片；(d)~(f)实验后的宏观照片；(g)~(i)实验后的微观照片

表 6-19 铝硅合金涂层与封孔合金涂层试样的极化曲线特性

涂层类别		E_{corr}/mV	i_{corr}/($\mu A/cm^2$)
Al-12Si	未封孔	−820.132	0.835
	封孔	−756.03	0.052
Al-13Si	未封孔	−823.199	5.877
	封孔	−711.558	0.688
Al-15Si	未封孔	−1034	0.027
	封孔	−672.914	0.008

　　表 6-20 所示为涂层试样的电化学阻抗测试参数。图 6-52(a)、(b)、(c)所示分别为 Al-12Si、Al-13Si 与 Al-15Si 涂层/封孔涂层 Bode 图的阻抗模值。可见，封孔处理使三种涂层的阻抗模值明显增大，提高了 1~2 个数量级，表明封孔处理能够显著提高铝硅涂层的耐蚀性能。图 6-52(d)所示为三种铝硅封孔涂层 Bode 图的阻抗模值。可见，低频阶段 Al-13Si 封孔涂层的阻抗模值最大，Al-15Si 封孔涂层居中，Al-12Si 封孔涂层最小；中低频阶段 Al-15Si 封孔涂层的阻抗模值最大，Al-13Si 封孔涂层居中，Al-12Si 封孔涂层最小；在中高频及高频阶段，Al-15Si 封孔涂层的阻抗模值最大，Al-12Si 封孔涂层居中，Al-13Si 封孔涂层最小。综合分析得出，Al-15Si 封孔涂层的阻抗模值最大，腐蚀电流最小，耐蚀性能最强；Al-13Si 封孔涂层居中；Al-12Si 封孔涂层最小，耐蚀性能相对较差。

　　图 6-52(e)、(f)、(g)所示分别为 Al-12Si、Al-13Si 与 Al-15Si 封孔涂层在不同时间点的 Nyquist 曲线图。根据交流阻抗的测试原理，若在曲线实轴上存在半圆，则表明控制步骤为电化学步骤，且半圆直径的大小与传递电阻相关，直径越大则涂层对电荷的渗透阻力越大，耐蚀性越强。分析三种封孔涂层的阻抗模值的变化趋势，在浸泡的初期 Cl^- 会对起封孔层进行腐蚀，造成封孔层出现腐蚀小孔，容抗值减小，腐蚀速率加快；而后期 Cl^- 与涂层的腐蚀产物堵塞了小孔，阻碍了 Cl^- 的继续渗入与反应，因此容抗增加，耐腐蚀性能增强。

表 6-20　涂层试样的电化学阻抗测试参数

频率	扰动电位	周期	取样时间点
$10^4\sim10^{-2}$ Hz	10mV	500h	24h、48h、96h、192h、288h、500h

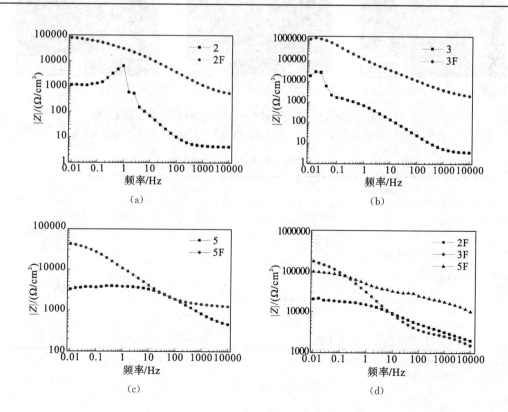

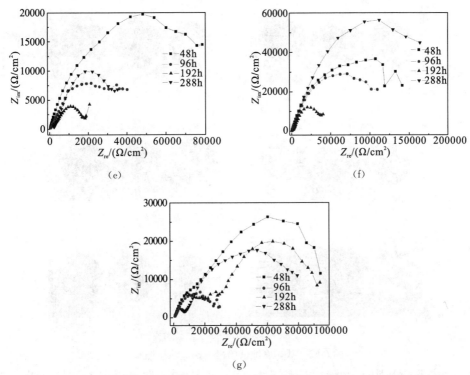

图 6-52　铝硅涂层/封孔涂层电化学阻抗特性曲线

(a)Al-12Si 涂层/封孔涂层 Bode 图的阻抗模值；(b)Al-13Si 涂层/封孔涂层 Bode 图的阻抗模值；

(c)Al-15Si 涂层/封孔涂层 Bode 图的阻抗模值；(d)铝硅封孔涂层 Bode 图的阻抗模值；

(e)Al-12Si 封孔涂层 Nyquist 曲线图；(f)Al-13Si 封孔涂层 Nyquist 曲线图；

(g)Al-15Si 封孔涂层 Nyquist 曲线图

对三种铝硅原始涂层/封孔涂层进行中性盐雾腐蚀试验，分别在 2h、10h、24h、48h、72h、144h、288h、500h 和 1000h 时间点取出进行观察、称量和对比。

图 6-53 所示为三种铝硅涂层试样在未腐蚀前、2h、72h 和 144h 时的宏观形貌图，从左到右依次为 Al-12Si、Al-13Si 和 Al-15Si 涂层的未封孔试样和封孔试样。试验 2h 之后涂层试样均没有明显变化；随着腐蚀过程的进行，三类未封孔涂层表面逐渐出现了一些亮斑、白色腐蚀产物，72h 时腐蚀产物已经明显的聚集在涂层表面上，144h 之后腐蚀产物明显增多。原因是铝硅涂层在盐雾腐蚀的过程中会产生细小的 Al_2O_3，堵塞涂层上的孔隙，隔离 Cl^-，在涂层表面形成腐蚀锈斑。随着实验的进行，氧化铝溶解，腐蚀继续进行，形成白色腐蚀产物。同一时刻 Al-12Si 的腐蚀产物最多，Al-13Si 稍少，Al-15Si 最少，而所有封孔涂层均未发生明显变化。表明 Al-15Si 涂层的耐蚀性能最强，且封孔处理可以极大地增强涂层的耐蚀性能。

(a)

(b)

(c)

(d)

图 6-53　盐雾腐蚀试验过程铝硅涂层照片

(a)盐雾腐蚀前照片；(b)铝硅涂层试样，2h；(c)铝硅涂层试样，72h；(d)铝硅涂层试样，144h

　　随着腐蚀时间增加，未封孔试样表面的腐蚀产物逐渐增多，图 6-54(a)即为 Al-12Si 涂层在 500h 时的宏观形貌，表明 Cl⁻ 通过涂层间隙穿透涂层，与镁基体发生反应，腐蚀过程主要在一侧进行，腐蚀产物使体积急剧增加，不但使试样外的塑料白管发生变形，而且积聚在涂层表面，中部为左上部突出掉落的腐蚀产物。6-54(b)为对应的封孔涂层，均在涂层的表面出现了斑点，一侧出现了裂纹，说明封孔处理可以在涂层表面形成一层保护膜，增强涂层的耐蚀性能。

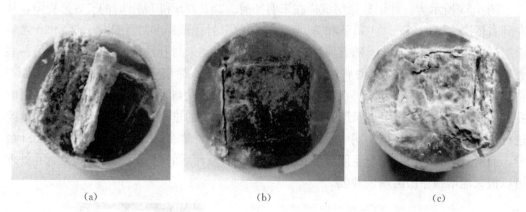

(a)　　　　　　　　　　　(b)　　　　　　　　　　　(c)

图 6-54　Al-12Si 涂层及封孔涂层宏观形貌

(a)Al-12Si，500h；(b)Al-12Si 封孔，500h；(c)Al-12Si 封孔，865h

　　在盐雾试验初期，铝硅涂层逐渐出现了亮斑和白色腐蚀产物，随后对应的涂层封孔试样也逐渐发生裂纹等腐蚀现象，图 6-54(c)为 Al-12Si 封孔涂层在 865h 时的宏观形貌。

三种铝硅涂层及对应封孔涂层在盐雾腐蚀试验中具体的质量变化如图 6-55 所示，未封孔涂层在 500h 左右报废，Al-12Si 的封孔涂层在 865h 时失去研究价值，而 Al-13Si 和 Al-15Si 的封孔涂层在 1000h 时只发生了轻微腐蚀。

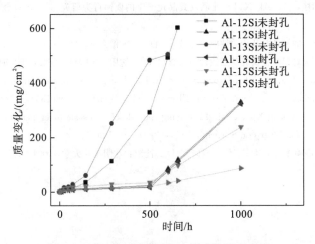

图 6-55　铝硅涂层及封孔涂层腐蚀增重曲线

图 6-56(a)、(b)所示分别为 Al-13Si 封孔涂层和 Al-15Si 封孔涂层的宏观形貌。铝硅涂层的封孔处理可以大大增强涂层的耐蚀性能。Al-12Si 涂层的耐蚀性能较差，Al-13Si 涂层居中，Al-15Si 涂层最好。Al-12Si 封孔涂层的耐蚀性能较差，Al-15Si 封孔涂层的耐蚀性能稍强于 Al-13Si 封孔涂层。原因是 Si 含量的增多可以减弱涂层的导电能力，使耐蚀性能增强；封孔处理可以在涂层表面形成一层保护层，进一步提高涂层的耐蚀性能。

(a)　　　　　　　　(b)

图 6-56　Al-13Si 与 Al-15Si 封孔涂层形貌图

(a)Al-13Si 封孔涂层，1000h；(b)Al-15Si 封孔涂层，1000h

参 考 文 献

[1]吴学庆，马蓉，檀朝桂，等. $Al_{88}Ni_6La_6$ 非晶及其晶化薄带的腐蚀行为研究[J]. 稀有金属材料与工程，2007，36(9)：1668-1670.

[2]王文武. 铝基非晶合金的制备及其相关性能研究[D]. 湘潭：湘潭大学，2009：44.

[3]张锁德. 纳米相的形成对铝基金属玻璃点蚀行为的影响[D]. 沈阳：中国科学院金属研究所，2011：68.

[4]Lucente A M，Scully J R. Localized corrosion of Al-based amorphous-nanocrystalline alloys with solute-lean nanocrystals：pit stabilization[J]. Journal of the Electrochemical Society，2008(155)：C234-C243.

[5]Zhang S D，Wang Z M，Chang X C，et al. Identifying the role of nanoscale heterogeneities in pitting behaviour of Al-based metallic glass[J]. Corrosion Science，2011，53(9)：3007-3015.

[6]刘彦学. 镁合金表面冷喷涂技术及涂层性能的研究[D]. 沈阳：沈阳工业大学，2007：12.

彩 色 图 版

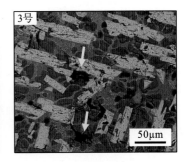

图 2-12　铸态合金低倍背散射电子显微组织

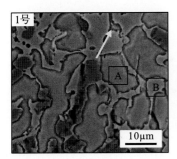
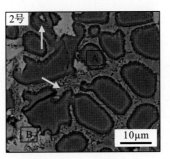
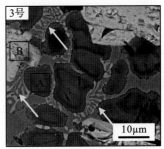

图 2-13　铸态合金高倍背散射电子显微组织

A 为枝晶区域；B 为枝晶间区域

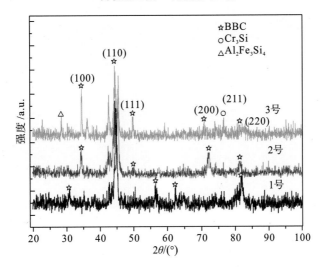

图 2-14　铸态高熵合金的 XRD 图谱

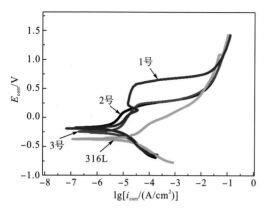

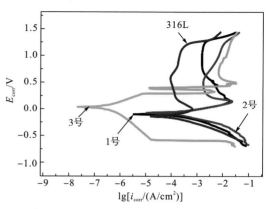

图 2-18　三种铸态高熵合金与 316L 不锈
钢在 3.5％ NaCl 溶液中的极化曲线

图 2-19　三种铸态高熵合金与 316L 不锈钢
在 1mol/L H_2SO_4 溶液中的极化曲线

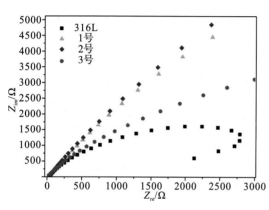

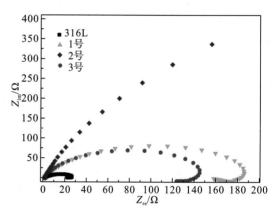

图 2-20　三种铸态高熵合金与 316L 不锈钢
在 3.5％ NaCl 溶液中的 Nyquist 图

图 2-21　三种铸态高熵合金与 316L 不锈钢
在 1mol/L H_2SO_4 溶液中的 Nyquist 图

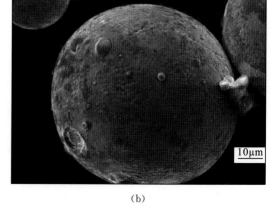

(a)　　　　　　　　　　　　　　　　　(b)

图 2-25　典型粉末的表面 SEM 形貌

(a)整体形貌；(b)局部形貌

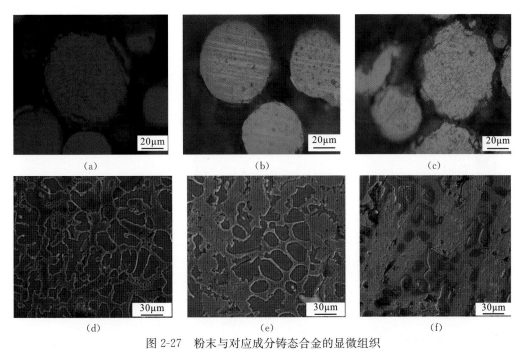

图 2-27　粉末与对应成分铸态合金的显微组织

(a)1 号合金粉末；(b)2 号合金粉末；(c)3 号合金粉末；(d)1 号铸态合金；(e)2 号铸态合金；(f)3 号铸态合金

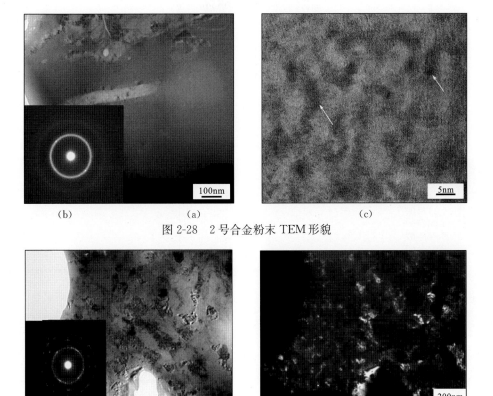

图 2-28　2 号合金粉末 TEM 形貌

图 2-30　2 号合金粉末的纳米相 TEM 形貌

(a)明场像；(b)选区衍射花样；(c)暗场像

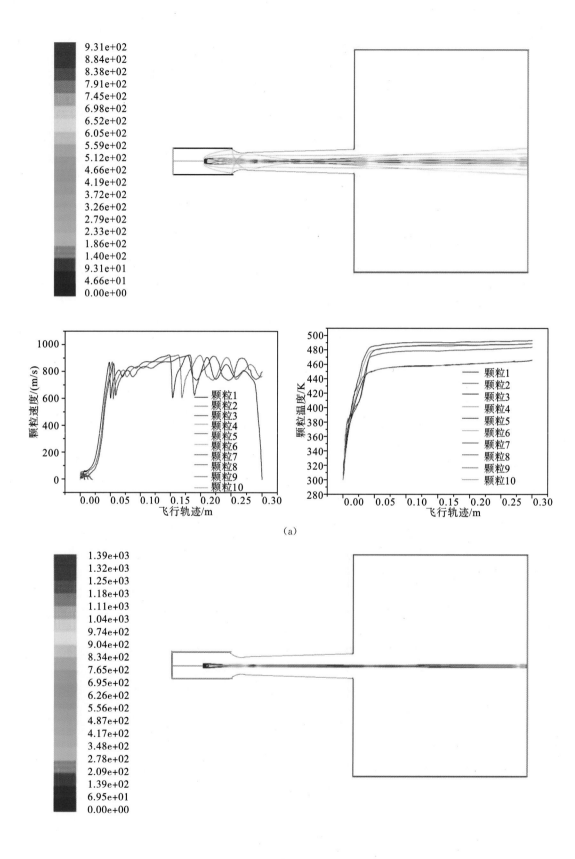

（a）

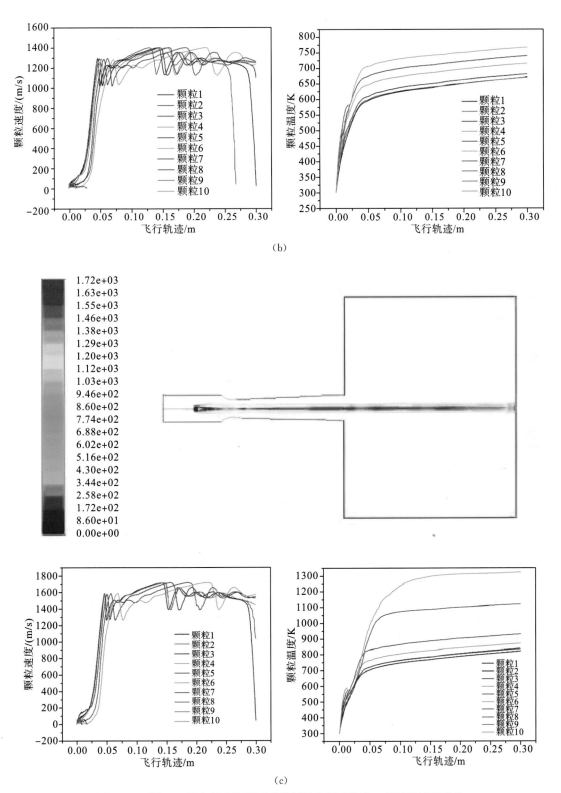

(b)

(c)

图 3-2　不同入口温度射流拖带下喷涂颗粒的运动轨迹、温度及速度变化

（a）

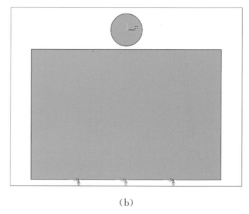
（b）

图 3-7　喷涂过程及碰撞几何模型的建立

（a）喷涂过程；（b）几何模型

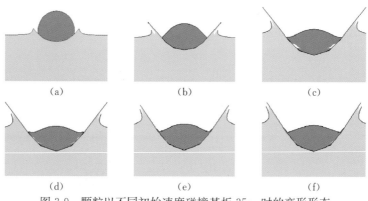

（a）　　　　　　　　（b）　　　　　　　　（c）

（d）　　　　　　　　（e）　　　　　　　　（f）

图 3-9　颗粒以不同初始速度碰撞基板 35ns 时的变形形态

（a）$v_p=500$m/s；（b）$v_p=600$m/s；（c）$v_p=650$m/s；

（d）$v_p=700$m/s；（e）$v_p=750$m/s；（f）$v_p=800$m/s

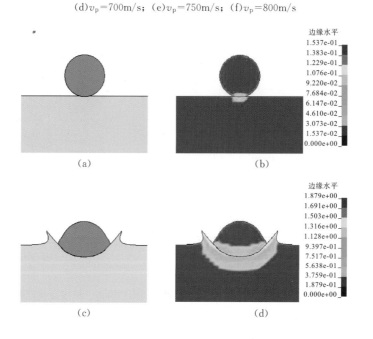

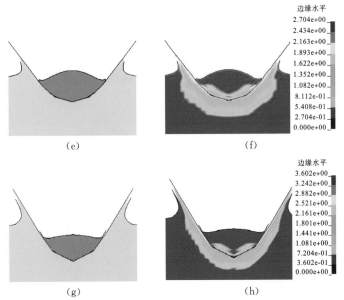

边缘水平
2.704e+00
2.434e+00
2.163e+00
1.893e+00
1.622e+00
1.352e+00
1.082e+00
8.112e-01
5.408e-01
2.704e-01
0.000e+00

（e）　　　　　　　　　　（f）

边缘水平
3.602e+00
3.242e+00
2.882e+00
2.521e+00
2.161e+00
1.801e+00
1.441e+00
1.081e+00
7.204e-01
3.602e-01
0.000e+00

（g）　　　　　　　　　　（h）

图 3-10　颗粒/基体在不同时刻的变形图［（a）、（c）、（e）、（g）］及有效塑性应变图［（b）、（d）、（f）、（h）］

（a）、（b）2ns；（c）、（d）15ns；（e）、（f）30ns；（g）、（h）50ns

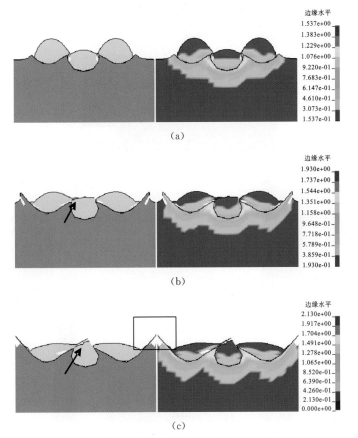

边缘水平
1.537e+00
1.383e+00
1.229e+00
1.076e+00
9.220e-01
7.683e-01
6.147e-01
4.610e-01
3.073e-01
1.537e-01

（a）

边缘水平
1.930e+00
1.737e+00
1.544e+00
1.351e+00
1.158e+00
9.648e-01
7.718e-01
5.789e-01
3.859e-01
1.930e-01

（b）

边缘水平
2.130e+00
1.917e+00
1.704e+00
1.491e+00
1.278e+00
1.065e+00
8.520e-01
6.390e-01
4.260e-01
2.130e-01
0.000e+00

（c）

图 3-20　单层颗粒与基体碰撞过程的变形及有效塑性应变图

（a）13ns；（b）18ns；（c）24ns

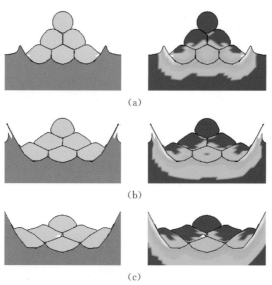

图 3-24　速度为 750m/s 时多层颗粒不同时刻的变形和有效塑性应变图

(a)10ns；(b)20ns；(c)30ns

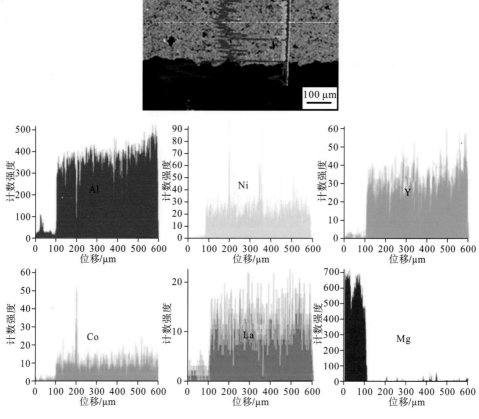

图 5-3　涂层与基体中各元素沿厚度方向的分布

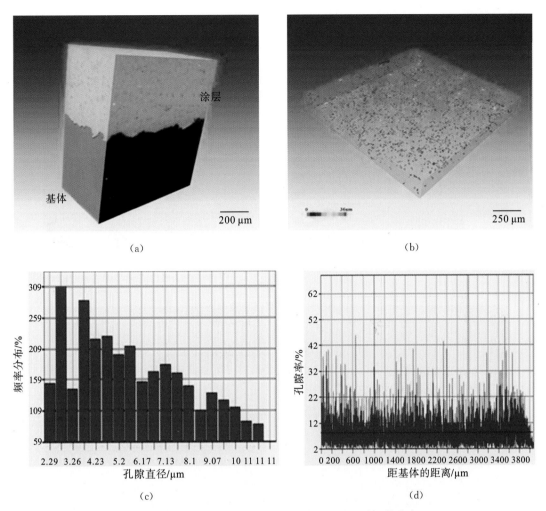

(a)

(b)

(c)

(d)

图 5-5　典型铝基金属玻璃涂层孔隙的三维形貌及其分布

(a)涂层与基体整体图；(b)涂层孔隙分布图；(c)不同直径孔隙占比图；(d)孔隙率随涂层厚度变化关系曲线

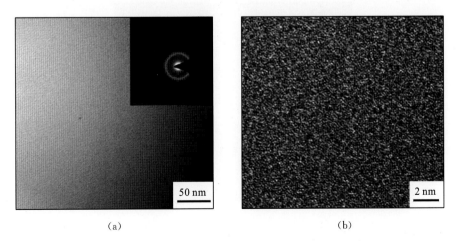

(a)

(b)

图 5-9　涂层 A 区域的 TEM 明场像及 HRTEM 图像

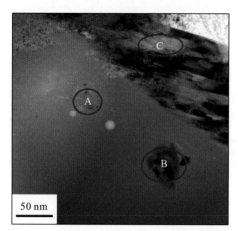
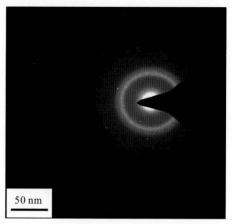

图 5-10　涂层 A 区域相邻位置 TEM 明场像及基体相应选区电子衍射花样

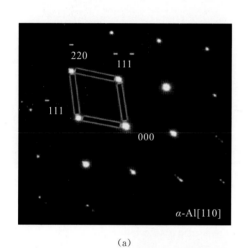

（a）

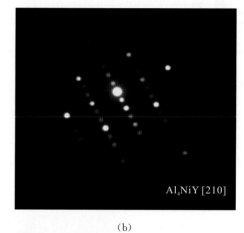

（b）

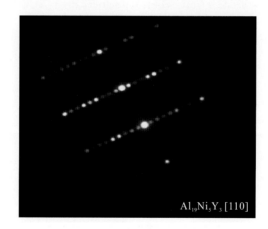

（c）

图 5-11　不同晶体相的选区衍射花样

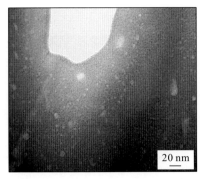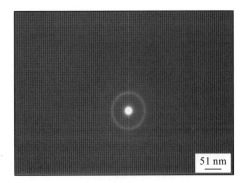

(a)　　　　　　　　　　　　　(b)

图 5-17　涂层非晶相暗场像及选区衍射花样

(a)暗场像；(b)选区衍射花样

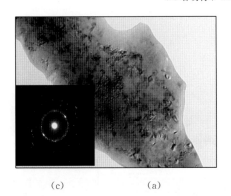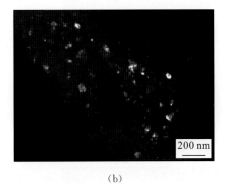

(c)　　(a)　　　　　　　　　　(b)

图 5-18　涂层纳米相 TEM 形貌

(a)明场像；(b)暗场像；(c)衍射花样

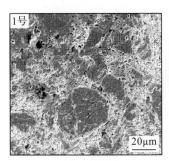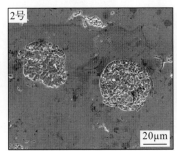

图 5-20　涂层背散射电子显微形貌

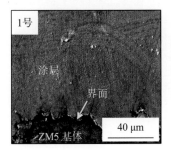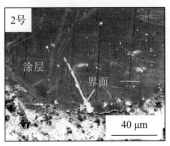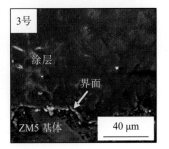

图 5-21　高熵合金涂层纵截面(平行于喷涂方向)的显微形貌

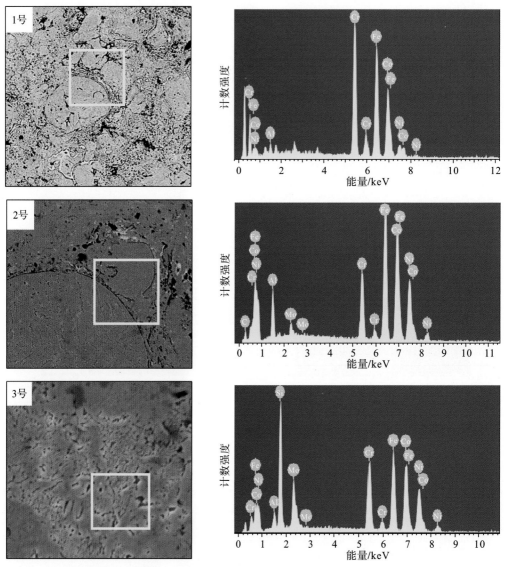

图 5-22　高熵合金涂层横截面(垂直于喷涂方向)微区的 EDX 分析

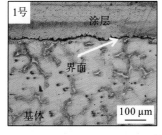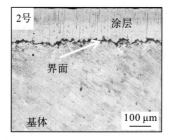

图 5-25　涂层与基体界面的 OM 形貌

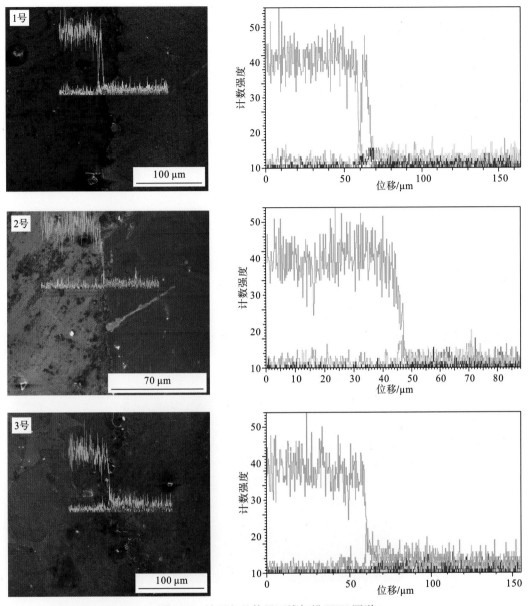

图 5-27　涂层与基体界面线扫描 EDX 图谱

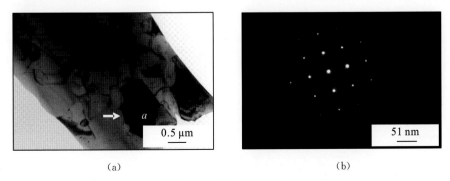

（a）　　　　　　　　　　　　　　（b）

图 5-35　涂层 TEM 明场像及其电子衍射斑点

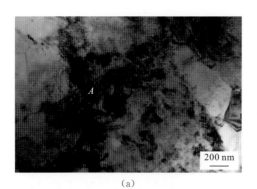
(a)

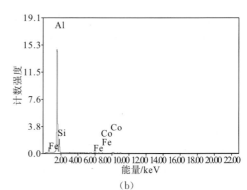
(b)

图 5-37　涂层 TEM 明场像及 EDX 谱图

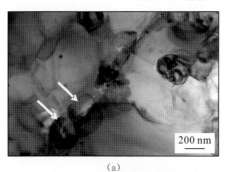
（a）

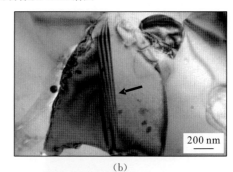
(b)

图 5-38　铝硅合金涂层的 TEM 明场像

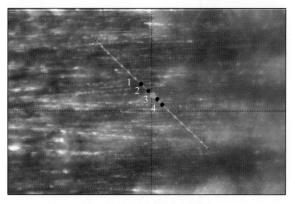

图 5-41　XPS 测试点照片

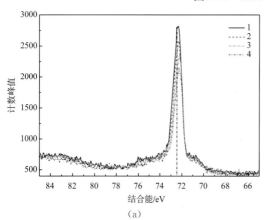
（a）

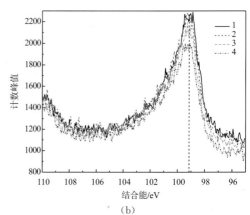
(b)

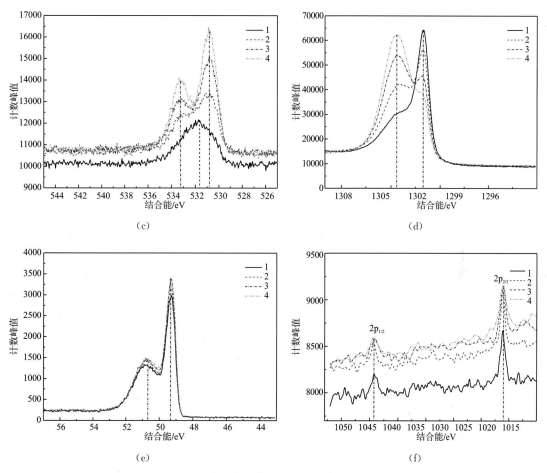

图 5-42 涂层与基体界面处的元素 XPS 图谱

(a)Al2p 谱线；(b)Si2p 谱线；(c)O1s 谱线；(d)Mg1s 谱线；(e)Mg2p 谱线；(f)Zn2p 谱线

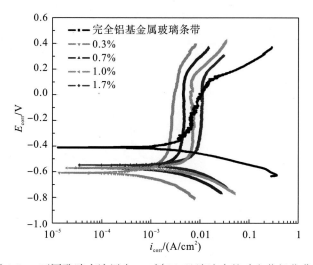

图 6-10 不同孔隙率涂层在 3.5% NaCl 溶液中的动电位极化曲线

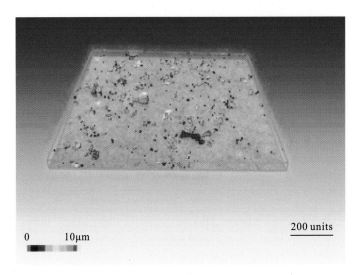

图 6-13　涂层孔隙的三维分布图

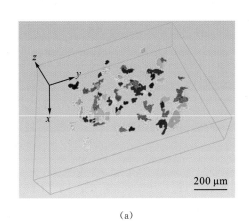

图 6-15　腐蚀前后涂层中孔隙形貌图

(a)腐蚀前；(b)腐蚀后

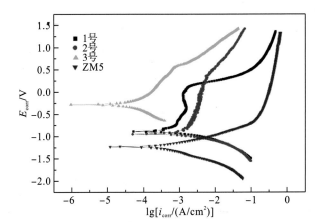

图 6-21　涂层与镁合金基体在 3.5% NaCl 溶液中的极化曲线